과학영재와 창의적 문제해결력의 평가

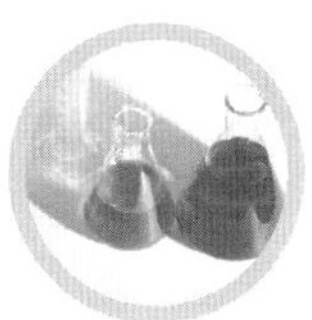

과학영재와 창의적 문제해결력의 평가

■ 김 은 진

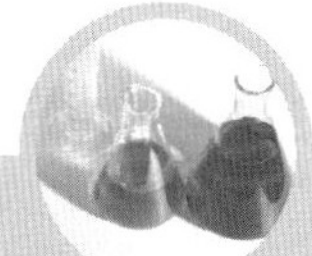

첫째, 일반 능력 및 특수 능력의 수준,
둘째, 과학분야의 과제 집착력,
셋째, 과학에 대한 흥미와 호기심을 포함하는 과학적 태도,
넷째, 과학적 창의성 등이 반드시 포함되어야 할 것으로 보인다.

영재는 국가발전을 위해 절대 불가결한 고급 두뇌자원이며, 과학지식과 정보가 제1의 자원으로 가치를 더해가는 오늘날에 있어서 과학 영재 교육을 통한 인적 자원의 생성과 이들에 의한 과학지식과 정보의 창출은 무한경쟁시대에서 국가사회의 미래를 대비하는 최선의 방편이다.

과학 창의적 문제 해결력은 주어진 상황 속에서 문제를 발견하고 이를 과학적이며, 창의적으로 해결해 나가는 과정으로서, 이러한 능력을 평가하기 위해서는 이 능력을 구성하고 있는 매우 다양한 하위 능력들을 평가할 수 있어야한다. 이러한 점에서 수행평가는 과학 창의적 문제 해결력의 평가에 매우 적합한 평가방법이라 할 수 있다.

KSI 한국학술정보[주]

이 저서는 2004년도 한국학술진흥재단의 지원에 의해 연구되었음
(KRF-2004-050-B00013)

목차

Ⅰ 들어가는 말

	21세기는 지식기반사회로서 정보화, 다양화, 전문화를 특징으로 하는 시대이다. 세계 각국은 지식기반사회의 주도권을 차지하기 위한 경쟁이 치열하며, 이때 과학장벽, 정보장벽을 넘어 새로운 기술과 이론을 창출해낼 수 있는 길은 최고급 두뇌의 양성에서 찾아야 한다. 이러한 취지에서 이미 선진 각국은 다양한 형태로 영재의 조기 발굴과 교육을 실시하고 있다. 이는 영재아들에 대한 체계적인 교육을 통하여 국가 경쟁력을 높일 수 있다는 판단에 따른 것이다(구자억 외, 2000; 전경원, 2000; Braggette & Moltzen, 2000; McCann, 2002; Persson et al., 2000; Shi & Zha, 2000; Shi, 2002).

	영재는 국가발전을 위해 절대 불가결한 고급 두뇌자원이며, 과학지식과 정보가 제1의 자원으로 가치를 더해가는 오늘날에 있어서 과학영재교육을 통한 인적 자원의 생성과 이들에 의한 과학지식과 정보의 창출은 무한경쟁시대에서 국가사회의 미래를 대비하는 최선의 방편이다.

	최근 영재에 대한 연구들은 영재성이 기존에 우리가 생각했던 것보다 훨씬 더 영역한정적(domain-specific)이며, 따라서 영재를 정의하고 판별함에 있어서 각 영역의 특성과 본질이 고려되어야 한다고 주장하고 있다(신지은 외 2002; Han, 2000; Han & Marvin, 2002). 이는 다양화, 전문화 사회와 같은 21세기 사회의 특징과 함께 영재교육에 있어서 일반영재보다는 특수 분야의 영재를 발굴하고 이를 육성하는 것이 보다 바람직하다는 방향성을 제시한다. 특수 분야의 영재를 발굴하고 기르기 위해서는 각 분야별 영재의 특성을 파악하고 이를 토대로 영재의 판별과 교육 프로그램을 개발할 필요가 있다. 따라서 과학 분야에서도 과학영재의 특성을 파악하고 이를 잘 반영하는 타당한 판별도구와 교육 프로그램의 개발이 요구된다.

최근 과학영재에 대한 정의는 영재의 인지적 특성뿐만 아니라, 심리적 특성이나, 창의성 등을 포함하며, 이들을 보다 조작적으로 정의하고, 그들의 미래에 대한 예언적 의미까지를 담고 있다(김주훈 외, 1996; Renzulli, 2000; Renzulli, 2002). 즉 과학영재는 "일반능력 및 특수능력이 평균 이상인 자로, 과학 분야의 과제집착력, 흥미, 호기심이 높고, 창의성이 뛰어나며, 장래 과학 분야에서 뛰어난 업적을 이룰 것으로 예상되는 자로 이들의 능력을 계발하기 위하여 특별한 과학 프로그램을 필요로 하는 자"라 할 수 있다(김주훈, 1999). 이 정의에 의하면, 과학영재의 판별을 위해서는 첫째, 일반능력 및 특수능력의 수준, 둘째, 과학 분야의 과제집착력, 셋째, 과학에 대한 흥미와 호기심을 포함하는 과학적 태도, 넷째, 과학적 창의성 등이 반드시 포함되어야 할 것으로 보인다. 또한 과학영재의 특성에 대한 최근 여러 연구들에서도 이와 같은 영역들에 있어서 과학영재들이 나타내는 구체적인 특성들이 조사되었다(동효관, 2000, 동효관 외 2002; 소금현 외, 2000; 신지은 외, 2002; 심규철 외, 1999b; 심규철 외, 1999c; 심규철 외, 2001a; 심규철 외, 2001b). 뿐만 아니라, 과학영재교육체계에 관한 최근 조사에 의하면, 과학영재교육은 창의적 문제해결력, 협동능력, 의사소통력, 문제발견력의 계발이 요구된다고 한다(조석희 외, 2002). 과학영재의 판별은 판별을 위한 판별이 아니고, 교육을 위한 판별과 선정이 되어야 하므로 교육 프로그램의 목적도 영재판별의 기준에 함께 반영되어야 한다(조석희 외, 2002).

이런 점에서, 과학영재의 판별을 위해서는 인지적 차원으로서 지능과 과학지식의 습득 능력, 정의적 차원으로서 과학적 태도 영역 중 과학 분야에 대한 흥미와 호기심, 과학 학습에 대한 학습 의욕과 탐구 동기, 과제집착력, 그리고 창의성 영역으로 과학 분야에 대한 창의적 문제해결력, 인성적인 측면으로서 협동능력과 문제의 발견력 등을 포함하는 과학적 탐구 사고력과 과학적 탐구 기능영역 등이 포함되어야 한다.

과학영재교육에 있어서 창의성을 중요하게 다루는 이유는 영재성과 창의성과의 관련성 때문이다. 학자에 따라서는 영재성과 창의성을 거의 동일시하기도 하지만, 구별하자면 영재성은 창의성을 발휘할 가능성까지 포함한 개념이라면, 창의성은 영재성이 발휘된 상태라 할 수 있다. 따라서 창의성을 평가할 수 있다면, 영재성 평가에 대한 접근이 가능성을 기대할 수 있으며, 이는 곧 우리의 관심사인 과학영재의 타당한 판별과 선정 및 교육을 통한 재평가가 가능하리라는 의미가 된다.

현재 우리나라의 여러 영재교육기관들에서는 영재교육을 위한 대상자의 선발을 위해 다단계 평가에 의한 선발과정을 지향하고 있으며, 그 이상적인 절차로 첫 번째, 각종 기록에 의한 교사의 추천, 두 번째, 각종 표준화된 개인 또는 집단검사의 실시, 세 번째, 전문가에 의한 탐구 또는 문제해결과정에 의한 평가를 제시하고 있다(박성익 등, 2003). 실제로 최근 한국영재학교의 입학시험에 과학캠프가 도입되는 등 문제풀이과정을 도입한 수행 중심의 평가 시도가 이루어지고 있다. 그러나 대부분의 기관들은 아직까지 두 번째 단계 정도에서 그치는 경우가 많고 여기에 면접 또는 실기시험 정도를 부가적으로 시행하는 정도이며 특히 창의적 문제해결력의 평가는 미흡한 실정이다(최선영 등, 2006). 따라서 과학영재교육을 담당하고 있는 여러 기관들에서는 과학 창의적 문제해결력 평가 방법의 개발 및 보급, 그리고 평가의 타당성을 높일 수 있는 방안에 대하여 계속적인 연구와 노력이 있어야 할 것이다.

수행평가는 학생의 다양한 능력을 평가하는 실제적이며, 질적인, 직접평가 방법으로서, 기존의 선다형 지필평가나 간접평가가 가졌던 평가 영역의 제한점을 극복한 새로운 대안 평가방법이다(김은진, 2000; 박현주, 1998; 임영득 외 1999; Baron, 1991; Hart, 1994; Kulm & Malcolm, 1991; Newmann & Archibald, 1992; Roth, 1990; Stiggins, 1991). 특히 과학교육에서는 과학적 탐구과정이나 과학적 태도, 그리고 창의적 문제해결력, 일상생활에 있어서 지식의 올바른 적용력과 같은 것에 강조점을 둔다(김은진, 2000; 김주훈, 1999). 김은진(2000)은 과학수행평가를 위한 과학교과 수행평가틀((Framework of Performance Assessment in Science Education: F−PASE)에서 과학수행평가에서 이루어져야 하는 평가 영역으로 과학지식의 적용력, 과학탐구사고력, 과학탐구기능, 과학적 태도, 창의적 사고력, 의사소통력, 반성적 사고력의 7가지 영역을 제안한 바 있다. 이는 과학영재의 특성이 드러나는 영역일 뿐만 아니라 과학영재의 교육 프로그램이 추구하는 목표영역이기도 하다. 따라서 과학 교과 수행평가(F-PASE)를 토대로 영재의 특성을 반영하는 수행평가도구가 개발된다면, 과학영재 판별과 평가에 타당성을 크게 높일 수 있을 것으로 기대한다. 뿐만 아니라 수행평가는 교수-학습의 일원화 형태를 취하고 있음으로 수행평가도구의 형태에 따라 비교적 단시간에 시행되는 과학영재의 판별 검사 뿐만 아니라 영재 프로그램을 통한 학습의 과정과 프로그램이 끝난 후의 학습의 결과도 함께 평가하는 도구로 개발될 수 있다. 이런 점에서 수행평가는 과학영재교육의 질을 높일 수 있는 강력한 평가방법이라 하겠다.

요컨대 과학영재 선발과 평가도구는 그 내용면에서 과학영재의 다양한 특성을 포괄적으로 평가할 수 있도록 과학의 본질과 특성 및 과학영재의 특성이 반영된 평가목표를 가져야 하고, 그 형태 면에서 과학의 탐구과정을 수행하면서 문제를 직접 해결하여 구체적인 산출물을 얻어내거나 문제의 해결책을 실행 수준에서 보여줌으로써 실제적인 직접 평가를 가능하게 하는 수행평가의 형태가 가장 좋은 도구의 형태라 할 수 있다.

본 서에서는 우선 창의성과 문제해결력, 그리고 이 개념을 토대로 과학 창의적 문제해결을 어떻게 정의할 것인지에 대해 논의할 것이다. 그리고 창의적 문제해결과정에 대해 살펴보고, 이 과정을 기초로 초등과학에서 창의적 문제해결력 평가를 위한 도구를 어떻게 개발할 수 있을 것인가에 대하여 논의한 후 창의적 문제해결력 평가도구의 예를 살펴볼 것이다.

과학영재란?

영재성을 개념화하는 데 어려움 중 하나는 '영재성'이 실체로서 인간이 가진 특성이 아니라 하나의 개념, 또는 심리적 구인이라는 점이다. 따라서 영재의 특성이라고 생각되는 관찰 가능한 행동 특성을 측정하여, 영재성을 추리하는 방법을 사용한다.

1. 영재성의 구성요소

1) 일반지능(General intelligence)

(1) 지능검사점수

과거에는 영재의 구성요소로서 높은 지능을 가장 우선적인 조건으로 생각했다. 그러나 탁월한 과학자 중에는 높은 지능점수를 갖지 못한 경우도 있었다. 실제로 노벨물리학상 수상자인 파인만의 IQ는 122였다고 하며, 노벨 수상자 Luis Alvarez와 William B. Shockley는 IQ가 충분히 높지 않다는 이유로 Terman(1954)의 영재연구에서 피험자로 선택되지 못했었다(Hermann & Stanley, 1983). 뿐만 아니라 영재성이라는 개념이 영재와 비영재라는 절대적 구분이 가능한 것이 아닌 하나의 연속선상에서 상대적으로 드러난나는 점을 고려할 때, 영재성의 구성요소를 포함하는 개인을 전체 집단 속에서 어떤 비율로 정하여 영재교육의 대상자로 삼아야 하는가는 인적자원의 개발이라는 측면에서 무시할 수 없는 문제이다. 따라서 최근에는 '평균 이상의 지능을 가진 자'를 영재의 범주에 넣고 있는 추세이다(Renzulli, 1977)

(2) 메타인지능력

IQ가 인지능력을 측정하는 점수라고는 하지만, 좀 더 복잡한 정보처리능력이나 정보의 조작 및 통제력 등을 포함하는 문제해결력으로써 메타인지능력을 측정하는 데는 미흡하다. Sternberg(1982)는 메타인지능력을 중요한 인지능력으로 보았으며 영재아는 메타인지능력의 다음 구성요소에서 우수하다.

- 해결해야 할 문제가 무엇인지에 따른 적합한 결정
- 문제해결의 하위요소를 선택
- 문제해결 전략의 선택
- 정보 제시 선택
- 문제해결의 구성요소 배치 결정
- 문제해결의 모니터링

다음은 메타인지능력 중 계획과 실행에 사용되는, 영재아들의 우수한 인지요소이다.

- 대상의 관계를 발견하는 추론
- 하나의 영역과 다른 영역의 관련시키는 매핑
- 지각된 관계에 따라 예견하는 적용
- 대안적 예견과의 비교
- 다양한 선택과정의 명료화
- 해결안 제시의 합리성

이러한 조건들은 영재교수도구나 평가도구를 제작하는 데 시사점을 제공한다.

우수한 일반 지능이나 능력은 영재성의 많은 부분을 차지한다. 현재 영재성을 정의하는 데 필수적인 수준이 구체화되지는 않았지만 메타인지능력을 포함하는 높은 지능은 영재성에 매우 유망한 조건이다.

2) 창의성(Creativity)

창의성은 영재성의 가장 중요한 구성요소라고도 볼 수 있다. 그러나 최근 창의성은 확산적 사고나 독창성을 넘어서 유용한 산출물을 만들어내는 능력이라는 부분에 집중하면서 창의성보다는 창의적 문제해결력이라는 의미에 더 중요성을 둔다. 즉 영재성을 구성하는 창의성은 새로운 문제 상황에서 민감하게 문제를 감지하고, 통찰력을 동원하여, 독창적이면서도 유용한, 가치 있는 문제해결방법을 찾아 해결하는 능력이라고 볼 수 있다. 그런데 과거 여러 연구에서 창의성에는 어느 정도 수준의 지능이 요구된다고 알려져 왔다. 이 임계 지능은 약 IQ 120 정도로 이 이상에서는 지능과 창의성 간에 상관이 없다. Torrance(1992)는 창의성 검사에 대한 종단적 연구를 통해 고등학교의 높은 창의성 점수는 성인의 높은 창의적 수행을 예견한다고 주장하였다. 그러나 아동기의 창의성은 내향성, 직관, 자율성, 개인주의, 융통성, 개방성, 예민함, 민감성 등과 같은 성격기능들이 복합적으로 작용한다.

3) 지식(Knowledge or information)

Sternberg(1982)는 영재아가 일반 아동에 비해 더 깊고 넓은 학문적 지식을 소유하고 있다고 하였다. 거기다가 정보가 저장되면서 학문적 깊이가 더 확장되게 된다. 지식이 지식을 산출하게 되는 것이다.

그 외 여러 연구들에서 탁월한 전문가들은 각자의 분야에 광범위한 정보를 갖고 있음이 확인되었고, 높은 수행은 지능이나 축적된 지식과 상관이 높다는 결과도 알려졌다(Gagne & Dick, 1983).

학생이 소유한 기존지식은 앞으로의 학습에 많은 영향을 미친다. 우수한 지식, 이해는 영재성의 요소 중 하나가 되고 있다.

4) 동기(Motivation)

동기적 요수가 영재성과 관련된다는 사실은 의심할 여지가 없다. 성공한 150명의 영재에 대한 고전적인 연구에서 동기의 역할이 확인되었다(Terman & Oden, 1959). 이들은 성공하지 못한 영재들과 지능에 있어서는 유의미한 차이가 없었으나 과제 완수 지속성, 성취동기, 목표 지향과 같은 성격과 동기적 유형에 차이가 있었다.

영재아동기의 매우 두드러진 특질은 우수성을 추구하는 열정이다. 이들의 발달과정에서 집중과 끈기, 성취에 대한 기쁨이 복합적으로 나타난다(Feldman, 1993).

Nicholls(1983)는 외적 개입이나 보상, 자아 동기, 과제 동기의 세 가지 동기유형을 제시했다. 외적 동기는 학습의 동기가 외적 보상에 있다. 자아 동기는 학습자가 학습의 가치보다 자신의 우수함을 추구하는 것이다. 과제 동기는 외적 보상이나 자아 확장보다 학습 내용이나 과제에 관심을 보이는 것이다. 과제 동기에 있어서 학습은 본질적으로 가치 있고 의미 있으며, 과제를 숙련하는 데 필요한 전략이나 과제 자체에 초점을 맞추게 된다. 반면 자아 동기에 있어서 학습은 자신이 초점이 되며 우수함을 발현하거나 아둔하게 보이지 않는 수단으로서의 의미가 있다. 영재아의 동기는 과제 동기의 유형을 가지는 것으로 나타났다. 높은 과제 동기를 나타내는 아동은 영재성의 발현을 기대할 수 있다.

5) 자아개념(Self-concept)

여러 연구에서 영재아가 일반아들에 비해 높은 긍정적 자아개념을 가지고 있는 것으로 밝혀졌다(Feldhusen & Kolloff, 1981; Ketcham & Snyder, 1977; Ringness, 1961).

영재아에게 적절한 자아개념의 기본적 요소는 자신에 대한 정확한 이해와 자신의 창의적 능력에 대한 지각이다. 이러한 지각은 영재아가 학습하고 창의적 기여를 하도록 동기적 요소로서 상호 작용한다. 자아개념의 파악은 영재성 발달에 역동적인 힘이 된다. 자아개념은 자신의 재능과 능력, 책임감에 대한 평가와 해석으로 구성된다. Shavelson 등(1976)은 자아개념은 경험과 경험의 해석을 통해 형성된 자신에 대한 개념이라고 보았다. 어떤 경험은 성공으로, 어떤 경험은 실패로 지각되며, 성공과 실패는 외적 사건이나 타인뿐만 아니라 자신의 장단점 때문인 것으로 생각하게 되는데, 영재아는 성공을 더 자주 경험하게 되고 이러한 경험은 자신의 능력을 더 높이 인식하게 만든다. 물론 부모나 교사의 높은 기대가 높은 수행을 유발하기도 한다. 상위 수준의 성공은 기대를 계속 유지시킨다.

6) 특수 재능(Special talents)

마지막으로 영재성의 구인으로 특수 재능을 포함시킨다.

재능은 인간 노력의 특수 분야와 관련된 능력이나 적성을 나타내며, 학문이나 예술, 직업과 연관이 있다. 전문화 사회에서 이른바 팔방미인을 의미하는 일반영재는 그 의미가 희석된다. 그런 점에서 개별영재의 특수 재능 찾아 이를 발달시키는 것은 교육적 의미가 크다고 하겠다.

Feldhusen(1984)은 학교 교육과정에 관련된 재능영역을 제시하였다.

① 학구적, 지적 영역: 과학, 수학, 영어, 사회, 언어, 컴퓨터
② 예능, 창의적 영역: 무용, 음악, 연극, 그래픽, 조각, 사진
③ 직업 영역: 가정 경제, 산업 예술, 농업, 사업

Mackinnon(1978)은 재능을 직업 영역에서 우수한 수행을 나타낼 수 있는 질적인 특질의 복합이라고 정의하였다. 또한 교육 경험을 통해 재능을 발달시키는 양육의 중요성을 강조했다. 적성과 능력은 단일한 특징 이상의 것이다.

Bloom과 Sosniak(1981)은 재능 발달이 개인의 경험과 관련된 학습과 특별한 분야에서의 학습에서 발생하게 된다고 보았다.

분명히 재능은 심리학적 전체로써 규명되고 길러지는 것으로 보인다. 재능이나 재능의 구조에 대해 널리 수용되는 단일한 이론은 없으나, 재능은 개인의 우수한 수행이나 성취를 나타내는 적성과 능력의 조합으로 볼 수 있다.

우리가 관심을 갖는 과학영재는 과학의 특수 재능을 갖는 영재로서 학문과, 직업에 있어서 과학에서 탁월한 성취를 수행할 것으로 예상되는 대상이라 할 수 있다.

2. 영재의 정의와 특성

일반적으로 영재는 그들의 뛰어난 능력으로 보아 높은 성취를 이룰 것으로 전문가에 의하여 판단된 사람이다. 영재는 자아실현과 사회 발전을 위하여 그들의 능력을 활용할 수 있도록 정규 학교에서 제공되는 것 이상의 서비스 또는 차별화된 교육 프로그램을 필요로 한다.

미국 문부성(USOE, 1971)에서는 "영재는 전문가에 의해 능력이 뛰어나 탁월한 성취를 보일 가능성이 있는 자로서, 그들이 사회에 공헌하고 자기 성장에 도움을 줄 수 있도록 그들의 잠재력을 계발시키기 위하여 특수한 교육 프로그램을 필요로 한다고 판단되는 자"라고 정의하였다. 그러나 이후 G. Renzulli(1977)은 이 정의는 지능이나 적성을 상대적으로 우대하고 있다는 비판을 제기하면서 지능, 과제집착력, 창의성의 세 요소를 도입하는 새로운 개념을 내놓았다. 그는 영재성이란 이 세 요인이 상호 작용하여 나타나는 것으로 한 개인이 각 영역에서 85% 이상이며, 적어도 한 영역에서는 98% 이상일 때 영재성은 나타낸다고 정의하였다.

다음은 영재에 대한 인지적, 창의적, 사회·정서적 영역에서의 특징이다. 참고로 영재들의 인지적, 정의적, 신체·감각적 영역과 직관력에 있어서의 특징 및 관련욕구, 그에 따라 수반되는 문제점들을 본 원고의 마지막에 참고자료로 첨부하였다.

1) 인지적 특성

(1) 높은 수준의 언어발달: 어휘수준이 발달되어 있고, 언어적인 표현이 유창하다.

(2) 풍부한 지식보유: 풍부한 독서 수준과 또래보다 2년 정도 앞선 높은 수준의 독서 및 광범위한 독서로 인해 풍부한 지식을 보유하고 있다.

(3) 비상한 기억력: 영재의 기본적인 특성으로 한 번 보고 들은 것에 대해 자세하게 기억한다.

(4) 뛰어난 학습능력: 또래에 비해 학습에 대한 이해력이 높아 쉽고 수월하게 학습한다.

(5) 뛰어난 사고능력: 논리적, 비판적으로 사고하고 추상적. 상징적 사고를 즐긴다.

또한 단순한 것보다는 복잡한 생각을 즐긴다.

(6) 광범위한 흥미 영역: 다양한 흥미와 취미가 있고, 다양한 것을 수집한다.

(7) 탁월한 성취능력: 어떤 특정 분야에서 반드시 성취하고자 한다.

(8) 탁월한 문제해결력: 효율적인 방법으로 복잡한 문제를 해결하는 것을 좋아한다.

2) 창의적 특성

(1) 뛰어난 상상력: 한 가지 답이 정해진 활동보다는 상상을 해서 다양한 반응을 할 수 있는 창의적인 활동을 좋아한다.

(2) 뛰어난 관찰력: 사람, 사물들을 관찰할 때 매우 구체적이고 세부적인 것까지 잘 관찰한다.

(3) 높은 호기심: 주변의 사물과 환경 등에 대해 호기심을 갖고 질문한다.

(4) 민감성: 남들은 간과하는 점들을 놓치지 않고 잘 지각한다.

(5) 유머감각: 날카로운 유머감각을 지니고 있다.

3) 사회·정서적 특성

(1) 탁월한 지도력: 다른 사람에게 영향력을 행사하고, 인기가 있고 솔선수범하며, 다른 사람을 지도하기를 좋아한다.

(2) 탁월한 과제집착력: 어떤 어려움이 있어도 흥미 있는 일은 지속적으로 진행한다.

(3) 긍정적인 자아개념: 자신에 대한 긍정적인 자아개념을 갖고 있다.

(4) 높은 독립심: 외부의 통제 없이 자신 스스로를 통제할 줄 안다.

(5) 도덕·윤리적 가치관: 또래에 비해 선과 악, 정오의 판단 등 도덕. 윤리적인 가치에 대해 관심이 많다.

(6) 높은 동기유발: 내적인 동기유발이 잘되어 자신에게 흥미 있는 일을 할 때 장시간 동안 몰입하여 열정적으로 활동한다.

이와 같은 일반영재의 특징은 과학영재들에서도 대부분 공통적으로 관찰되는 특징으로 알려져 있다.

3. 영재에 대한 그릇된 신념

1) 영재학생은 동질집단이므로 분화된 한 가지 교육과정만 있으면 된다.

영재학생들은 모두 이해 수준이 높고(advanced understanding) 학습속도가 빠른 (accelerated learning rate) 특징을 가지고 있지만, 이들이 모든 영역에서 똑같은 수준의 능력을 가지고 있는 것은 아니다. 영재학생들 간의 개인차로 볼 때, 모든 영재학생들에게 속진 프로그램을 제공하거나, 주중 일정 시간에 모든 영재학습자들에게 똑같은 활동을 제공하거나, 정규 교실에서 가끔씩 심화활동들을 제공하는 등의 일률적 교육과정은 학습자 요구와 수업 기회가 부합되지 않는 경우가 많다. 그보다 다중방식으로 영재학생들에게 적합한 수업을 계획하도록 할 필요가 있다.

2) 영재성은 학교 입학 전에 결정된다. 학교가 할 일은 영재학습자를 찾아내어 그 학습자가 이미 가지고 있는 영재성을 계발시켜 주는 것이다.

일부만 진실인 이러한 생각은 많은 영재학생을 무책임하게 방치하고 영재학생을 사회경제적으로 차별하는 결과를 초래한다. 교사는 학습자의 잠재력을 과소평가하지 말고, 학습자가 흥미 있고 개인적으로 유의성 있는 학습을 하도록 해주어야 한다. 기대수준을 낮게 설정하고 학생이 뛰어날 수 있는 기회를 제공하지 않는 것보다는 기대수준을 높게 설정하고 학생들의 재능이 발현되는 것을 보는 것이 훨씬 더 바람직하다.

3) 영재학생은 내버려 두어도 어떤 식으로로든 학습한다.

모든 학생은 항상 학습한다. 그러나 무엇을 학습하는가? 학습시간을 가장 생산적으로 사용하고 있는가? 새로운 것을 학습하는가? 어떤 학생이 학년 수준 교육과정에서 요구되는 수준을 능가하는 수행 수준인 상태로 교실에 들어온다면, 그들의 지식, 이해, 기능들은 증가되지 않았을 수도 있다. 더욱이, 학생들은 학교에서 가치관과 태도를 배우므로, 우리는 그들이 무엇을 배우는가에 관심을 가져야 한다. 영재학생을 내버려두는 것은 학교 시간이 시간낭비라고 생각할 수도 있으며, 한두 가지 과제를 완료하기 위해 쩔쩔 매거나 전혀 성공을 거두지 못하는 다른 학생들을 무시하거나 경멸하는 태도를 배울 수도 있다. 또는 숙제를 완료하기 위해 정신적 에너지를 전혀 투자하지 않는 어떤 영재는 나태한 습관을 배우게 될지도 모른다.

4) 영재학습자에게 적절한 한 가지 학습활동은 그보다 덜 진척된 학생들을 가르치게 하는 것이다.

교육자들은 영재학생들이 다른 학생들을 가르쳐보게 하면 그들의 내용을 더 완전하게 학습하는 데 도움이 되고, 곤란을 겪고 있는 다른 학습자들도 동료교사로부터 배울 수 있는 이점이 있다는 인상을 가지고, 영재학습자들에게 다른 학생들을 가르치게 하는 경우가 많다. 그러나 영재학생이 곤란을 겪고 있는 학생에게 훌륭한 교사가 될 수 있다고 가정하는 것은 더 터무니없는 오류다. 영재학생이라 하더라도 교사 훈련과정을 거치지 않으면 학습과 관련된 문제들을 진단하고, 다른 학생들이 더 잘 학습할 수 있는 방법들에 관해 반성하며, 대안적 교수 방략들에 대한 레퍼토리를 개발할 수 있는 능력을 갖출 수 없다. 더욱이 영재학생들의 높은 이해수준, 어떤 개념이나 기능에 대한 예민한 반성내용들은 오히려 덜 능숙한 학습자가 그 교과를 마스터하는 데 방해가 될 수 있다. 영재학습자는 다른 학습자의 모형 역할을 할 수 있다고 주장하는 사람도 있지만, 연구 결과에 의하면 학습자들은 자신의 수행 수준과 크게 다른 동료보다 약간 더 높은 동료를 성공적으로 모형화한다(Schunk, 1987).

5) 영재학습자는 항상 높은 성취도를 나타낸다.

Bonnie Cramond(1995)는 주의결핍과잉행동(Attention Deficit Hyperactivity; ADHD)을 보이는 학생과 창의적인 학생의 특징들이 중첩됨을 강조하였다. 교육자는 부정적으로 지각되는 행동들(부주의, 과잉행동, 충동성, 까다로운 성미, 사회적 기능 결핍, 낮은 학업성취도 등)이 ADHD와 조합되어 창의성이나 영재성의 지표가 될 수 있는 가능성에 대해 개방적이어야 한다. 즉 학생의 부주의 행동은 도전시키지 않는 교육과정에 권태를 느껴 발생할 수도 있다.

영재성의 표출을 차단하는 또 하나의 요인은 낮은 학업성취도이다. 어떤 테스트들은 최소 표준들만을 설정하여 쉽게 넘을 수 있는 수 있어서 선행학습자(advanced learner)의 흥미를 떨어뜨릴 뿐만 아니라, 많은 노력을 요하지 않을 수 있다.

요컨대 영재들에게 도전적이지 못한 과제들은 그들의 주의를 집중시키지 못하고 오히려 다른 방향의 과잉행동으로 나타나거나, 학습에 흥미를 느끼지 못함으로 인해 낮은 성취도로 나타나게 되는 결과를 낳을 수 있다는 것이다. 이들에게 도전적인 수준을 제공하기 위해서는 어떻게 해야 하는지 생각해 볼 필요가 있다.

6) 영재학습자는 교사가 특별한 처치를 해주지 않더라도 잘 해 나아간다.

모든 영재학생이 잘해 나아가는가? 주목받지 못하는 영재학습자도 많고, 방과 후까지 실제적인 학습을 하지 못하고 허송하는 영재학습자도 많다. 영재들이 스스로 잘해 나아가고 있다고 할 수 없다.

4. 과학영재의 정의

과학영재는 한 개인의 잠재적 능력을 계발한다는 점에서 뿐만 아니라, 국가의 과학기술 발전 및 국제 경쟁력 강화라는 차원에서도 중요하다.

영재의 정의에서 살펴본 Renzull(1977)의 세 가지 요소를 과학에 적용하여 보면, 과학적 능력, 과학문제해결에서의 창의성, 과제집착력의 세 요인이 상호 작용하여 나타나는 각 영역에서 85% 이상이며, 한 영역에서는 적어도 98% 이상인 경우의 개인을 과학영재로 일컫는 것으로 볼 수 있다. 여기서 과학적 능력이란, 과학을 하기 위해 요구되는 능력으로 ① 과학 분야의 학문과 탐구활동에 대한 강한 흥미와 긍정적인 태도 ②고도의 논리적 능력(연역적 추론, 귀납적 추론, 귀추적 추론, 공간지각력 등이 포함) ③ 고도의 언어 능력(과학적인 언어는 수학적, 논리적 언어를 포함한다)이 포함된다(Bucher, 1982).

이군현(1991)은 과학영재를 "동일 연령수준에 있는 다른 사람들에 비해 학업성취도가 매우 높고, 뛰어난 지적 능력과 창의력을 소유하고 있으며, 과학 분야의 탐구활동에 강한 흥미와 과제집착력을 가지고 있는 사람"으로 정의할 수 있다고 했다.

조석희, 시기자, 지은림(1997)은 과학영재를 "전문가가 과학영역에서 뛰어난 업적을 이루었거나 이룰 것으로 판정된 사람으로서, 그 잠재력을 최대로 계발하기 위해서는 정규 학교 프로그램 이상의 특별한 교육 프로그램과 서비스를 필요로 하는 사람"이라고 정의했다. 이들의 정의에 따르면 과학영재는 과학 분야에서의 창의적 문제해결력이 뛰어날 가능성이 큰 사람으로서, 일반적 지식과 기능 기반, 과학영역에서의 지식과 기능 기반, 과제집착력, 확산적 사고, 논리적 사고를 역동적이며 효율적으로 발휘하여 문제해결과정 및 산출물에서 창의성을 나타낸다.

김주훈, 이은미, 최고운, 송상헌(1996)에 따르면 과학영재는 "영재의 개념에서 평균 이상의 능력을 지닌 자 중에서 과학 분야에 특별한 과제집착력을 보이고 과학 분야에서 창의력이 뛰어난 사람"들을 말한다. 즉 과학영재란 "일반능력 및 특수능력이 평균 이상인 자로, 과학 분야의 과제집착력, 흥미, 호기심이 높고, 창의력이 뛰어나며, 장래 과학 분야에서 뛰어난 업적을 이룰 것으로 예상되는 자로 이들의 능력을 개발하기 위하여 특별한 과학 프로그램을 필요로 하는 자"들을 의미한다.

신지은(2002)은 이 정의들을 종합하여 다음과 같이 정리하였다.

첫째로 과학영재는 평균 이상의 능력을 가지고 있어야 한다. 평균 이상의 능력이란 지능, 적성, 전반적인 학업 성취도 등을 의미하는 일반능력과 과학 분야의 학업 성취도, 과학 적성 등을 의미하는 특수능력 모두에서 평균 이상을 발휘하는 것을 말한다.

둘째, 과학영재는 과학 분야에서 과제집착력, 흥미, 동기, 자신감 등의 비지적 요인들이 뛰어나야 한다. 따라서 과학 분야의 과제집착력, 흥미, 동기, 자신감과 같은 정의적 특성을 평가할 수 있는 방안이 마련되어야 한다. 이러한 능력을 의미 있게 평가하지 않고는 과학 분야의 영재를 판별하기 어렵기 때문이다.

셋째, 창의성은 과학 분야에서도 영재성을 규정하는 중요한 요인이 된다. 따라서 과학 분야의 영재는 과학 분야에서 창의력이 뛰어나야 한다. 에디슨과 같이 역사에서 큰 업적을 남긴 발명가도 학교에서는 낙제생이었지만 역사에 남을 발명을 할 수 있었던 것도 창의성이 뛰어났기 때문이다. 창의성의 성격에 대하여 아직도 규명되지 않은 바가 많으나 일반적으로 영재성을 보이는 사람들은 기존 방법과는 다른 새롭고 독창적인 아이디어나 산출물을 내는 능력이 뛰어난 사람들이었다는 것을 알 수 있다.

넷째, 과학영재성이 개발되는 데에는 의도된 교육과 훈련이 반드시 요구되며, 잠재적 능력을 확인하고 또 그 능력을 계발하기 위한 과학 특별 프로그램이 필요한 사람을 의미한다.

이를 토대로 공통적으로 볼 때,

"과학영재는 일반적으로 높은 지능을 갖고 있으며, 과학 및 수학 분야에 뛰어난 학업 성취를 보이면서, 과학 학습에 대한 강한 학습 의욕과 높은 탐구 동기를 보이는 심리적 특성을 보유하고 있는 사람"이라고 할 수 있다

Ⅲ 과학영재의 특성

과학영재들의 특성을 추출해 내는 방법은 크게 두 가지로 구분할 수 있다. 그 하나는 업적을 중심으로 평가했을 때 유능하고 창의적인 과학자를 모델로 하여 그들의 업적과 행적을 중심으로 제 특성을 판별해 내는 방법이다.

다른 한 방법은 과학적 잠재력을 갖고 있거나 과학이나 수학 분야에 뛰어난 재능을 보이는 아동의 행동을 관찰하여 그 특징을 추출하는 방법이다.

1. 탁월한 과학자의 특성에 대한 연구

1) A. Roe(1952)의 연구

그는 22명의 저명한 자연과학자의 생활사를 집중적으로 추적 연구한 결과를 다음과 같이 요약해주고 있다.

· 추진력을 갖춘 지구력과 만족을 모르는 호기심에서 나타나는 일에 대한 몰입의 깊이는 자연과학자의 성취수준에서 볼 때 다른 많은 요소들과 마찬가지로 중요하다. 실제로 이들에게는 일이 곧 여가에 해당한다.

· 이들은 어렸을 때부터 학교와 공부를 좋아하는 열렬한 독서가였다.

· 집단적으로서의 이들은 고도로 자주적인 경향을 가진다.

· 부친에 대한 애정은 아니더라도 높은 존경심을 표시했으며, 대개 부친은 전문직을 가졌고, 부모의 결혼은 상당한 안정성을 갖추고 있었다.

· 대부분의 자연과학자들은 사회성 발달이 비교적 늦고 내향적이었다.

· 고립적이고 비사교적인 사람으로서 대부분의 과학자들은 그룹이나 혹은 사교적 집단과의 관계 내지 동일시를 피했으며, 대신 흥미나 가치관이 유사한 한둘의 절친한 친구를 가졌다.

· 일반적으로 자연과학자들은 종교나 교회와 관련된 활동에는 흥미를 보이지 않았다. 그러나 이 무관심은 반드시 종교에 대한 적대적 감정을 반영하는 것은 아니었다.

· 특히 실험 물리학자들은 발명과 기계류에 대한 오랜 흥미를 보였다.

· 연구과학자는 최초의 연구 경험이 상당히 성공적이었다.

· 자연과학자의 박사학위취득 평균연령은 24.6세로서 사회과학자의 평균연령 26.0세보다 빠른 편이었다.

· 학력검사나 지적능력검사에서 대부분 상당히 높은 수준을 나타낸다.

2) Terman(1954, 1955)의 연구

Terman은 과학자와 비과학자 집단에 대한 1921, 1922년 스탠포드-비네 지능검사에서 I.Q. 140 이상의 집단을 영재로 선정한 후, 종단연구를 수행했다. 후에 물리학자 집단의 일반적 특성으로 부친이 대학졸업자로 전문직에 종사하며, 일찍 독서를 시작하였고, 개념습득검사와 같은 추리력 검사에서 높은 점수를 나타내었다. 또한 고등학교와 대학 재학 중에 실시한 학력검사에서도 높은 수준은 보여주었으며 자기가 선택한 일이나 작업에 몰두하고 만족감을 나타내고 있다고 지적하였다.

3) Cattell & Butcher(1968)의 연구

자연과학자의 전기적 방법에 의하여 연구한 결과 자연과학자는 내향적 성격으로서 자제력이 강하고 비사교적이며, 비판적이고, 정확성을 추구하는 특성을 갖고 있다고 분석했다. 동시에 이들은 창의적이고, 모험심과 탐구심이 강하며, 또한 정서적으로 안정성이 높다는 결론을 내리고 있다. 또한 이들은 일반적으로 높은 수준의 지능을 가졌으며, 극단적으로 높은 수준은 아니라고 밝혔다.

2. 과학 분야 재능아의 특성에 대한 연구

1) Brandwein(1981)의 연구

과학에 흥미를 가지고 있는 학생들은 혼자 하는 운동을 선호하고 독서 및 지적 활동에 많은 시간은 소요하며 자기 지시적이고, 개별적인 과제를 선호하고 논리적인 내용의 잡지(the Time, Scientific American 등)를 선호하는 특징이 있었다. 이들의 부모는 대부분 자녀가 전문직 종사자가 되기를 희망하였다. 연구 결과를 통해서 그는 과학자가 되기 위해서는 결국 다음의 세 요소가 복합적으로 조화를 이루어야 한다고 보았다.

(1) 유전적 요소(the genetic factors): 영재아는 유전적으로 일반 지능이 우수하고 수리적·추상적 능력이 빼어나야 한다.

(2) 성격적 요소(the predisposing factors): 과학에 대한 동기와 집착력이 있어야 한다. 이러한 학생은 과제를 수행하는 데 장시간을 투입하기를 좋아하고 과제를 수행하는데 있어 보다 나은 방법을 추구하고자 한다.

(3) 환경적 요소(the activating factors): 성장과정에서 감명을 주고 영향을 주는 요소가 있어야 한다. 예를 들어 학교교사들의 개인적 열성과 모범이 영향을 주는 요인이 될 수 있다.

2) 이군현(1990)의 연구

과학기술원에 있는 과학영재학생들에 대한 사례연구 결과는 다음과 같다.

- 수학적 재능이 뛰어나다
- 글을 통한 의사전달방법보다 구두로 하는 의사전달이 빠르기 때문에 이를 선호하는 경향이 있다.
- 여러 단계의 정신과정을 한 단계로 결합하거나 직관적으로 건너뛰려고 한다.
- 상호모순된 사실에 대한 호기심과 이를 조정하는 방법을 찾는 데 지적 관심이 높다.
- 지적인 문제를 해결하는 데 있어서 자기 확신이 일반아동보다 빠르고 논리성과 정밀성을 선호하며, 창의성과 응용능력이 우수하다.
- 일반적으로 지능이 뛰어나다.
- 독립심이 강하고, 주변 환경을 적극적으로 극복하고 과제집착력이 매우 강하다.

3) Walberg(1982)의 연구결과

Walberg(1982)는 과학 분야에서 우수상을 받은 고등학생들에 대한 자기평가에서 공통점을 분석해냈다.

- 도서관에서 학교교과와 관계없는 책을 읽고, 집에 책을 많이 소장하고 있으며 전문기술서적을 즐겨 읽는다. 사람보다는 책에 더 흥미를 갖는다.
- 어릴 때부터 예술뿐만 아니라 기계−과학적 대상에 흥미가 많다.
- 상세한 내용을 요구하는 과제에 흥미를 갖는다.
- 어떤 일을 끝까지 추진하는 지구력이 강하며 휴식시간이 적다.
- 학교를 좋아하고 열심히 공부하며 보통 학생들에 비해서 과제를 더 빨리 완성한다.
- 창의적이고 상상력이 풍부하며 호기심이 많고 표현력이 좋다. 아이디어를 창의적으로 표현하기를 좋아하고 창의적인 것이 중요하다고 생각한다.
- 친구들보다 이해력이 높고 명석하다고 생각한다.
- 금전적인 대우를 기대하며 대학원을 진로를 생각하고 있었다.

이들은 사람보다는 사물에, 느낌보다는 아이디어에 더 많은 관심을 가지고 있으며, 정서적인 친밀감을 좋아하지 않는다. 예들 들면 전학을 한 과학영재는 친구를 사귀는 데 어려워하며 데이트도 많아 하지 않는 편이다. 과학영재는 지구력과 추진력이 강해서 어려움에 직면해도 과제를 잘 완성하는 경향이 있다. 이들은 책읽기를 좋아하고 학교행사에는 적게 관여한다. 과학영재들은 창의성보다는 지능을 더 높게 평가하는 경향이 있다. 과학영재는 자신의 미래 교육에 대해서 상세한 계획을 세우며 직업의 안정성에 대해서도 관심이 많다.

4) 과학영재의 다중지능에 관한 연구

(1) 김주현(2000)은 과학고등학교 재학생 383명을 대상으로 다중지능을 분석하였다. 과학영재의 다중지능에서 강한 지능 영역은 다음과 같다.

· 음악지능에서 다양한 장르의 음악에 대한 흥미가 높다
· 논리 수학지능에서 학교 수학 성취가 뛰어나고, 과학적 사고 능력이 높다.
· 대인지능에서 사회적 리더십이 높다.
· 개인이해지능(intrapersonal intelligence)은 전반적으로 뛰어나지만, 특히 자기 자신에 대한 인식능력과 효능감, 자아에 대한 지식을 통해 자아 및 타아와의 관계의 문제해결력이 뛰어나다.

반면에 약한 영역은 다음과 같았다.
· 신체운동지능이 낮다. 스포츠를 즐기는 편이 아니고, 신체를 사용한 활동도 흥미가 낮다.
· 공간지능에서 미와 관련된 작업수행이나 프로젝트수행능력이 낮다.
· 대인지능에서 대인관련 활동을 선호하지 않고 사람 중심적인 일에 특별한 흥미가 없다.
· 자연지능에서 동물에 대한 관심도 낮고, 돌보는 능력도 부족하다.

(2) 조은부(2005)는 초등과학영재와 일반 아동을 대상으로 다중지능에 대하여 비교 연구한 결과, 초등과학영재들은 일반아동에 비해 논리·수학저 지능, 개인이해지

능, 자연탐구지능이 높았다. 8가지 다중지능 중 강한 지능은 논리·수학적 지능과 개인이해지능으로, 약한 지능은 음악적 지능으로 나타났다.

3. 과학영재의 특성에 대한 논의들

1) 1978년 미국 교육부에서 발표한 과학영재의 특성을 보면,

· 운동신경이 발달하여 근육운동이나 기능조정 능력이 높고
· 개별 과제나 탐구에 전력을 기울이고
· 실패에도 좌절하지 않으며
· 인과 관계에 관심이 많으며
· 독서열이 높고
· 과학 관련 주제에 대한 토론을 즐기는 것으로 나타났다.

2) 한종하(1987)의 연구

여러 학자들의 연구결과를 토대로 과학영재들의 심리적 특성을 지적인 면과 정의적인 면으로 나누어 다음과 같이 정리하였다.

지적특성:
· 학업성취 진도가 빠르다.
· 학업성적 및 지능 검사에서 높은 성적을 얻는다.
· 실물이나 실험기기 다루기를 좋아한다.
· 어려운 문제나 퀴즈 놀이를 좋아한다.
· 방법을 중요시하고 정확하고 정밀한 데이터를 깊게 신뢰한다.
· 항상 개방적이고 사고의 융통성을 가지고 있다.
정의적 특성:

· 자율성과 자발성이 높고 자긍심이 강하다.

· 정서적인 안정성이 높고 대인관계에 얽힘을 싫어한다.

· 지적, 정서적 취미활동이 다양하다.

· 부지런한 노력형이며, 한 가지 일에만 열중한다.

· 보다 새롭고 창의적이 일에 몰두하기를 좋아한다.

· 자기 나름의 독특한 학습경향을 보인다.

· 비전제적 교사형을 좋아하고 교사에게 비판적이고 도전적인 태도를 보이는 경향이 있다.

이상의 논의들을 종합하면, 과학영재들은 다음과 같은 특성을 지녔다고 볼 수 있겠다.

(1) 일반지능이 뛰어나다(평균 이상의 지능)

(2) 수학·과학 분야에 남다른 관심을 보이며, 이 분야에 과제집착력이 강하다

(3) 높은 자아개념을 지니고 있으며, 매사에 강한 자신감을 지니고 있다.

(4) 독립심이 강하며, 타인의 간섭을 받기를 싫어한다. 모든 일을 자발적, 자율적으로 하고자 한다.

(5) 문제해결 시 정확성과 정밀성을 선호한다.

(6) 새로운 일에 강한 관심을 나타내며, 적절한 곤란도가 있는 문제를 해결하는 데 흥미를 지니고 있고, 도전적 성격을 지니고 있다.

(7) 상상력이 풍부하며, 창의력이 뛰어나다.

(8) 다양한 현상들을 종합하는 종합력과 일반화능력이 뛰어나다.

3) 비인지적 요소들

과학영재들이 직면하는 문제를 다룬 연구들에 의하면, 과학영재들이 개인적 달성에 필요한 토대를 갖추고 있지 않을 경우에는 지식 축적에 저항하는 것으로 나타났다 (Galbraith 1985). 이는 학생들이 아이디어들을 개인적으로 유의 적절한 방식으로 파악하고 인식해야 함을 입증하는 것이다. 과학영재들은 더 유의미한 학습, 더 보상적인 학교활동, 독자적인 프로젝트, 지식을 여러 수준에서 상호 관련시키는 기회를 원한다

학생들은 교사가 단순히 지식을 전달해주시는 것이 아니라 호기심과 창의성을 자극해 주길 바란다(Roberts, 1982). 열심히 공부하고 좋은 태도를 갖는 것은 확실히 중요하지만, 영재들은 학교 밖의 흥밋거리가 과학에서의 높은 성취도에 기여하는 요인이라고 간주한다(Emerick, 1992).

예술 분야에 대한 흥미 역시 영재수준의 과학에 크게 기여하는 요인이라 할 수 있다. 영재 학생들은 스스로를 미래의 지도자로 보고 이상적인 과학자를 모방하려고 노력한다(Chauvin, 1984).

지지적인 가정환경을 비롯하여 학습과정에서의 감성적 지원도 중요한 것으로 밝혀졌다(Karnes, 1989; Porter, 1993).

과학영재들은 과학적 정보를 윤리적·심미적으로 반성하여 그러한 지식으로부터 개인적 의미(personal meaning)를 도출하고(synoetics) 이러한 지식을 이해의 틀(framework of understanding)로 요약하고자 한다. Barron(1963)은 과학영재아의 판별기준에 모든 경험에서 심미적, 철학적 의미를 추구하는 강한 성향을 포함시켰다.

과학적 창출(scientific creation)과 예술적 노력(artistic endeavour)이 서로 인접해 있다는 주장은 여러 연구들에서 드러난다. Root—Berstein(1987)은 "뛰어난 과학자들은 모두 미술가이거나 시인이거나 음악가였다"고 주장하면서 Watt, Fulton, Pasteur, Lister는 미술가, Kepler, Einstein, Boltzman, Planck, McClintock, Schweitzer는 음악가, Galileo, Mendel, Maxwell, Schrodinger는 시인이라는 예를 들었다. 이들은 과학적 방법론보다는 일상생활에서 의미를 찾아 탐색한 일화를 가진 과학자들이라는 점을 고려할 때, 학생들의 상상력을 개발하는 것이 영재교수에서 간과되어서는 안 될 부분이라는 것을 알 수 있다.

창의성과 창의적 문제해결력

1. 창의성

창의성에 대한 연구는 1950년대 우주시대의 개막과 함께 창의성의 심리측정 방법에 대한 요청과 더불어 활발해져 왔다(Dunbar, 1999). 초기에는 창의성의 정의나 구인에 대한 연구가 중점적이었으며, 덕분에 현재에는 창의성의 구인으로, Guilford(1959)가 주장했던 유용성, 융통성, 독창성, 정교성을 포함시키는 데 이견이 없다. 그 후에 여기에 문제에 대한 민감성이라든가 재구성력 등을 포함시키기도 한다.

Sternberg(1988)는 "창의성이란 무엇인가 새롭고 문제 상황에 적절한 것을 만들어낼 수 있는 능력"으로 정의하였고 Lubart(1994)도 이와 유사하게 창의성을 '과학적 발명, 사회적 원리나 법칙, 예술 작품, 글 등 무엇인가 새롭고 문제 상황에 적절한 것을 만들어낼 수 있는 능력'으로 정의하였다. Urban(1995)은 '주어진 문제나 감지된 문제로부터 통찰력을 동원하여 새롭고, 신기하고, 독창적인 산출물을 내는 능력'이라고 정의하였다.

이들 정의에서 보듯이 창의성을 발휘하는 것은 곧 문제를 새롭게 해결하는 것을 의미하므로 창의성과 창의적 문제해결은 일맥상통하는 의미로 사용되며, 특히 최근에는 문제해결 자체를 창의적인 문제해결로 정의하기도 하며, 문제해결에 대한 정의에 창의성을 포함하는 것이 일반적이다.

그러나 실세적인 자원에서 창의성은 영역특이적인 의미로 제한해야 한다. 예를 들어 음악영재나 언어영재와 과학영재를 구분해야 할 필요가 있듯이 예술적 창의성과 과학적 창의성은 구분되어야 할 필요가 있다. 즉 일반적인 창의성의 요소로서 독창성과 같은 요소는 예술 영재의 창의성에 있어서는 심미적 특성과 함께 유용성이나 융통성에 비해 더 중요한 부분으로 다루어질 것이나, 과학영재에게는 정교성이나 유용성이 독창성 못지않게 중요한 요소로 다뤄져야 한다. 따라서 일반적인 창의성보다는 과학적 창의성, 또는 과학 창의적 문제해결력을 다루는 것이 과학영재교육에서 더 의미가 있다.

2. 문제와 문제해결력

문제란 현재상태와 목표상태 사이에 장애가 있는 것을 의미한다. 따라서 문제해결은 문제해결자가 목표(target)와 현재상태(source) 간의 불일치를 발견하여 불일치의 간격을 좁힘으로써 목표에 도달하는 것을 말한다(김영채, 1999). 문제해결자는 도달해야 할 목표가 있고, 현재 자신의 상태를 확인하여 도달해야 할 목표와 현재 자신의 상태와의 불일치를 발견해야 한다. 그리고 이런 간격을 좁히고 목표상태에 도달하기 위하여 여러 가지 조작을 하여 목표에 도달하려고 하는 노력을 하게 되는데 이를 문제해결이라 한다.

문제해결에 반드시 창의성이 요구되지는 않는다. 그러나 적합한 방법을 찾고, 그 가치를 판단하는 데에는 비판, 분석과 같은 수렴적 사고는 필수적인 사고능력이다. 하지만, 가능한 방법을 더 많이 여러 분야에 걸쳐서 다양하게 찾아낼 수 있고, 보다 정교하게 이를 실현할 수 있다면, 더 효과적으로 그리고 가치 있게 문제를 해결할 수 있을 것이다. 바로 여기에 창의성이 필요하다. 요컨대 문제해결을 보다 효과적이면서도 가치 있게 하려면 창의성의 특성인 확산적 사고와 분석, 비판과 같은 수렴적 사고가 함께 요구된다고 할 수 있다.

문제해결력은 필요한 정보와 사고력을 사용하여 목표에 도달하는 능력을 의미한다. 우리는 문제해결에 요구되는 이러한 요소들을 어떻게 사용하는가, 그리고 얼마나 잘 사용하는가를 파악함으로써 문제해결력 평가의 실마리를 찾을 수 있다.

3. 창의적 문제해결력과 과학 창의적 문제해결력

　창의적 문제해결력은 문제해결에 활용되는 하나의 요소로서 창의성의 요소들이 얼마나 효과적으로 그러면서도 가치 있게 활용될 수 있는가라고 말할 수 있다.

　창의적 문제해결력에 관해서는 최근에 영재교육과 관련하여 수행된 국내의 한 연구에서 제안된 다음과 같은 정의가 과학영재교육에 시사하는 바가 크다.

　창의적 문제해결력이란 일반적인 영역의 지식과 기능기반, 동기적 요인, 특정 영역의 지식과 기능 기반을 토대로 확산적 사고와 비판적 사고가 역동적으로 상호작용하여 새로운 산출물 혹은 해결책을 만들어내는 사고 과정이다(김경자, 김아영, 조석희, 1997). 아래 그림은 이 연구에서 제안하는 창의적 문제해결력의 모식도이다.

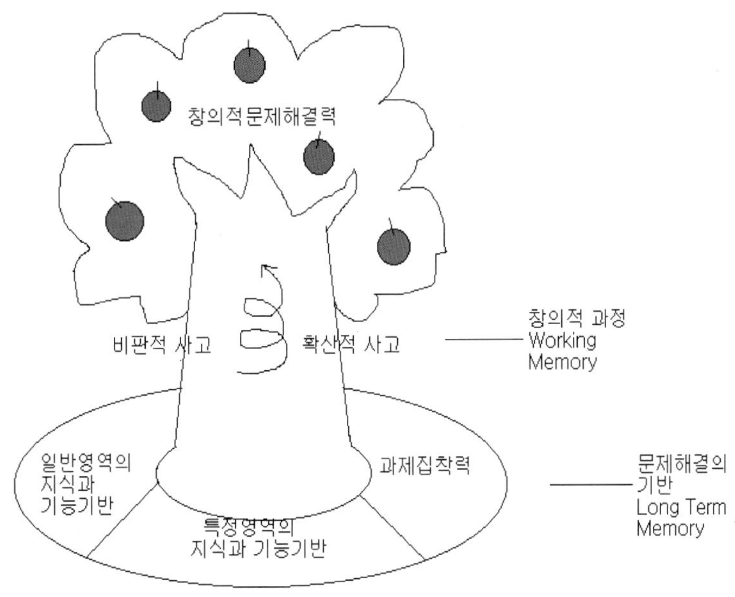

　우리는 이 그림에서 특정 영역의 지식과 기능에 주목할 필요가 있다. 즉 이 특정 영역이 바로 과학적 지식과 과학탐구 기능이며, 일반 지식과 기능, 또는 과제집착력은 과학영재의 특성에 포함되는 요소들이라 할 수 있을 것이다. 한편 문제해결에는 과정과 결과가 모두 요구되므로 창의적 사고의 특징인 확산적 사고와 수렴적 사고의 특징인 비판적 사고가 함께 요구된다. 이런 점에서 우리는 과학 창의적 문제해결력을 평가에는 과학지식수준, 과학탐구능력의 수준과 수월성, 비판적 사고와 확산적 사고의 수준과 수월성, 문제해결 결과물의 정교성과 실현가능성 등의 요소가 도출됨을 알 수 있다.

최근 한 국내 연구에서는 과학 창의적 문제해결력에 대하여 "과학의 기본 지식과 탐구과정 기술을 기반으로 하여 문제에 대한 적절하고, 새로운 해결방법을 발견하는 것"이라고 정의하였다(조연순 등, 2000).

4. 창의적 문제해결과정

창의적 문제해결과정에 관해서는 많은 심리학자들이 논의한 바 있다. Dewey(1910)는 사고의 과정을 문제해결의 과정으로 설명하였고, Polya는 문제해결의 과정을 이해−계획−실행−반성 의 4단계로 제시하였으며, Wallas(1926)는 문제해결의 과정을 준비−부화−조명−검증의 4단계로 설명하였다. 이들은 문제해결을 창의성과 관련하여 설명하지는 않았지만, 문제해결과정이 무의식적, 직관적, 통찰적이라는 점을 강조함으로써 문제해결과 창의성이 관련됨을 지적하고 있다(Mayer, 1992). 이러한 논의들은 후에 본격적인 CPS가 탄생의 기초가 되었다.

1) 창의적 문제해결과정(CPS: Creative Problem Solving)

Osborn(1953)은 CPS의 최초 모형이라 할 수 있는 7단계를 제안하였는데, 1963년에 이를 다시 사실발견(문제의 정의와 준비)−아이디어발견(아이디어의 생산과 개발)−해결발견(평가와 채택)이라는 3단계로 단순화시켰고, 그의 사후에 Parnes(1967)은 그의 모형을 사실발견−문제발견−아이디어발견−해결발견−수용발견이라는 5단계로 발전시켰다. 그러나 이 모형들에서는 문제해결의 수렴적인 부분보다는 확산적인 부분에 초점을 두고 있었다.

　　Treffinger, Isaksen & Firertien(1982)는 CPS접근이 보다 성공하려면 확산적 사고와 수렴적 사고가 균형 있게 사용해야 함을 강조하면서, 현재 사용되는 형태인 3요소 6단계로 정리하였다. 각 단계는 모두 확산적 사고와 수렴적 사고가 반복적으로 사용된다. 이는 문제해결자의 사고기능 발달을 추구할 수 있을 뿐만 아니라, 좌·우 반구 뇌의 반복적 사용, 즉 전뇌(全腦)의 활용이라는 점에서도 의미가 있다.

　　CPS의 3요소와 6단계는 다음과 같다. (김영채, 1999)

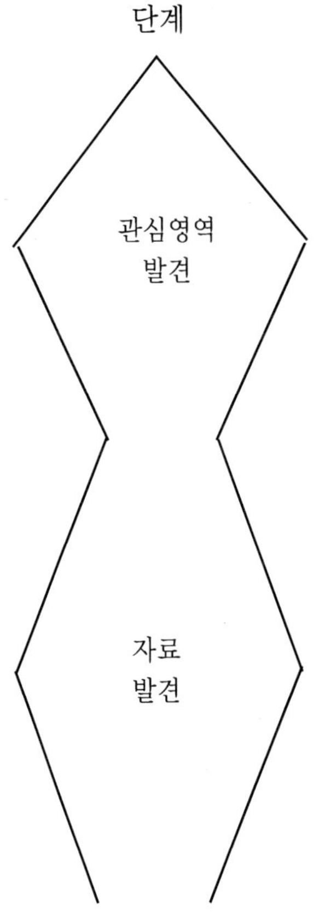

요소 Ⅰ: 문제의 이해

　　D: (발산적 사고): 문제해결을 위한 기회를 찾는다. 장면과 경험을 음미해 보고 '관심 영역'을 찾는다(예컨대 '발명'의 경우 더 쉽게, 더 값싸게, 더 빠르게, 더 좋게 할 수 있는 것 또는 변화나 개선의 가능성이 있어 보이는 영역을 발견하고자 한다).

　　C(수렴적 사고): 문제해결을 위한 광범위하고 일반적인 어떤 목표를 설정하고, 계속하여 고려하고자 하는 어떤 도전이나 기회를 선택한다(그러나 이 도전이나 기회는 아직도 좀 애매한 광범위한 목표이다).

　　D: 자료 수집. 선택한 '관심 영역'을 여러 시각에서 자세하게 음미하며 가능한 대로 많은 **자료를 수집**한다(알고 있는 것은 무엇인가? 더 알아야 할 것은? 관심 영역 가운데 어떤 부분들이 기회의 영역, 또는 요구의 영역인가?).

　　C: 가장 중요한 자료를 선택하며 그러한 자료는 문제해결 노력을 가이드하게 될 것이다(예컨대 발명의 경우: 새로운 발명이나 개선이 가장 필요하고 유망한 것같이 보이는 영역이 있는가?).

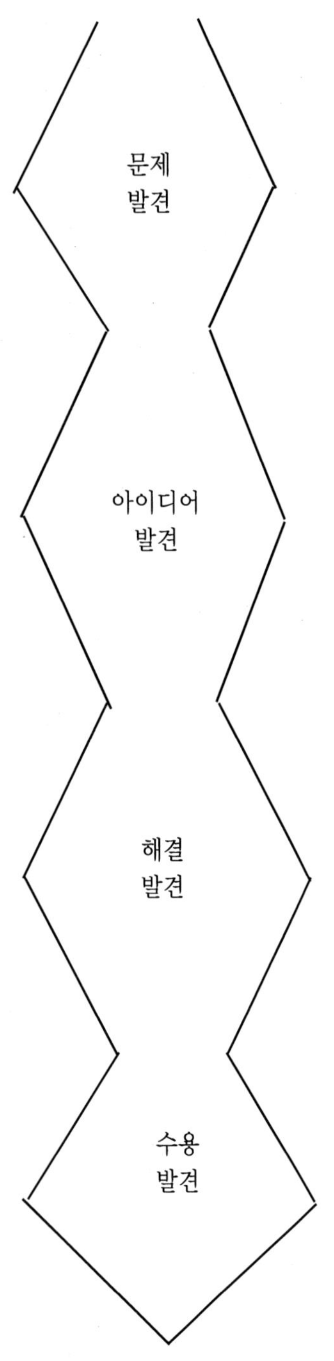

D: 가장 유망해 보이는 영역에 대하여 문제진술을 여러 가지로 해 본다(예컨대 발명의 경우: 문제진술은 발명을 위한 아이디어를 많이 초대할 수 있는 방향으로 표현해야 한다).

C: 문제를 가장 잘 제기하고 있는 **한 개의 문제진술을 선택**한다. 이렇게 진술된 문제에 대하여 다음 단계에서 "새로운 아이디어"를 생성해 내려고 한다.

요소 Ⅱ: 아이디어 생성

D: 많은, 다양한, 그리고 독특한 **아이디어들을 생성**해 낸다(여러 가지의 아이디어 생성기법들 가운데 문제에 적절한 것을 골라 사용한다).

C: 가장 유망하고 그럴듯해 보이는 아이디어를 **한 개 또는 몇 개 선택**한다―그것은 가능한 발명 또는 해결책으로 당신이 계속 발전시켜보고 싶어 하는 아이디어이다.

요소 Ⅲ: 행위를 위한 계획

D: 유망해 보이는 아이디어를 선택하고, 다듬고, 개발시키는 데 사용할 수 있는 여러 가지의 가능한 **'준거'들은 만들어낸다**.

C: 만들어낸 준거들 가운데 중요한 몇 가지를 선택하여 유망해 보이는 **아이디어들을 평가하고, 개발**시키고, 그리고 더 나은 것으로 만들어갈 수 있게 사용한다.

D: 새로운 발명 또는 새로운 아이디어를 도와줄 수 있는 것과, 반대로 저항할 것 같은 것(사람이나 상황 등, source)을 확인해 낸다.

C: 구체적인 **행동계획을 수립**한다. 생성·선택해 낸 아이디어를 실행시키고 그리고 당신의 새로운 발명을 발전시키고, 보호하고, 판촉하기 위한 구체적인 계획을 세운다.

2) 과학 창의적 문제해결력 분석틀

김현정 등(2003)은 초등 과학 교과서에서 활용 가능한 창의적 문제해결력 분석틀을
개발하였다. 표와 같이 개발하였다.

분석요소	하위요소
문제 정의하기	1. 문제의 제시형태
	2. 문제의 진술형태
문제 해결하기	3. 해결책 생각하기
	4. 가설설정하기
	5. 가설검증하기
	6. 평가하기

이 분석틀은 과학적 탐구과정을 활용하였다는 점에서 특이하나 창의적 문제해결이라는
측면에서 볼 때 문제해결의 과정을 과학적 탐구과정에 한정지었다는 점에서 한계가 있다.

3) 과학 문제해결과정 모형

김은진과 임채성(2003)은 과학지식과 탐구 사고력이 요구되는 일상생활의 상황에서
문제를 해결하는 과정인 과학 문제해결과정 모형을 다음과 같이 제안하였다.

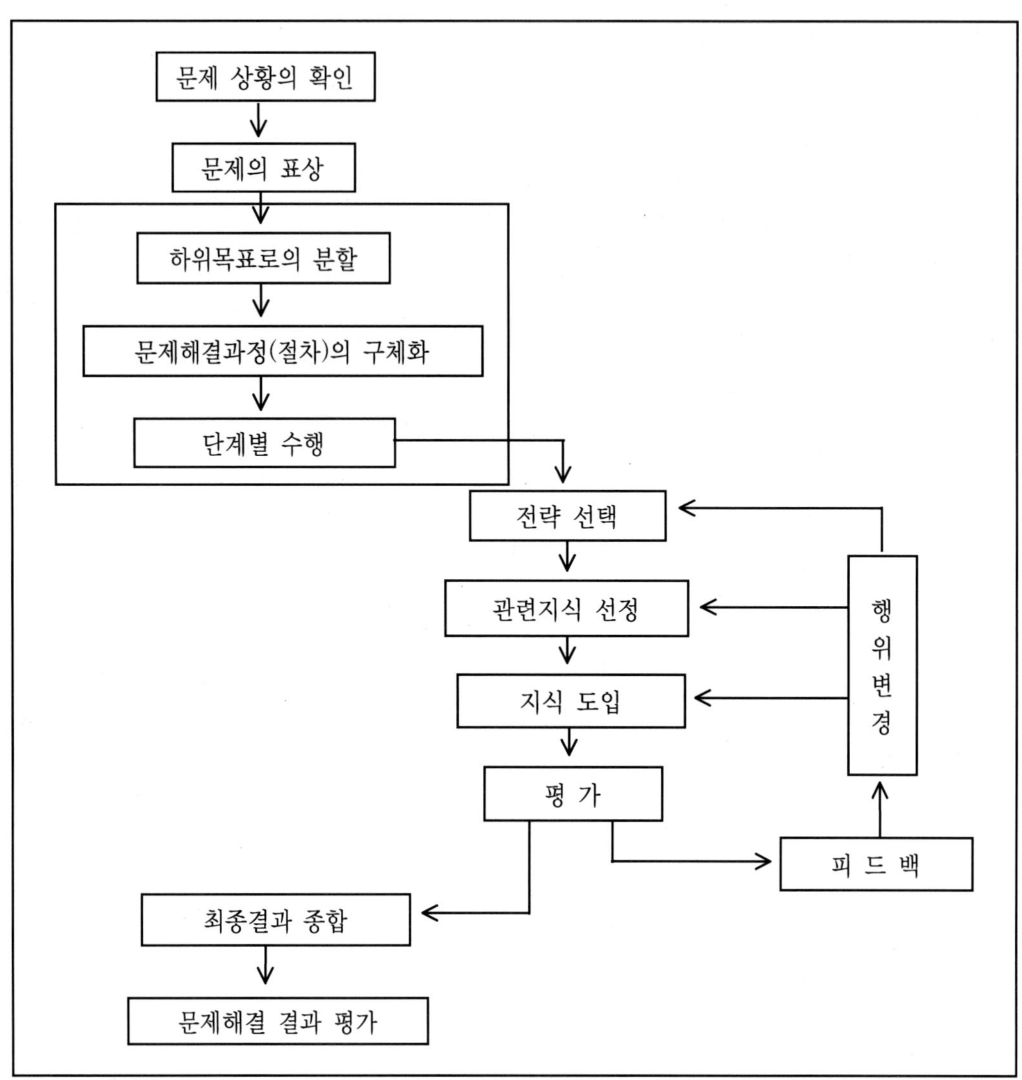

〈그림〉 과학 문제해결과정 모형

과학 창의력 문제해결력의 평가

앞 장에서 살펴 본 바와 같이 과학 창의적 문제해결력은 주어진 상황 속에서 문제를 발견하고 이를 과학적이며, 창의적으로 해결해 나가는 과정으로서, 이러한 능력을 평가하기 위해서는 이 능력을 구성하고 있는 매우 다양한 하위 능력들을 평가할 수 있어야 한다. 이러한 점에서 수행평가는 과학 창의적 문제해결력의 평가에 매우 적합한 평가방법이라 할 수 있다.

본 장에서는 수행평가의 특징과 구성요소를 살펴보기로 한다.

1. 수행평가의 정의

수행평가에 대한 정의를 한마디로 내리는 것은 쉽지 않으며, 학자마다 연구마다 그 강조하는 바에 따라 다양하다. 이것은 아마도 이 용어가 새로우면서도 매우 풍부한 의미를 내포하고 있기 때문일 것이다(남명호, 1995; 박도순, 1995; 백순근, 1998; Birenbaum & Dochy, 1996; Bridgeford, 1982; Heartel, 1992; Mehrens, 1992). 그러나 이런 다양한 정의들은 공통적으로 '실제적 상황에서 제시된 수행과제에 대한 학습자의 수행과정과 결과로부터 다양한 평가자가 다양한 방법을 통해 얻어내는 학습자에 대한 정보의 수집'이라는 내용을 담고 있다. 따라서 이러한 실제적 상황, 수행과제, 학생의 수행과정 및 결과, 다양한 평가자, 다양한 방법, 정보의 수집과정이라는 수행평가의 공통적인 요소들을 통해 그 성격을 파악하는 것이 바람직할 것이다.

2. 수행평가의 이론적 배경

수행평가는 구성주의(constructivism), 인지심리학(cognitive psychology), 동기심리학(motivational psychology)의 이론적, 경험적인 배경에 기초한다.

첫째, 구성주의는 자연과 지식의 본성에 대한 인식론의 하나로서, 구성주의자의 관점은 학습자들이 능동적으로 알고 있는 개념을 재구성하고 새로운 정보를 이해함으로써 개인들의 지식을 구성한다는 것이다. 구성주의는 수행평가의 발전에 있어서 두 가지 중요한 점을 시사한다. 하나는 교육을 수동적 형태보다는 능동적인 과정으로 인식하는 것이 필요하다는 점이고, 또 다른 하나는, 교육은 학습자들의 지식구성과정과 학습을 효과적인 개념 변화로 연결할 수 있는 다양한 정보를 반드시 제공해야 한다는 점이다.

둘째, 인지심리학은 효율적인 학습 환경에 대한 논의(Resnik, 1989)에서 평가를 디자인하는 데 요구되는 중요한 학습 원리를 제공하고 있다. 학습자들은 능동적으로 활동에 참여하고, 사전 개념과 새로운 개념의 연관을 이해할 기회가 주어지면 과제를 수행하는 데 최선을 다한다(Glaser, 1984). 부분을 상호 연결하여 "완전한 이야기(whole story)"를 형성하고(Bransford & Stein, 1984; Heath, 1982), 자신의 이해에 대해서 다른 이들과 상호협력하며(Hibbard & Baron, 1990; Johnson & Johnson, 1985; Johnson & Johnson, 1990; Slavin, 1983; Vygotsky, 1978), 자신의 학습과정을 모니터할 때(Brown, et al., 1983; Glaser & Pellegrino, 1987) 효과적인 학습이 이루어진다는 것이다. 또한 목적에 대한 인식이 명확하고, 자신들의 수행을 목표와 비교하고(Herman, et al., 1992), 현실 세계와 관련된 문제를 해결하는(Herman,et al., 1992; Resnick & Klopfer, 1989) 것 등에 대한 경험의 기회를 제공함으로써 교육의 효율을 꾀한다. 즉 적합한 학습 환경에서 학습을 경험하면, 지식은 새로운 상황에 더욱 쉽게 전달될 수 있다(Larkin, 1989).

셋째, 동기심리학은 학습 동기가 유발될 때 학습자가 최상의 학습효과를 이끌어낼 수 있다고 주장한다. Baron(1991)에 의하면, 학습자들이 자신의 학습에서 무엇인가를 선택하고 제한할 수 있을 때, 주어진 영역 내에서 자신의 능력에 대해 자신감을 가지고, 과제를 수행할 수 있는 능력과 필요한 지식의 효과를 믿을 때, 자신들의 학습에 대한 공헌을 인식하고, 그것이 가치 있다는 것을 깨달을 때; 자신의 학습을 위한 책임을 가질 때, 동기유발적이고 유의미한 과제가 주어질 때, 참여할 수 있는 도전적이고 매력적인 과제를 할 수 있을 때, 특별한 목적 성취를 위해 자신들의 시간과 자원(resources)을 조절하는(manage) 것과 같은 자기 조절 행동이 용납되는 과제를 시행할 때 최상의 학습효과를 발현한다.

3. 수행평가의 특성

1) 학습자에 대한 이해

수행평가는 학습자 개인의 학습과정을 모니터링하면서 학습자의 다양한 능력과 잠재력에 대한 이해를 도모하고 그 결과를 다시 교수·학습현장으로 피드백 함으로써 학습자의 다양한 능력의 발전을 꾀하는 데 그 최선의 목적이 있다(김은진, 2000).

2) 고등사고능력의 평가

수행평가는 과학적 개념이나 사실과 같은 단순 지식보다는 과학 학습 동안에 학생들이 획득하게 되는 과학적 탐구과정이나 과학적 태도, 그리고 창의적 문제해결력이나 의사소통력, 반성적 사고, 비판적 사고, 합리적 의사결정력과 같은 고등사고능력의 평가를 그 평가목표 로 할 수 있다(김은진, 2000; Baron, 1994; Hart, 1994; Kim et al, 2000; Tamir, 1998).

3) 자기 주도적 학습능력의 개발

자주적 인간은 미래사회가 필요로 하는 이상적인 인간의 한 가지 특징이다. 그러나 기존의 주입식 교육과 선다형 객관식 평가방법은 수동적인 인간을 낳는 결과를 초래한다. 수행평가는 학습자에게 다양한 선택의 기회를 주고 스스로 선택하고 학습하는 과정을 제공함으로써 학습자의 자주적 학습능력이 개발되도록 한다(Linn et al., 1991).

4) 평가와 학습의 일원화

기존의 과학교육 평가는 과학의 교수·학습과 분리하여 학생 성취에 대한 정보를 얻는 방법으로 생각하는 경향이 지배적이었다. 그러나 수행평가는 과학 교수·학습과의 일원화를 지향하며, 이런 차원에서 이해되어야 한다(Champagne et al., 1990; Wiggins, 1993; Wolf, 1991).

5) 평가자의 다양화

수행평가는 학습 또는 평가에 대한 학생의 일방적인 수용의 형태에서, 교사와 학생 간, 학생과 부모 간, 학생과 학생 간의 의사소통을 강조함으로써 학생들의 창의적이고 자기주도적인 학습과 평가를 강조한다.

6) 평가 대상과 평가 방법

수행평가의 대상은 학습과정과 결과이다. 학습과정은 전체적인 맥락 속에서 지식으로 구성되는 학습자의 활동을 그 대상으로 한다. 학습과정의 평가를 위한 방법의 예는 면담법 및 관찰법, 혹은 체크리스트를 통하여 찬반토론, 프로젝트, 게임과 역할놀이, 실험과정평가, 야외 활동 등이 있다. 학습결과는 지식의 단순한 암기나 이해를 넘어선, 지식의 구성, 이해, 생성, 전달 등으로 나타난다. 학습결과물에 대한 평가방법은 연구보고서, 일지, 작품, 지필 검사, 개념도, 그림 그리기 등이 있다. 또한 학생의 학습 과정과 결과를 지속적으로 평가할 수 있는 포트폴리오가 있다(김은진, 2000; 임영득 외, 1999).

7) 평가 시기

수행평가는 연속적인 평가와 비연속적인 평가의 상호보완의 중요성을 인식하고, 평가의 목적이나 상황에 부합되도록 다양한 평가 측정 방법에 따라 평가시기를 다양화한다(Hart, 1994).

8) 학습자의 다양한 반응에 대한 수용

Bodin(1993)은 평가가 정답 또는 정답률에만 중점을 둘 것이 아니라, 주어진 과제의 해결 절차는 물론 오답이나 무답의 경우에 대해서도 관심을 기울일 필요가 있다고 한다. 이것은 평가에 대한 양적 시각에서 질적인 시각으로 변화하는 것을 의미한다. 수행평가는 정답이나 오답뿐만 아니라, 학생들의 학습과정에서 표출되는 다양한 양상을 인정하고 의미를 부여한다.

9) 수행평가의 구성요소

Brown & Shavelson (1996)은 수행평가의 요소로 다음의 세 가지를 지적하였다. 첫째는 수행과제(performance tasks)로서 이는 학생들에게 제시되는 구체적인 상황에 기초한 문제이다. 둘째는 반응 양식(response format)인데 이것은 학생이 발견한 방법이나 해답과정 등을 다양한 방법으로 기록하여 타인에게 이를 명확히 알릴 수 있도록 하는 기록지를 의미한다. 셋째는 채점체계(scoring system)로서 이것은 평가자가 학생의 수행과정과 결과를 관찰하거나 검토하면서 직접 점수화하기 위한 기준이다.

4. 과학교과에서 수행평가를 위한 목표의 영역

과학 교육에서 수행평가를 위한 목표로서 아래의 7가지 영역을 꼽을 수 있다(김은진, 2000; Kim et al., 2000)

① 과학적 태도, ② 과학적 탐구 사고력, ③ 과학적 탐구 수공능력, ④ 과학적 지식의 적용력, ⑤ 의사소통력, ⑥ 창의적 사고력, ⑦ 반성적 사고력.

VI. 과학 창의력 문제해결력 평가도구의 개발

과학 창의적 문제해결력의 평가도구는 실생활 속에서 부딪힐 수 있는 문제 상황을 주고 여기서 직접 문제를 찾아 진술하고, 아이디어를 내고, 문제해결방안을 탐색하고, 해결하는 과정이 포함된 문제해결과정으로 구성된 수행평가문항으로 작성하는 것이 가장 이상적이다.

1. 평가도구 개발의 기본 방향

(1) 본 도구는 학생용 시험지와 교사용 채점체계가 1벌(set)로 구성된다.

(2) 도구는 문제해결의 상황을 제공하고, 그 상황을 수험자가 풀어가는 과정과 결과를 수행을 통해 평가하도록 한다.

(3) 창의력의 하위요소가 포함되도록 한다.

(4) 문제 상황은 실생활에서 일어날 수 있는 가상의 상황으로 하되, 과학적 지식이 요구되는 상황이어야 한다.

(5) 도구는 모듈형으로 하며, 모듈의 흐름은 문제해결과정을 활용한다.

(6) 문제해결과정의 각 단계마다 창의력의 하위요소가 포함되도록 한다.

(7) 문제해결의 단계에는 과학적 탐구요소들이 포함될 수 있도록 한다.

(8) 문제해결의 각 단계마다 채점체계를 제작한다.

2. 평가틀

본 도구의 제작을 위해서 과학지식, 창의성, 문제해결과정을 포함하는 3차원 평가를 제안한다.

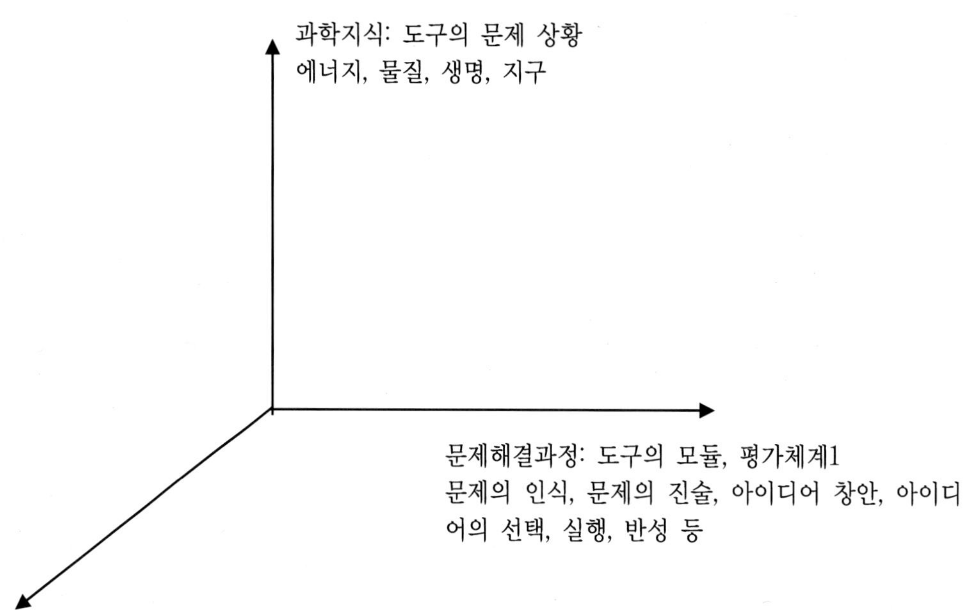

1) 과학지식

과학지식은 문제의 상황 속에 포함된 것으로 문제를 인식하고 바르게 진술하는 데 필수적인 것이다. 수험자가 가지고 있는 과학지식의 수준도 평가체계에 포함할 수 있다.

2) 창의성

창의성의 하위요소들이 도구의 각 단계에서 요구되도록 함으로써 도구를 수행하는 과정 속에서 창의성의 여러 요소들이 나타날 수 있다.

3) 문제해결과정

문제해결과정은 도구의 기본과정의 각 단계가 된다. 이 모듈은 제작자가 학생의 수준과 문제 상황을 고려하여 단순하게 혹은 복잡하게 사전에 단계를 결정하고 제작에 임하도록 한다.

문제해결의 각 단계를 어떻게 수행하는가 하는 것도 평가체계로 제작하여 문제해결력을 평가할 수 있도록 한다.

각 단계에는 CPS에서 제안하는 것처럼, 창의적 사고뿐만 아니라 수렴적 사고로써 과학적 탐구 사고력을 요구하도록 제작한다면 과학 창의적 문제해결력 평가도구로서 더욱 우수한 문항이 될 것이다.

3. 도구의 타당성과 신뢰성 확보문제

1) 타당성

도구의 타당성은 전문가 집단 검토에 의한 내용타당도 검증으로 확보한다.

2) 신뢰성

도구의 신뢰성은 채점체계의 신뢰성 문제라 할 수 있는데 신뢰성은 전문가 집단의 평가 합치도로 검증할 수 있다. 관련 선행 연구에 따르면 평가체계가 자세하고 구체적일수록 평가자 간 합치도가 높아서 신뢰도가 높게 나오는 경향이 있었다. 그러나 창의성의 평가에 있어서 구체적인 평가체계는 오히려 평가에 장애가 될 수도 있으므로 지나치게 상세할 필요는 없고, 하위요소와 관련된 아이디어의 출현 빈도에 대한 채점 방법과 같은 원칙적인 부분의 채점체계를 제작하는 것으로 해야 할 것이다.

[과학 창의적 문제해결력 평가도구 제작 절차]

(1) 문제해결 상황을 생각한다.

―문제해결의 상황은 실생활에서 수험자가 경험할 수도 있을 만한 실제적인 상황으로 하며, 과학지식과 관련하여 호기심과 흥미를 끌어낼 수 있는 것, 또는 수험자들이 알고 있을만한 과학내용에 부합되지 않는 독특한 자연현상이어도 좋습니다.
다양한 문제를 생각해낼 수 있다면 더 좋다.
흥미로운 시각자료를 첨부하는 것이 효과적이다.

(2) 모듈의 기본과정이 될 문제해결과정을 결정한다.

―수험자의 수준을 고려하여 문제해결과정의 단계를 조정한다.
문제의 인식과 진술, 아이디어의 수집과 선정, 실행단계를 기본단계로 하고 여기에 세부단계를 가감한다.

(3) 각 단계별 활동 내용을 제작한다.

(4) 각 단계별로 채점체계를 만든다.

―채점체계는 문제해결단계별로, 그리고 창의성의 하위요소에 대해서도 작성합니다.

(5) 내용 타당도를 검증한다.

―개발팀원이 아닌 다른 교육(평가) 전문가에게 의뢰하여 문항의 내용과 채점체계가 타당한지 검토받는다. 검토자는 내용 타당도뿐만 아니라 문항의 표현상의 어색한

부분 등에 대해서도 검토한다.

(6) 수정한다.

－검토 내용을 토대로 수정한다.

(7) 예비 적용한다.

－수험자와 유사한 수준의 학생 소수에게 예비 적용하여 도구의 문제점을 수정 보완한다.

(8) 현장 적용한다.

(9) 신뢰도를 검증한다.

－현장적용에서 수집된 채점결과를 서로 다른 교육전문가 3명 이상이 상호교차 평가한 후 채점 점수의 합치도를 구한다.

과학 창의적 문제해결력 평가도구

    본 장에서 제시하는 수행평가도구들은 앞 장에서 논의한 과학 창의적 문제해결력 평가도구 제작 절차 중 ④단계까지 수행하여 개발된 자료들이다. 본 자료 중 일부를 과학영재교육 전문가에게 의뢰하여 타당도를 검증받고, 초등과학영재들에게 적용하여 신뢰도를 검증 받는 단계가 후속되어야 함을 밝힌다.

    도구는 모듈의 유형에 따라 두 가지로 나뉜다.

    첫째는 문제해결과정모형(김은진 외, 2003)을 도구의 모듈로 채택한 경우로서 이 도구는 수행시간이 길고, 단계가 상세하므로, 교육 중에 사용하기에 유리하다.

    둘째는 과학적 탐구과정모형(김현정 외, 2006)을 도구의 모듈로 채택한 경우로서 이 도구는 수행시간이 비교적 짧고, 절차가 간단하므로, 영재의 선발 도구로서 활용하기에 유용하다.

1. 문제해결과정모형을 활용한 수행평가도구

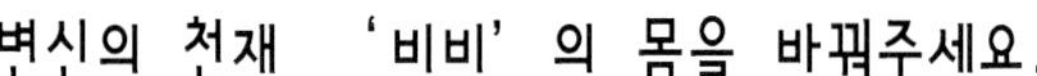

변신의 천재 '비비'의 몸을 바꿔주세요.

【101 교사용 안내서】

1. 관련 단원명

5학년 2학기 1. 환경과 생물
6학년 2학기 3. 쾌적한 환경

2. 출제의도

본 자료는 교육과정 5-2 '환경과 생물' 단원과 6-2 '쾌적한 환경' 단원의 내용을 학습한 후, 영재반에서 심화학습을 할 수 있도록 재구성한 것이다.

자료의 내용은 보르네오 섬에 처음 도착한 가상의 동물 비비가 환경에 잘 적응하면서 살 수 있도록 몸을 변신해야 하는 과제를 해결하도록 구성하였다. 이 학습을 통해서 환경이 생물에 미치는 영향과 환경-생물과의 상호관계를 이해하고, 생물이 환경에 적응해 갈 수 있는 특성을 추론할 수 있도록 하였다.

이 학습을 통해서, 과학 수행평가문항의 다양한 평가 영역과 특징을 최대한 반영하여 평가 영역으로 과학지식의 적용력과 과학태도·과학탐구의 추론 능력·창의적 사고력·반성적 사고력·의사소통력을 평가하도록 하였으며, 환경과 생물의 상호 관련을 통한 환경의 소중함을 알 수 있는 기회를 제공함으로써 지속적인 동기부여가 되도록 하였다.

3. 평가목표

① 주어진 상황을 이해하고 문제를 해결할 수 있는가? (과학지식의 적용력)

② 과학적으로 타당하면서도, 독특하고 유연한 생각을 할 수 있는가? (창의적 사고력)

③ 자료를 수집하고 정리하며 종합할 수 있는가? (과학적 태도)

③ 다른 친구에게 자신의 생각을 이해시키고 친구의 생각을
바르게 이해할 수 있는가? (의사소통력)

④ 자신의 수행과정과 결과에 대해 돌이켜 생각할 수 있는가? (반성적 사고력)

4. 창의적 문제해결과정의 절차

본 수업은 초등학교 5학년이 6학년 과학과정을 속진학습한 후 실시하는 것으로 구성
되어 있으므로 학생의 수준을 고려하여 다음과 같은 문제해결과정의 절차로 제작하였다.

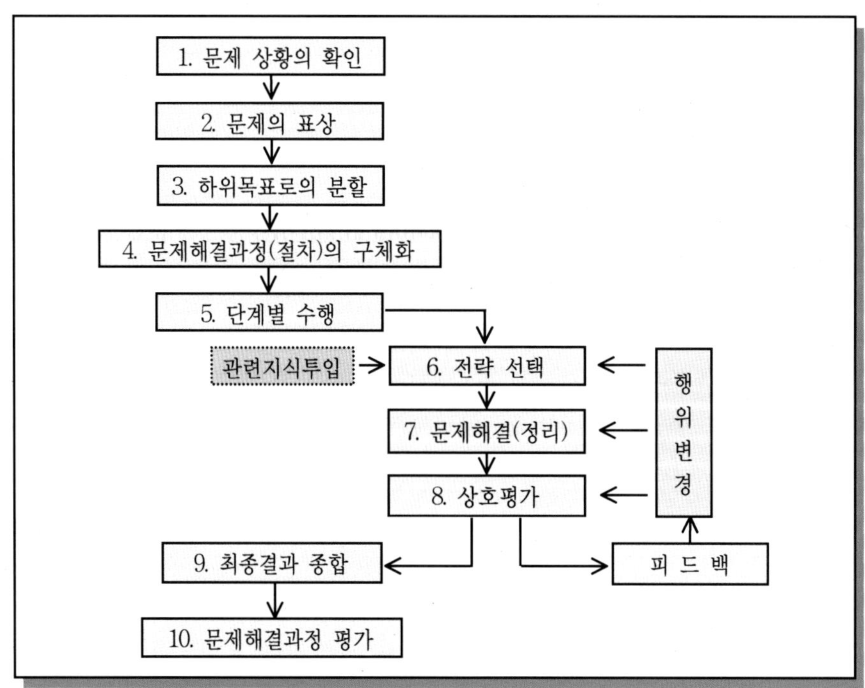

5. 평가내용과 척도표

1) 문제 상황의 확인

영 역		평 가 관 점	창의성 평가요소
평가준거		과학적으로 일어나고 있는 현상을 생각하여 다양한 질문을 할 수 있는가?	민감성, 유창성, 독창성
점 수 체 계	상	각 그림에서 4가지 이상의 영역에서 질문을 할 수 있다.	
	중	각 그림에서 2-3가지 영역에서 질문을 할 수 있다.	
	하	각 그림에서 1가지 이하의 영역에서 질문을 할 수 있다.	
창의성 평가관 점		유창성: 같은 영역에서 비슷한 질문을 반복하는 것은 정답으로 처리하지 않고 하나의 답으로 처리한다. (예: 첫 번째 그림에서 '물속 깊이는? 흐르는 물의 폭은?'와 같은 질문은 하나로 정답 처리한다.)	
		독창성: 전체 학급의 10% 이내의 독특한 아이디어에 대해서 1점의 추가점수를 부여한다.	

2) 문제의 표상

영 역		평 가 관 점	창의성 평가요 소
평가준거		비비가 처한 상황을 정확히 인지하고 발견하여 해결해야 할 과제를 바르게 진술할 수 있는가?	민감성, 정교성
점 수 체 계	상	비비가 처한 상황을 정확히 알고 해결해야 할 과제를 바르게 진술할 수 있다. (예: 보르네오 섬에 방금 도착해서 아는 것이 없다. + 잘 적응하기 위해서 몸을 변신해야 한다.)	
	중	비비에게 주어진 과제와 처한 상황 중 한 가지만 바르게 진술할 수 있다. (예: 비비가 잘 적응할 수 있도록 몸을 변신해야 한다. 또는 비비는 보르네오 섬에 방금 도착해서 위험하다.)	
	하	비비가 처한 상황과 해결해야 할 과제를 전혀 파악하지 못한다. (비비는 여행을 좋아한다. 비비는 보르네오 섬에 살려고 한다.)	

3) 하위목표로의 분할

영 역		평 가 관 점	창의성 평가요소
평가준거		〈2번〉 문제에서 파악한 문제를 해결하기 위하여 하위목표로 분할하여 나열할 수 있는가?	
점수체계	상	비비가 보르네오 섬에서 잘 적응하기 위하여 문제를 분할하여 구체적으로 진술할 수 있다. -자료탐색과 실행이 모두 포함되어야 함 (예: ① 먹이를 위한 조사 후 몸 부위 선택하여 변신 ② 위험요소 파악하기 위한 조사 후 몸 부위 선택하여 변신 ③ 날씨에 관한 적응요소 파악하기 위한 조사 후 몸 부위 선택하여 변신)	정교성, 독창성, 유창성
	중	비비가 보르네오 섬에서 적응하기 위하여 문제를 분할하여 진술할 수 있으나 구체적이지 못하다. -자료탐색과 실행이 모두 포함되어 있으나 구체적이지 못함 (예: 보르네오 섬을 탐색하여 필요한 몸 부위 변신)	
	하	문제해결을 위한 구체적인 하위목표를 진술하지 못하고 자료 조사와 변신을 관련시키지 못한다. (예: 비비는 빨리 몸을 변신시켜야 한다. 비비는 보르네오 섬을 탐색해야 한다.)	
창의성 평가관점		독창성: 전체 학급의 10% 이내의 독특한 아이디어에 대해서 1점의 추가점수를 부여한다.	

4) 문제해결과정의 구체화

영 역		평 가 관 점	창의성 평가요소
평가준거		각 하위목표의 해결방법을 구체적으로 진술할 수 있는가?	
점수체계	상	〈3번〉의 질문에서 한 가지 하위목표를 선택하여 해결해야 할 내용과 해결방법을 구체적으로 3가지 이상 진술할 수 있다. (예: 위험요소 파악하기 -섬에 살고 있는 육식성 동물 파악하기, 사람이 살고 있는지 파악하기, 독성이 있는 식물 파악하기, 지리적인 위험요소 파악하기 -제시된 사진자료와 인터넷, 백과사전을 통해서 조사하기)	정교성, 독창성, 유창성
	중	〈3번〉의 질문에서 한 가지 하위목표를 선택하여 해결해야 할 내용과 해결방법을 구체적으로 3가지 이하를 진술하거나, 해결방법을 진술할 수 없다. (예: 제시된 사진자료와 인터넷, 백과사전을 통해서 조사한다는 해결방법이 빠진 경우)	
	하	〈3번〉의 하위목표에서 해결할 내용을 선택하지 못하고 구체적인 해결방법을 진술하지 못한다.	

5) 단계별 수행

영 역		평 가 관 점	창의성 평가요소
평가준거		구체화된 문제해결과정에 따라 정보를 찾아내어 영역별로 자료를 분류하여 문제를 해결할 수 있는가?	
점 수 체 계	상	비비가 처한 상황을 다양한 방법으로 조사하여 3가지 이상의 정보를 영역별로 분류하여 마인드맵으로 나타낼 수 있다. (예: 위험요소 －① 덩치가 크면서 육식성동물이 많이 살고 있다. ② 사람도 살고 있다. ③ 습지가 많이 있다. ④ 독성이 강한 식물도 있다.)	유창성, 민감성, 융통성
	중	비비가 처한 상황을 영역별로 1-2가지로 분류하여 마인드맵으로 나타낼 수 있다.	
	하	문제해결과정에 따라 계획을 체계적으로 세우지 못하고 문제해결을 위한 정보를 마인드맵으로 나타내지 못한다.	
창의성 평가관점		* 독창성: 전체 학급의 10% 이내의 독특한 아이디어에 대해서 1점의 추가점수를 부여한다. * 유창성: 아이디어 개수가 4가지 이상일 때는 증가하는 개수마다 1점씩 추가점수를 부여한다.	

6) 전략선택 (관련지식 투입)

영 역		평 가 관 점	창의성 평가요소
평가준거		〈5번〉 문제 마인드맵과 관련된 지식을 활용하여 까닭을 제시하며 과제를 해결할 수 있는가?	
점 수 체 계	상	비비의 몸 일부분을 선택하여 변신시킬 수 있으며 그 까닭이 과학적 타당한 지식으로 뒷받침할 수 있다. (학급의 10% 이내의 많은 수를 낸 학생에게 '상' 점수 부여)	유창성, 융통성
	중	비비의 몸의 부분을 선택하고 과학적인 근거를 들어 변신시킬 수 있으나 유창성이 다소 부족하다. (학급의 10% 이하의 수를 제시한 경우)	
	하	비비의 몸의 부분을 선택하여 변신 시킬 수 있으나 까닭이 과학적이지 않고 주관적이다. (예: 몸의 색깔은 아름다운 보라색으로 변신시킨다.)	
창의성 평가관점		융통성: 상호 관련되지 않은 아이디어를 과학적 지식을 활용하여 합리적으로 연관시켰을 때 3점 추가점수를 부여한다.	

7) 문제해결 (정리)

영 역		평 가 관 점	창의성 평가요소
평가준거		문제해결의 전략을 종합 정리하여 그림으로 표현하고 설명할 수 있는가?	
점수체계	상	문제해결의 전략을 정리하여 그림으로 상세히 표현하고 과학적으로 타당하게 설명할 수 있다.	재구성력
	중	문제해결의 전략을 정리하여 그림으로 나타낼 수 있으나, 앞서 제시한 문제해결에서 빠진 내용이 있거나 과학적으로 타당하게 설명하기 어렵다.	
	하	문제해결의 전략을 정리하지 못하고 설명하기 어렵다.	

8) 상호평가

영 역		평 가 관 점	창의성 평가요소
평가준거		내가 생각하지 못했던 점을 찾아 친구의 문제해결과정을 칭찬할 수 있고, 과학적인 지식을 활용하여 과학적이지 못한 점을 찾을 수 있는가?	
점수체계	상	자신의 문제해결과정과 친구의 것을 비교하고 칭찬할 수 있으며 과학적인 지식을 활용하여 잘못된 점을 찾을 수 있다.	의사 소통력
	중	친구의 문제해결과정을 과학적인 지식을 활용하여 평가하지 않고 주관적으로 칭찬하거나 사실만을 나열한다.	
	하	평가활동에 적극적으로 참여하지 못한다.	
비 고		학습지에 의존하는 평가보다는 수업 중의 관찰평가와 병행해야 한다.	

9) 최종결과종합, 10)문제해결과정 평가

영 역		평 가 관 점	창의성 평가요소
평가준거		초기 문제의 조건, 계획, 과정 등을 기준으로 문제해결의 결과를 분석적으로 평가하여 새로운 문제점을 지적하고 해결점을 찾아낼 수 있는가?	의사 소통력 (반성적 사고)
점수체계	상	문제해결의 결과를 초기의 문제진술과 비교하면서 분석적으로 평가하여, 새로운 문제점을 지적하고 해결점을 찾아낸다.	
	중	문제의 결과를 초기 문제진술과 직접 비교하지는 않았지만 결과에 대해 초기 문제와 관련하여 구체적인 문제점을 지적한다.	
	하	문제의 결과에 대해 성공 여부만을 평가하여 만족, 또는 불만을 표시한다. 구체적인 지적을 하지 못하고 포괄적인 내용을 진술한다.	

【101 학생용 활동지】

〈보르네오 섬의 모습〉

1. 위의 사진은 보르네오 섬의 모습입니다. 사진 4장을 보면서 할 수 있는 질문은 무엇일까요? 가능한 많이 써주세요. 그리고 그림을 보면 바로 대답할 수 있는 질문은 하시 않습니다.

여러분, 안녕하세요? 제 이름은 비비예요. 제가 이상하게 생겼다구요? 그래도 귀엽지 않나요? 저는 어떤 곳에서든 살아남기 위해서 몸을 자유롭게 바꿀 수 있는 변신의 천재입니다. 그러나 한 장소에서는 한 번밖에 변신을 하지 못합니다. 그래서 신중하게 몸을 변신해야 한답니다. 방금 바다를 헤엄쳐서 긴 여행을 마치고 보르네오 섬에 도착했어요. 이 보르네오 섬은 아주 아름답네요. 그래서 여기서 살려고 하는데 이곳이 어떤 곳인지 전혀 알 수가 없네요. 제가 이곳에서 잘 살아갈 수 있도록 친구 여러분, 응원해주세요.

2. 비비는 지금 어떤 상황에 처해 있나요? 처해 있는 상황을 구체적으로 생각해서 적어 보세요.

3. 비비가 이 상황을 해결하기 위한 방법으로는 어떤 것이 있을까요? 여러분이 비비라 생각하고 해결방법을 써 보세요.

▼

4. 〈3번〉의 방법 중 한 가지를 선택하여 문제를 해결하기 위해서는 어떻게 해야 할지 구체적인 계획을 세워 보세요.

▼

5. 보르네오 섬의 사진을 보면서 일어날 수 있는 일을 예상하여 비 비가 처한 상황에서 필요한 정보를 찾아 마인드맵으로 작성하여 보세요.

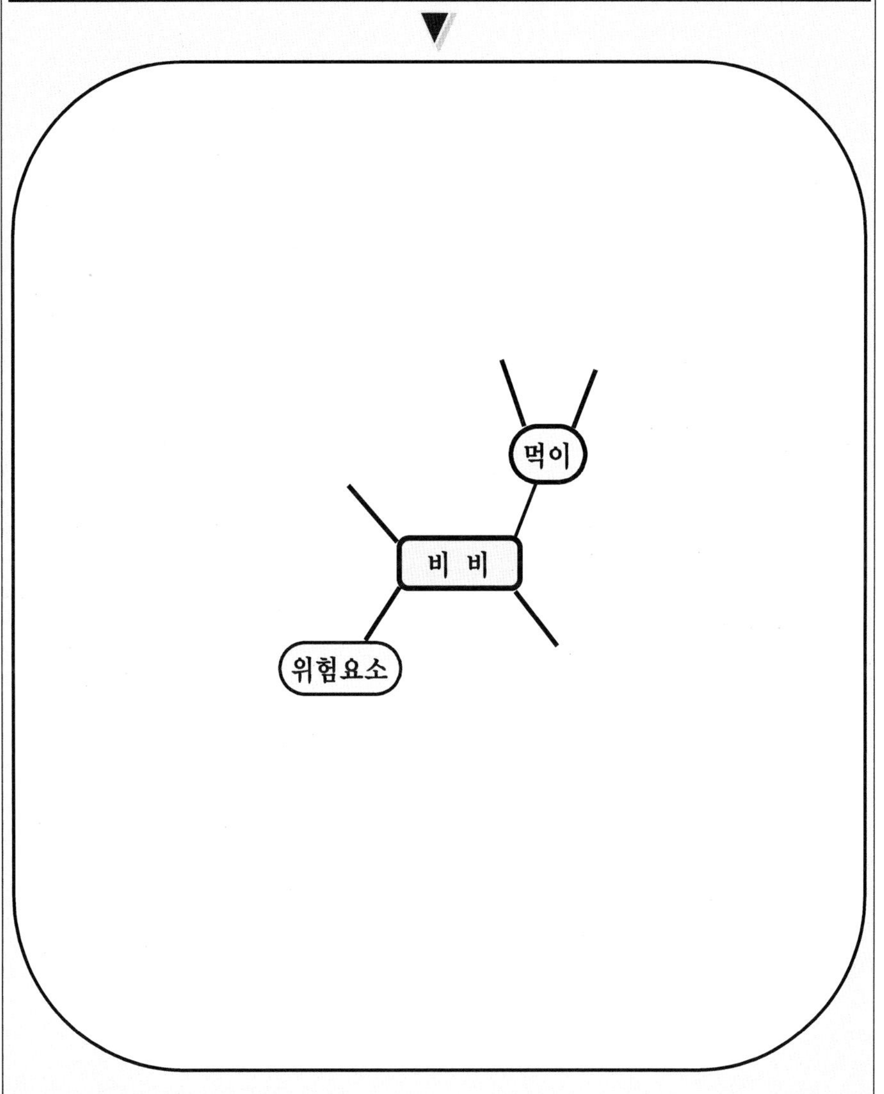

6. 〈5번〉의 마인드맵에서 정리된 것을 보고, 비비가 필요로 하는 몸의 형태를 정리하여 보세요. 그리고 그 까닭도 써 보세요.

▼

몸 부위	필요한 형태	필요한 까닭

7. 보르네오 섬에서 잘 적응하며 살아갈 수 있도록 변신된 비비의 몸을 그려 보세요.

▼

8. 변신한 비비의 모습을 모든 친구에게 보여주고 더 필요한 것은 없는지 그리고 불필요한 것은 없는지 의견을 들어 보세요.

▼

친구 이름	잘된 점	고쳐야 할 점

9. 〈8번〉 친구 의견을 들어 수정한 비비의 몸을 다시 그려주세요. 만약 친구 의견 중 수정하고 싶지 않은 부분이 있으면 그 까닭을 쓰세요. 나의 비비 모습을 학급게시판에 게시하고 학급 전체의 의견을 들어 봅시다.

▼

이가 아파요 (건강한 이 갖기 캠페인)

【102 교사용 안내서】

1. 관련 단원:

* 여러 가지 액체의 성질 알아보기(4학년)
* 용액의 성질 알아보기(5학년)
* 우리 몸의 생김새(6학년)
* 여러 가지 기체(6학년)

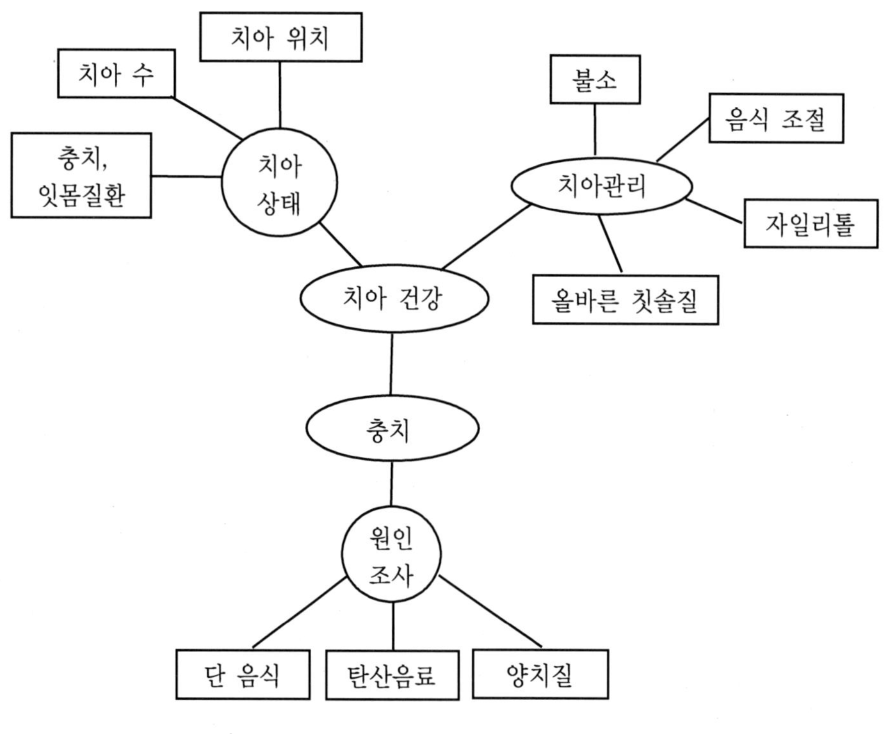

〈개념모형도〉

2. 개   요

  본 자료는 과학과 교육과정의 4학년부터 6학년까지의 여러 단원의 교과서 내용을 일부 재구성하여 수업하고 형성평가의 성격으로 투입되도록 제작된 수행평가문항입니다.
  요즘 각광받고 있는 웰빙의 바람 속에서 더욱더 개인의 건강에 대한 관심이 집중되는 것이 현실이다. 따라서 본 단원은 STS 학습모형을 적용하여 학습하고 그러한 학습의 과정과 과학 수행평가문항의 다양한 평가 영역과 특징을 최대한 반영하여, 평가 영역으로 과학지식의 적용력과 과학태도, 과학탐구의 추론 능력 외에 창의적 사고력과 반성적 사고력, 의사소통력이 평가되도록 구성하였다.

  ※ 평가목표
  (1) 주어진 상황을 이해하고 문제를 해결할 수 있는가? (과학지식의 적용력)
  (2) 과학적으로 타당하면서도, 창의적이며 유연한 생각을 할 수 있는가? (창의적 사고력)
  (3) 다른 친구에게 자신의 생각을 이해시키고 친구의 생각을 바르게 이해할 수 있는가? (의사소통력)
  (4) 자신의 수행과정과 결과에 대해 돌이켜 생각할 수 있는가? (반성적 사고력)
  (5) 무궁무진한 정보의 바다에서 정해진 시간 내에 문제해결을 위한 최적의 과학 정보를 찾아낼 수 있는가? (과학 정보 수집력)

3. 단원의 재구성

소주제명	주요 내용 및 활동	주요수업 방법	소요 시간
1. 치아는 주민등록증	●치아 상식 퀴즈 풀기 ●첫 번째 상황제시: 실험1: 씹다 버린 껌 ●첫 번째 상황에서 부닥친 문제를 해결하는 방법 찾기 ●나이에 따른 치아의 수와 구조를 조사하기	조사 토의 실험	80분
2. 치아가 들려주는 이야기	●치아의 속 구조에 대한 탐구 실험을 설계할 수 있다. ●충치를 일으키는 원인에 대해 조사를 하고 논리적으로 설명할 수 있다. ●과학적인 조사 방법 익히기 (가설의 설정과 실험설계하기) ●실험2: 치아를 이루는 성분	실험조사 토의	80분
3. 치아에 좋은 것과 나쁜 것	●치아에 좋은 음식, 나쁜 음식 조사하기 ●실험3: 어떤 음식이 치아에 가장 큰 영향을 줄까? ●불소 사용의 장·단점에 대해 토론하기	실험조사 토의	80분
4. 소중한 우리의 치아를 위하여	●양치질 순서 및 방법 익히기 ●치약 속에 들어있는 각 성분이 하는 일 알아보기 ●실험4: 치약 만들기	실험 토의	80분
5. 이가 아파요	●치아를 보호하는 방법을 알고 실천하기 ●건강한 이 갖기 캠페인 계획하기	수행평가	80분

4. 문항의 구성

: 창의적 문제해결과정(CPS)에 따라 인식, 문제 표상, 하위목표로의 분할, 문제해결과정의 구체화, 전략의 선택, 지식의 선정, 지식의 도입, 종합하기, 평가하기로 이루어져 있습니다.

5. 평가내용과 척도표

▷모든 항목에서 과학적으로 타당하면서 창의적인 아이디어를 제시한 답안에 대한 창의적 사고에 대해 가산점 2점 추가.

▷글로 표현한 내용이 미숙하고 제대로 표현되지 못했더라도 그렇게 아동이 표현하게 된 정황을 고려하여 채점.

1) 활동 1

; 문제 상황의 확인, 문제 발견하기(recognizing the existence of a problem)

; 문제의 표상, 문제를 진술하기, 문제를 표현하기(deciding on the nature of the problem)

평가준거	상	중	하
학생은 처한 상황 속에서 그들이 해결해야 할 문제를 발견하고 바르게 진술할 수 있는가?	주어진 문제 상황(과제)과 문제해결이 어려운 점을 파악하여 문제 상황 속에서 진술한다. ※캠페인을 진행해야 하는 이유와 그에 대한 구체적인 방법을 모른다는 내용이 포함되어야 함.	주어진 문제 상황(과제)을 피상적으로 파악하여 진술한다. ※캠페인의 진행의 필요성과는 상황과 그에 대한 정보가 부족하다는 두 가지 내용 중 하나만 언급함.	문제를 바르게 파악하지 못하거나, 바르게 진술하지 못한다. ※캠페인의 진행의 필요성과 그에 대한 정보가 부족하다는 내용 중 어느 것도 진술하지 못함.

2) 활동 2

; 하위목표로의 분할(selecting a set of lower-order process to solve problem)

; 문제해결과정의 구체화, 전략 선택, 전략 세우기(developing a strategy to combine these components)

2-1. 해야 할 일 찾기

평가준거	상	중	하
학생은 자신이 파악한 문제를 해결하기 위하여 문제를 하위목표로 분할하여 나열할 수 있는가?	캠페인 진행에 필요한 일들을 정확히 파악하고 구체적으로 분할하여 진술한다. ※ 계획과 자료 조사 및 실행의 세 가지 내용이 모두 진술되어야 함.	문제해결을 위해 해야 할 일을 파악하고 진술하나 구체적으로 분할하지 못한다. ※ 계획과 자료 조사 및 실행 중 두 가지 내용이 진술되어야 함.	아무 진술도 하지 못하거나 주어진 자료의 내용을 반복하거나 횡설수설한다. ※계획과 자료 조사 및 실행 중 한 가지만 포함되거나 세 가지 모두 포함되지 않는다.

2-2. 구체적인 방법 찾기

평가준거	상	중	하
학생은 하위목표의 달성을 위해 각 하위목표의 해결방법을 구체적으로 진술할 수 있는가?	하위목표 각각에 대해 타당하고 다양한 실행 방법을 생각해 낸다.	문제해결방법보다는 과정을 진술하거나, 해결방법을 진술하나 구체적이지 못하다.	관련 없는 내용을 진술하거나 무응답, 앞의 항목들을 재진술한다.

3) 활동 3-가, 활동 3-나

; 의사소통력(communication)

평가준거	상	중	하
나의 생각과 다른 친구의 생각에서 같은 점과 다른 점을 구별하고 이를 통합할 수 있는가?	내 생각과 다른 친구의 생각을 구분하여 비교하면서, 같은 점과 다른 점을 구분하고 통합한다. 나의 생각가 친구의 생각을 포함하여 최종적으로 선택된 생각이 다음과 같은 내용이 포함된 5가지 이상이다. 아빠에 대한 사랑 표현, 호흡기의 하는 일, 중요성, 호흡기의 구조, 담배 연기의 성분, 담배 연기의 유해성, 금연을 위한 대중적인 방법, 가족이 함께 하는 방법…… idea 제안, 아빠와 가족의 행복한 미래를 위해 금연을 권한다 등.	내 생각이나 친구의 생각에 대한 구분이 없거나, 통합되어 있지 않다. 나의 생각과 친구의 생각을 포함하여 최종적으로 선택된 생각이 다음과 같은 내용이 포함된 3~4가지이다.	공통점이나 다른 점을 모두 기록하지 못한다. 구체적으로 나타내지 못한다. 나의 생각과 친구의 생각을 포함하여 최종적으로 선택된 생각이 다음과 같은 내용이 포함된 2가지 이하이다.

4) 활동 3-다

; 의사소통력(communication)

평가준거	상	중	하
조사내용과 방법에 대한 역할 분담이 분명하고, 고르게 이루어졌는가?	위에서 합의한 조사내용과 방법이 모두 포함되었으며, 모둠원 간 역할이 고르게 분할되었다.	위에서 합의한 조사내용이 서로 중복되어 있거나 합의하지 않은 내용이 있으며 모둠원 간의 역할이 비교적 고르게 분배되어 있다.	위에서 합의한 조사내용과 방법 등이 빠져 있거나 관계없는 내용, 또는 서로 중복되는 내용이 있으며 모둠원 간의 역할이 고르게 분배되어 있지 않다.

5) 활동 4-가

; 관련된 과학 정보의 수집 능력(collecting of informations)

평가준거	상	중	하
자료 조사 방법을 알고 나와 있는 참고자료 중 필요한 내용을 선별하여 요약 정리할 수 있는가?	인터넷이나 백과사전을 이용하여 참고자료를 검색하여 중요한 내용을 바르게 추출하여 진술한다.	참고자료를 검색하여 중요한 내용을 정리하는 데 있어 요약되지 못하고 산만하다. 자료의 출처를 기록하지 않았으며 내용이 요약되지 못하고 산만하다.	필요한 내용을 선별하지 못하고 있는 그대로 모두 기록한다.

6) 활동 4-나

; 관련지식의 선정

잘못된 과학지식을 가지고 있는 것이 발견될 경우, 평가에 반영하지는 않고 올바른 개념을 첨언해 주어서 피드백을 받을 수 있도록 하고, 특기사항에 기록함.

평가준거	상	중	하
앞서 찾아낸 문제의 하위목표 달성을 위해 필요한 자료를 선별할 수 있는가?	주어진 자료로부터 직·간접적으로 건강한 치아를 갖기 위해 필요한 정보를 바르게 추출해내고 평가한다.	주어진 자료로부터 건강한 치아를 갖기 위해 관련된 직접적인 정보만을 얻어낸다.	유용한 정보와 유용하지 않은 정보를 구분하지 않고 모두 선정하여 진술한다. 주어진 자료의 정보 내용을 올바르게 파악하지 못한다.

7) 활동5

; 관련지식의 도입

※ 특이하고 창의적인 아이디어를 제안하고 이를 타당하게 진술한 경우, 한 등급 높여줌.

평가준거	상	중	하
선정한 자료를 문제해결을 위해 바르게 도입할 수 있는가?	앞항에서 조사한 자료들과 치아의 부식과정 속의 생화학적 반응의 관련성을 알 수 있으며 충치를 방치할 경우 치아구조에 일어날 상황을 바르게 유추한다.	앞항에서 조사한 자료들과 치아의 부식과정 속의 생화학적 반응의 관련성을 타당하게 연결하나 직접적인 정보만을 연결하고 유추를 통한 정보의 해석이 미흡하다.	앞항에서 조사한 자료들과 치아의 부식과정 속의 생화학적 반응의 관련성을 제대로 파악하지 못한다.

8) 활동 6

; 최종결과 종합하기

평가준거	상	중	하
건강한 치아를 갖기 위한 캠페인을 친구들에게 효과적이고 설득력 있게 광고하는가?	앞항에서 정리된 치아의 부식과정에서의 생화학적 반응과 치에 포함된 여러 화학용액의 작용에 대해 과학적인 근거를 들어 타당하게 설명한다.	앞항에서 정리한 부식과정에서의 생화학적 반응과 치에 포함된 여러 화학용액의 작용에 대해 설명이 미흡하거나 과학적인 근거를 들지 못하여 설득력이 미흡하다.	설명이 부족하거나, 내용이 전체적으로 단순한 지식만 나열되어 있다. 내용이 과학적으로 타당하지 않다.

9) 활동 7

; 문제해결결과 평가하기(반성적 사고)

평가준거	상	중	하
초기 문제의 조건, 계획, 과정 등을 기준으로 문제해결의 결과를 분석적으로 평가하여 새로운 문제점을 지적하고 해결점을 찾아낼 수 있는가?	문제해결의 결과를 초기의 문제진술과 비교하면서 분석적으로 평가하며, 새로운 문제점을 지적하고 해결점을 찾아낸다.	문제의 결과를 초기 문제진술과 직접 비교하지는 않았지만 결과에 대해 초기 문제와 관련하여 구체적인 문제점을 지적한다.	문제의 결과에 대해 성공여부만을 평가하여 만족, 또는 불만을 표시한다. 구체적인 지적을 하지 못하고 포괄적인 내용을 진술한다.

10) 자기평가 서술

평가준거	상	중	하
자신의 수행 결과에 대해 돌이켜 생각하고 문제점을 지적할 수 있는가?	깊은 사고를 통한 자신의 모습을 구체적으로 돌이켜 반성함. 특정 활동에서 이유를 제시하여 스스로를 평가함.	표면적인 모습에 대해서만 돌이켜 생각함. 자신의 구체적인 수행과정에 대해 돌이켜 생각함.	문제의 결과에 대해 성공 여부만을 평가하여 만족하거나 불만을 표시함. 자신의 수행 결과에 대해 만족, 혹은 불만족을 진술함.

11) 동료평가

가장 열심히 한 친구로 선정된 경우 1점 추가

【102 학생용 활동지】

이가 아파요(건강한 이 갖기 캠페인)

저는 ○○ 초등학교의 이정영입니다.

학교에서 구강 검진표를 주며 치과에 가라고 해서 오늘 엄마와 함께 치과에 갔습니다. 친구들이 엄청 많이 와서 한 시간 이상 기다려 진찰을 받은 결과 의사 선생님께서는 저보고

"충치가 13개나 되는구나. 앞으로 한 달 이상 치료를 받아야겠는걸."라고 하셨습니다.

그래서 오늘은 그 중 가장 썩은 충치 하나를 치료 받았는데, 의사 선생님은

"입을 계속 크게…… 더 크게 벌리세요." 라고 하면서 드릴 같은 것으로 '드르륵, 드르륵' 소리를 내며 제 충치를 치료하셨어요.

저는 속으로 겁나고 아팠지만 꾹꾹 참았습니다. 제가 힘들게 치료를 받고 집으로 가는데 엄마는 "앞으로 이 잘 닦어!"라고 소리를 버럭 지르십니다.

왜 이는 썩는 걸까요? 건강한 치아를 가지려면 어떻게 해야 할까요?

오늘 너무 고생을 한 나는 다른 친구들은 저처럼 힘들지 않게 치아를 잘 보호하는 방법을 알고 실천하는 '건강한 이 갖기 캠페인'을 벌이려고 해요.

친구 여러분! 저를 좀 도와주세요.

<활동 1> 정영이가 처한 상황은 무엇입니까?

<활동 2> 위의 고민을 해결하기 위해서 정영이는 무슨 일들을 해야 할까요? 해야 할 일을 순서대로 적고, 각각에 대해 구체적인 방법을 적어 봅시다.

해야 할 일	구체적인 방법
①	① ② · · ·
②	① ② · · ·
③	① ② · · ·
· · ·	

<활동 3> 마인드맵 만들기.

1) '건강한 이 캠페인'에서는 어떤 내용을 홍보할지 자신의 생각을 아래에 마인드맵에 그려 넣어 봅시다.

2) 활동 3-가에서 작성한 마인드맵을 모둠의 친구들과 서로 비교하고 다른 친구들의 생각을 알아보세요. 친구의 생각과 내 생각에 같은 점이 있나요? 또 다른 점은 무엇인가요?

  서로의 생각을 함께 나누어 보고 내가 미처 생각하지 못하였던 점이나 새롭게 떠오른 생각을 보태어 마인드맵을 완성해 보세요.

내가 미처 생각하지 못했던 다른 친구들의 생각을 나의 마인드맵에 덧붙여 그리고, 친구의 생각은 밑줄을 긋습니다. 내 생각 중 친구들과 이야기하여 제외된 것은 지우개로 지우지 말고 글자 위에 'ㅅ'를 합니다. 최종적으로 결정된 생각에 'ㅇ'표를 합니다.

3) '건강한 이 갖기 캠페인'에서 홍보할 내용을 결정했으면 인터넷으로 조사해 봅시다. 누가 무엇을 조사할지에 대해 모둠의 친구들과 함께 생각해서 적어 봅시다.

조사할 내용	조사할 사람

<활동 4> 자료 조사하기

1) 각자 조사한 내용을 아래에 기록해 봅시다.

나의 조사내용 기록하기

나는 ____________________________ 에 대해 조사했어요.

◎ 조사한 자료의 출처 :

◎ 조사내용

____

____

____

____

2) 조사한 자료를 모아서 살펴보고 각 자료의 중요성과 이 자료의 내용을 편지에 선택할지, 안 할지를 ○ 또는 X로 표시합시다.(★★★★★: 매우 중요함 ★★★☆☆: 중요함 ★☆☆☆☆: 보통임)

자료 출처	조사내용	조사한 사람	중요성	자료의 선택
			☆ ☆ ☆ ☆ ☆	
			☆ ☆ ☆ ☆ ☆	
			☆ ☆ ☆ ☆ ☆	

<활동5> 자, 이제 모둠에서 조사하여 선택한 자료를 토대로 친구들에게 '건강한 이 갖기 캠페인'을 벌이려고 합니다. 친구들에게 설득력 있게 하려면 어떤 내용에 근거해서 말해야 하는 것이 좋을까요? 자신의 생각을 써 보세요.

우리의 치아는 ____합니다.

그래서 건강한 이를 가지려면 ____

____해야 합니다.

우리의 치아는 ____합니다.

그래서 건강한 이를 가지려면 ____

____ 해야 합니다.

우리의 치아는 ____합니다.

그래서 건강한 이를 가지려면 ____

____ 해야 합니다.

우리의 치아는 ____ 합니다.

그래서 건강한 이를 가지려면 ____

____ 해야 합니다.

<활동 6> 활동 5에서 정리한 내용을 바탕으로 친구들에게 '건강한 이를 갖기 위한 방법'이 담긴 캠페인 광고문을 만들어 봅시다.

<활동 7> 그동안 '건강한 이 갖기 캠페인'을 위해 여러분은 많은 노력을 하였습니다. 친구들은 과연 건강한 이를 가질 수 있을까요? 자기 스스로 평가하여 봅시다.

척도표	나의 평가
♥♥♥♥♥: 건강한 이 갖기 성공 ♥♥♥♡♡: 노력은 하겠지만 아무래도 약간의 충치는 어쩔 수 없을 것 같아요 ♡♡♡♡♡: 충치 때문에 치과 치료가 필요해요	♡♡♡♡♡

☞ 만약 '건강한 이 갖기 캠페인'이 조금 부족하다고 생각했다면 그 이유는 무엇인가요?

____

____

____

____

____

그러면 '건강한 이 갖기 캠페인'을 위해서 보완해야 할 점을 아래에 써 봅시다.

____

____

____

____

____

♣ 지금까지 친구들과 함께 '건강한 이 갖기 캠페인'을 해 보았습니다. 나는 오늘 수업시간에 어떠하였나요? 아래 표의 생각해 볼 내용을 읽고 자신이 어떠하였는지 스스로 평가하고, 자신에게 하고 싶은 말을 적어 보세요.

생각해 볼 내용	나는 어떠했나요? (★★★★★ - 아주 잘했어요 ★★★★☆ - 잘했어요 ★★★☆☆ - 보통 ★★☆☆☆ - 조금 부족해요 ★☆☆☆☆ - 많이 부족해요)
즐겁게 참여했어요.	☆☆☆☆☆
열심히 노력했어요.	☆☆☆☆☆
많은 생각을 이야기했어요.	☆☆☆☆☆
설득력 있는 근거를 제시하는 데 큰 역할을 했어요.	☆☆☆☆☆
( )야, 너의 이런 점을 칭찬해주고 싶어.	
( )야, 이런 점은 좀 고쳤으면 해.	

♣ 우리 모둠의 친구들이 얼마나 열심히 활동했나요?

생각해 볼 내용	친구 이름			
즐겁게 참여했어요.	☆☆☆☆☆	☆☆☆☆☆	☆☆☆☆☆	☆☆☆☆☆
열심히 노력했어요.	☆☆☆☆☆	☆☆☆☆☆	☆☆☆☆☆	☆☆☆☆☆
많은 생각을 이야기했어요.	☆☆☆☆☆	☆☆☆☆☆	☆☆☆☆☆	☆☆☆☆☆
설득력 있는 근거를 제시하는 데 큰 역할을 했어요.	☆☆☆☆☆	☆☆☆☆☆	☆☆☆☆☆	☆☆☆☆☆
수업시간 중 우리 모둠에서 가장 열심히 하거나 잘 활동한 친구를 한 사람 골라 이름을 쓰고 칭찬해 주세요.	친구 이름 : 칭찬해 주고 싶은 점 :			

【103 교사용 안내서】

평가내용과 척도표

※ 아동의 활동지를 보고 아래 각 단계의 평가척도 상, 중, 하에서 해당되는 단계를
골라 학생 평가지에 기록하시오.

▶ 모든 항목에서 과학적으로 타당하면서 기발하고 독창적인 아이디어를 제시한 답
안에 대해 창의적 사고에 대해 가산점 2점 추가.

1) 문제 상황의 확인, 문제 발견하기, recognizing the existence of a problem; 문제의 표상, 문제를 진술하기, 문제를 표현하기, 문제의 특성을 결정하기, deciding on the nature of the problem

평가준거	상	중	하
학생은 처한 상황 속에서 그들이 해결해야 할 문제를 발견하고 바르게 진술할 수 있는가?	주어진 문제 상황(과제)과 문제해결이 어려운 점을 파악하여 문제 상황 속에서 진술한다. ※무작정 차량의 통행을 막을 수 없다는 점과 화학물질의 위험으로부터 대처할 방법에 대한 어려움 등 다양한 것들이 포함되어야 함. 예) 우리의 안전을 생각하면 모든 화학물질을 실은 차량의 통행을 막아야 하지만 나라의 경제와 발전을 생각할 때 무작정 막을 수는 없고, 화학물질의 종류와 그 특성 등 우리가 위험으로부터 대처할 방법 등이 무엇인지를 나타낸다.	주어진 문제 상황(과제)을 피상적으로 파악하여 진술한다. ※ 차량통행과 위험화학물질 중 **하나만**을 언급한다. 예1) 위험한 화학물질 차량의 통행방법과 시간을 조절 한다. 예2) 위험한 화학물질의 종류를 알아보고 막을 방법이 없을까?	문제를 바르게 파악하지 못하거나, 바르게 진술하지 못한다. ※ 어느 하나도 제대로 진술하지 못한다. 예1) 화학물질을 실은 차량의 통행이 없을 때 다닌다. 우리가 대공원에 다니지 않는다.)
창의성 평가요소	유창성, 독창성, 정교성, 민감성		

2) 하위목표로의 분할, selecting a set of lower-order process to solve problem

※ 2)와 3) 항목이 바뀌어 응답된 경우, 지금 현재로서는 문제해결과정을 잘 수행하지 못하나 앞으로 발전될 가능성이 높은 학생이므로 교사의 지도가 요구된다(특기사항에 기록). 평가 시 단계를 바꾸어 내용을 평가한 후 −1점.

평가준거	상	중	하
학생은 자신이 파악한 문제를 해결하기 위하여 문제를 하위목표로 분할하여 나열할 수 있는가?	화학물질의 위험으로부터 안전하게 공원을 이용하기 위해 해야 할 일들을 바르게 파악하고 구체적으로 분할하여 진술한다. **※ 자료 조사와 실행**의 두 가지 내용이 모두 진술되어야 함. *바른 순서대로 진술한 경우 가산점. 예) ① 주변 도로 상황을 조사하여 구조개선과 통행방법을 개선할 수 없는지 알아보고 실행한다. ② 화학물질의 종류를 알고 사고가 났을 경우 대처방법 등을 구체적으로 정리한다. ③ 자료와 정리된 생각을 토대로 해결방법을 찾는다.	문제해결을 위해 해야 할 일을 파악하고 진술하나 구체적으로 분할하지 못한다. **※ 자료 조사와 실행**의 두 가지 내용이 모두 진술되어야 함. 예1) 화학물질의 종류에 대하여 조사하고 위험에 대처한다. 예2) 주변의 도로를 조사하고 구조 개선방법이 없는지 알아본다. 예3) 화학물질을 실은 차량의 통행시간과 방법을 조정한다.	문제 상황이나 앞 항목의 진술 내용을 재진술한 경우, 또는 관련이 없는 내용을 진술하거나, 모른다는 식의 부정적인 언급을 한다. 아무 진술도 하지 못하거나 주어진 자료의 여러 부분을 옮겨 적으며 횡설수설한다. **※ 자료 조사와 실행**의 두 가지 내용 중 한 가지만 포함되거나 두 가지 모두 포함되지 않는다. 예1) 개선 방법이 없다. 예2) 화학공단이나 대공원 둘 중 하나를 옮긴다.
창의성 평가요소	재구조화, 독창성, 정교성		

3) 문제해결과정의 구체화, 전략 선택, 전략 세우기, developing a strategy to combine these components

평가준거	상	중	하
학생은 하위목표의 달성을 위해 각 하위목표의 해결방법을 구체적으로 진술할 수 있는가?	주어진 상황을 파악하기 위해 **자료 찾는 방법**과 위험대처 방법에 관하여 구체적인 문제해결방법을 구상하여 진술한다. 예) ①주어진 상황을 해결하기 위해 도로여건과 위험물에 대하여 주어진 자료에 필요한 내용이 나와 있는지 찾는다. 없으면 주어진 자료로부터 필요한 내용을 추리해낼 수 있는 것들을 고른다. 모자란 정보는 인터넷이나 백과사전을 찾아본다. ② 주변 도로상황이나 여건, 위험물의 종류를 알아내고 개선할 사항이나 위험 화학물질 누출 시 대처방법 등을 골라낸다. ③ 알아낸 자료를 토대로 도로구조개선에 필요한 경비와 안전마스크 지급 경비 등 안전한 공원이용을 위해 화학불실의 위험대처에 필요한 돈을 계산하여 청구한다.	문제해결방법보다는 과정을 진술하거나, 해결방법을 진술하나 구체적이지 못하다. 구체적으로 진술하나 자료 찾는 방법과 생활환경조성 중 하나에 대한 것만을 진술한다. 예1) 주어진 정보를 읽고 화학물질의 종류를 알아낸 후 위험에 대처하여 다닌다. 예2) 인터넷에서 자료를 찾고, 선생님께 여쭈어 보고 부모님께 여쭈어 보고, 백과사전을 찾아본다.	관련 없는 내용을 진술하거나 무응답, 앞의 항목들의 재진술. 예) 화학물질을 실은 차량이 없을 때 다닌다.
창의성 평가요소	유창성, 독창성, 정교성		

4) 창의적 사고력

(과학적으로 타당하면서 기발하고 독창적인 아이디어가 2개 이상인 경우, 2개부터 개 당 가산점 1점씩 추가. 특기사항에 기록)

▶ 모든 항목에서 과학적으로 타당하면서 기발하고 독창적인 아이디어를 제시한 답안에 대해 창의적 사고에 대해 가산점 2점 추가..

평가준거	상	중
문제해결을 다양한 각도에서 접근할 수 있는가?	화학물질의 위험으로부터 벗어나 안전한 공원이용을 위해 관련된 요소를 다양하고 독창적이며, 과학적 개념에 비추어 그럴듯한 진술을 포함한다. 예1) 도로구조개선과 안전마스크 지급을 위한 재정을 확보해야 한다. 예2) 화학물질을 실은 차량의 안전장치강화와 운전자 의식교육, 차량의 통행시간과 방법 등을 자세히 기술한다. 예3) 위험한 화학물질의 위험으로부터 대처하기 위해 전문가에게 화학물질의 특징과 사고발생 시 대처방법에 관한 정보를 요청하는 이메일을 보낸다.	화학물질의 위험을 인지하고 대처방법 등의 관련요소를 생각하나, 학급의 대부분의 학생들이 생각하는 요소와 같다. 예1) 주어진 자료를 자세히 읽어보고 필요한 정보를 얻어낸다. 예2) 인터넷에서 자료를 찾는다. 예3) 안전 마스크를 착용하고 다닌다.
창의성 평가요소	독창성, 정교성	

4)-가. 4)-나. 의사소통력

※ 의사소통력에 관한 평가는 관찰평가와 병행할 것을 권고합니다. 수업 시 관찰한 내용 중 토론이 잘 이루어지지 않아서 활동지의 서술내용이 부족한 경우, 특기사항에 기록.

평가준거	상	중	하
나의 생각과 다른 친구의 생각에서 같은 점과 차이점을 구분하고 이를 통합할 수 있는가?	내 생각과 다른 친구의 생각을 구분하여 비교하면서 같은 점과 차이점을 구분하고 이를 통합한다. 다른 친구의 생각과 그 생각이 문제를 해결하는 데 타당하다고 생각하는 이유를 타당하게 설명함. 예) 우리 모둠은 공원이용의 안전성을 높이기 위해 무엇을 알고 대처해야 할지 생각하였다. 나와 현지는 주변 도로를 이용하는 차량의 화학물질의 종류를 알아야 한다고 하였고, 명희는 차량통행을 막자고 하였지만 나는 무조건 막아서는 안 된다고 하였다. 현화는 도로구조개선과 차량의 통행시간과 방법에 대하여 말하였다. 철수는 위험한 화학물질의 종류와 특성, 사고발생 시 대처하는 방법을 공원주변 도로 곳곳에 안내판을 설치하여 만약의 사태에 대처하도록 하여야 한다고 하였는데 나도 철수의 생각이 맞는다고 생각하였다. 따라서 우리 모둠이 생각해낸 것은 도로구조개선, 차량의 통행시간과 방법, 위험함 화학물질의 특징과 사고 시 대처방법 등이다.	내 생각이나 친구의 생각 중 하나만을 기록한다. 친구의 생각에 대해 자신의 의견 없이 내용만을 나열한다. 예1) 나는 화학물질의 종류를 알아야 한다고 하였다. 예2) 현지는 차량 통행 시간을 소설해야 한다고 하였다. 지애는 장기적으로 도로를 새로 개설해야 한다고 하였다.	공통점이나 차이점을 모두 기록하지 못한다. 구체적이지 못하다. 예1) 우리는 차량의 통행을 무조건 막아야 한다고 이야기하였다. 예2) ○○는 정리를 잘해서 적었다.
창의성 평가요소	민감성, 융통성		

5) 관련지식의 선정

※ 5)번과 6)번 항목은 연결되어 있으므로 함께 보면서 평가하도록 합니다.

5)번 항목에서 평가자는 유용하다고 생각되지 않으나, 6)번 항목에서 유용한 정보가 될 만큼 타당하게 진술한 경우, 한 등급 높여줌. 이미 '상' 등급을 받은 경우는 아이디어 수에 따라 개당 가산점 1점. 특기사항에 기록.

잘못된 과학지식을 가지고 있는 것이 발견될 경우, 평가에 반영하지는 않고 올바른 개념을 첨언해 주어서 피드백을 받을 수 있도록 해 준다. 특기사항에 기록.

평가준거	상	중	하
앞서 찾아낸 문제의 하위목표 달성을 위해 필요한 자료를 선별할 수 있는가?	주어진 자료로부터 직·간접적으로 화학물질의 위험으로부터 벗어나 안전하게 공원을 이용할 수 있는 것들을 추출해내어 진술한다. 예) 도로구조개선 – 교통사고의 위험이 높다, 전용차선 도입 등 통행방법 – 화학물질 차량 표시 통행시간 – 밤, 부득이한 경우 낮 시간 지정 안전표지판 – 사고 시 대처요령 등, 안전마스크 이용 등 화학물질 – 종류, 특징 표시	주어진 자료로부터 도로상황과 위험물에 대한 직접적인 정보만을 얻어낸다. 예) 도로상황 – 교통사고 다발지역 위험물 – 화학물질.	유용한 정보와 필요 없는 정보를 구분하지 않고 모두 선정하여 진술한다. 주어진 자료의 정보의 내용을 바르게 파악하지 못한다. 파악해낸 정보의 항목수가 너무 적다(3개 이하). 무응답 예1) 도로상황 – 차가 많이 밀린다. 예2) 화학물질 차량 – 크고 좋다.
창의성 평가요소	융통성, 재구조화, 민감성		

6) 관련지식의 도입

※ 특이하고 기발한 아이디어를 제안하고 이를 타당하게 진술한 경우, 한 등급 높여줌. 이미 '상' 등급을 받은 경우는 아이디어 수에 따라 개당 가산점 1점 부여. 특기사항에 기록.

평가준거	상	중	하
선정한 자료를 문제 해결을 위해 바르게 도입할 수 있는가?	앞항에서 선정한 직접·간접적인 자료들과 공원의 안전한 이용을 위해 각 요소들을 연결할 수 있으며, 유추를 통해 얻어낼 수 있는 간접적인 자료에 대해 바르게 해석한다. 예) 도로 상황→차량통행이 많고 인접도로와의 회전각이 좁아 교통사고의 위험이 높다. 그러므로 통행 시간대를 정해주고 구조개선을 해야 하고 화물차 전용차선제를 도입한다. 화학물질 종류→ 화학공단에서 생산되는 물질로 염산, 액화석유 능이 있고, 특징은 고압상태이므로 충격과 고온에 주의하여 안전하게 다루어야 하며 사고발생 시 안전마스크를 착용하고 그 자리를 빨리 벗어나야 한다. 안전→ 위험물에 대한 안전표지판을 설치하고 사고발생 시 지시에 따라 잘 대처해야 한다.	앞항에서 선정한 자료들과 화학물질의 위험으로부터 공원안전이용에 필요한 것들을 과학적으로 타당하게 연결하나 직접적인 정보만을 연결하고 유추를 통한 정보의 해석이 미흡하다. 예) 화학물질종류→ 염산, 황산, 액화가스 등	앞항에서 선정한 자료들과 동물 생활환경의 연결이 타당하지 않다. 선정한 항목에 대한 설명에 있어서 상반된 내용이 있다. 제시된 동물의 구체적인 특징이라기보다는 일반적인 내용을 담고 있다. 지식과 그 적용이 명확하지 않고 동어 반복이다. 예1) 도로 - 차량통행이 많다. 예2) 화학물질 - 위험하므로 통행을 무조건 막아야 한다.
창의성 평가요소	정교성, 독창성, 융통성		

7) 종합하기

평가준거	상	중	하
안전한 공원이용을 위한 도로구조개선과 운행방법, 화학물질사고 대처에 대한 설명과 함께 그림으로 나타낼 수 있는가?	앞항에서 알아낸 화학물질의 위험으로부터 공원의 안전한 이용에 관한 내용이 모두(대부분) 포함되도록 그림으로 나타내고, 이를 바르게 설명하였으며, 이 내용이 과학적으로 타당하다. 예)	앞항에서 알아낸 화학물질의 위험으로부터 공원의 안전한 이용에 대한 설명이 미흡하거나, 그림이 바르지 못하다. 그러나 그려지거나 설명된 내용은 과학적으로 타당하다. 예)	설명이나 그림 중 한 가지가 부족하다. 또는 두 가지 모두 있으나 미흡하다. 또는 이 두 가지는 갖추었으나, 그 내용상 과학적으로 타당하지 못하다. 예)
창의성 평가요소	재구조화, 민감성, 독창성, 융통성, 정교성		

8) 문제해결 결과 평가하기(반성적 사고)

평가준거	상	중	하
초기 문제의 조건, 계획, 과정 등을 기준으로 문제해결의 결과를 분석적으로 평가하여 새로운 문제점을 지적하고 해결점을 찾아낼 수 있는가?	문제해결의 결과를 초기의 문제진술과 비교하면서 분석적으로 평가하여, 새로운 문제점을 지적하고 해결점을 찾아낸다. 예) 차량의 이동시간을 무조건 거의 밤으로 제한했는데 이것은 다른 지역의 화학물질 사용에 많은 문제점을 일으키는데 안전장치의 강화와 통행방법의 개선을 통해 문제점을 해결해주어야겠다.	문제의 결과를 초기 문제진술과 직접 비교하지는 않았지만 결과에 대해 초기 문제와 관련하여 구체적인 문제점을 지적한다. 예) 화물차 전용차선제를 도입하여 교통사고의 위험을 줄이려고 했는데…	문제의 결과에 대해 성공여부만을 평가하여 만족, 또는 불만을 표시한다. 구체적인 지적을 하지 못하고 포괄적인 내용을 진술한다. 예1) 그림을 잘못 그렸다. 예2) 화학차량의 통행을 금지시키겠다.
창의성 평가요소	민감성, 독창성, 정교성		

♥ 자기평가(반성적 사고) 서술 부분에 대해

평가준거	상	중	하
자신의 수행 결과에 대해 돌이켜 생각하고 문제점을 지적할 수 있는가?	깊은 사고를 통한 자신의 모습을 구체적으로 돌이켜 반성함. 예1) 단기적 안목으로 우선 통행차량의 안전조치강화, 도로구조개선, 화학물질의 위험에 대한 대처 등으로 해결책을 찾았지만, 궁극적으로는 화학차량의 통행을 금하고 새로운 도로를 개설하여 공원의 안전한 이용에 도움을 주었더라면 더 좋았을 것이다. 예2) 친구들과 이야기를 많이 나누면서 같은 내용에 대해서도 서로 다른 생각들을 가지고 있다는 사실을 알았다.	표면적인 모습에 대해서만 돌이켜 생각함. 자신의 구체적인 수행 과정(행동)에 대해 돌이켜 생각함. 예1) 자기 생각을 잘 발표했다. 예2) 친구들과 이야기를 많이 하였다.	문제의 결과에 대해 성공 여부만을 평가하여 만족하거나 불만을 표시함 자신의 수행 결과에 대해 만족, 혹은 불만족을 진술함. 예1) 열심히 했고. 그림도 잘 그렸다. 잘했다. 예2) 좀 더 노력해야겠다.
창의성 평가요소	독창성, 민감성, 정교성, 융통성		

♥동료평가

가장 열심히 한 친구로 선정받은 경우 1점 추가.

【103 학생용 활동지】

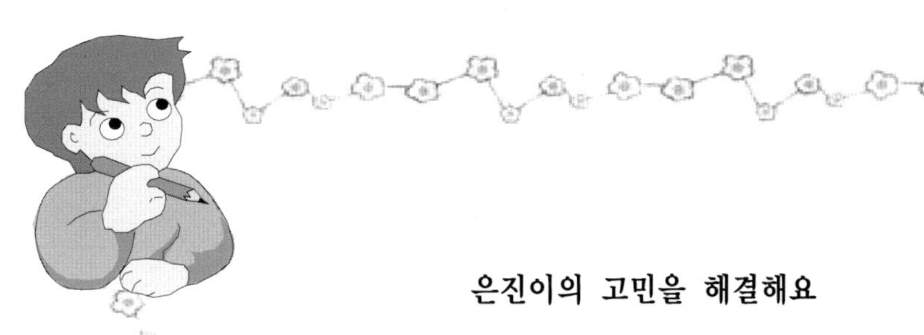

은진이의 고민을 해결해요

　울산의 옥동 대공원은 울산시민들에게는 유일한 큰 공원입니다. 자연 숲을 그대로 살린 공원이기에 맑은 공기를 마시고 하루의 피로를 풀기 위해 사람들이 많이 찾는 곳입니다. 특히 근처에 사는 은진이와 친구들이 모여서 놀기에 아주 좋은 장소입니다.

　은진이는 틈만 나면 울산대공원에서 친구들과 호수를 돌며, 좋은 공기도 마시고 얘기도 나누며 몸과 마음을 단련합니다.

　하지만 울산대공원 근처도로는 화학공단을 드나드는 대형차량의 유일한 이동로입니다. 어제는 은진이의 친구들이 대공원에 놀러 가다가 마침 길을 지나는 대형트럭의 전복으로 차에 실린 가스가 새어나와 중독이 되어 그 자리에 쓰러졌습니다. 멀리서 이 모습을 지켜본 은진이는 어떻게 해야 할지 당황스러웠는데 다행히 구급차가 와서 병원으로 실어갔습니다.

　은진이는 공원 주변을 다니는 유독 화학차량의 위험으로부터 벗어나 안전하게 공원을 이용할 수 있는 방법은 없는지 찾아보도록 하였습니다.

　자, 이제부터 여러분이 은진이의 고민을 해결하도록 해 볼까요?

________________ 초등학교 5학년 ____반 ___번, 이름 ______________

다음은 울산대공원 근처의 도로상황과 주로 다니는 화학차량의 종류입니다. 화학차량의 위험으로부터 안전하게 공원을 이용하기 위한 환경을 만들어 주기 위해 아래의 활동을 함께 해 봅시다.

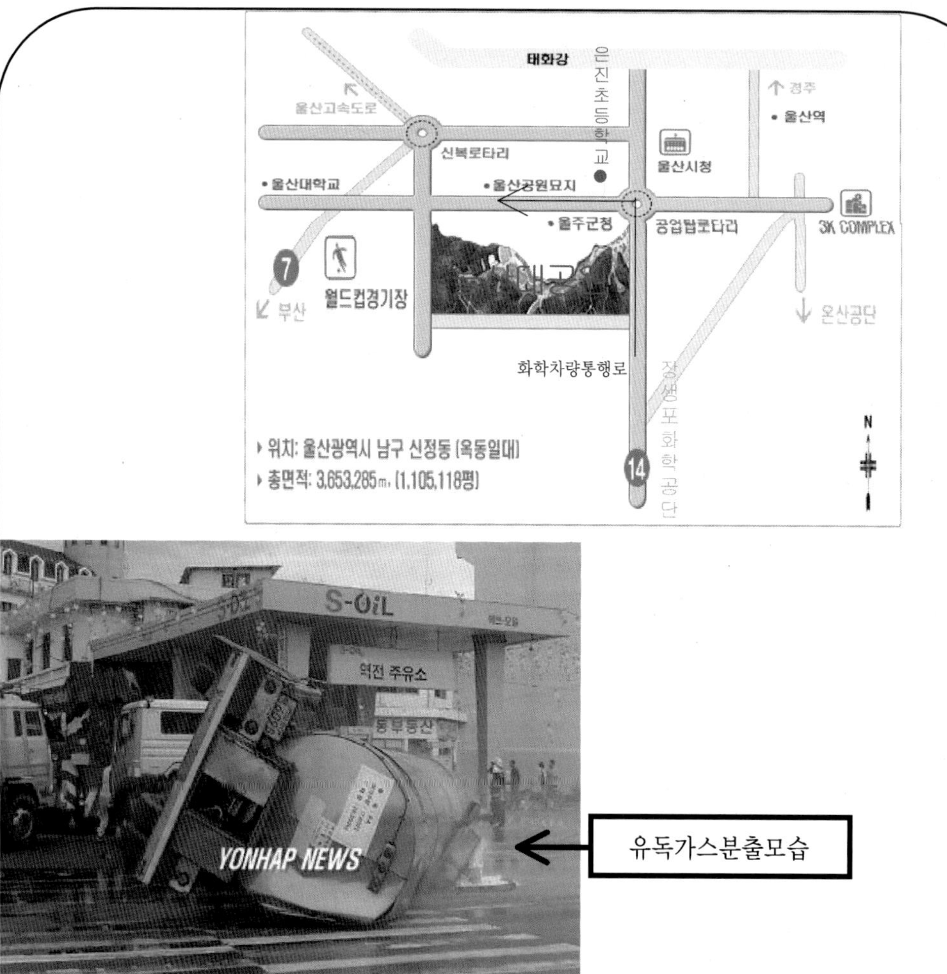

여기는 울산대공원앞 도로입니다. 공원 앞과 옆의 도로는 화학공단을 드나드는 위험한 화학물질을 실은 차량의 통행으로 매우 복잡하며 화학차량의 종류도 다양합니다. 대형화학차량과 주변을 통과하는 차량으로 인해 대공원 주변의 도로는 항상 교통사고의 위험에 노출되어 있습니다. 이 도로에 얼마 전 염산을 실은 차량 전복으로 은진이의 친구들이 위험한 상황에 빠진 적이 있습니다.

<활동 1> 울산대공원을 자주 이용하는 여러분은 지금 어떤 문제를 해결해야 합니다. 어떤 어려움에 처해있는지 자기의 생각을 아래에 적어 보세요.

<활동 2> 이 상황을 해결하기 위해서 여러분은 무슨 일들을 해야 할까요? 자기의 생각을 아래에 적어 보세요.

<활동 3> 2번에서 생각한 일들을 하기 위해서는 구체적으로 어떻게 해야 할까요? 자기의 여러 가지 생각을 아래에 자세히 적어 보세요.

____
____
____
____
____
____

<활동 4-가> 지금부터는 앞에서 여러분이 생각했던 여러 방법들 중 주어진 자료로부터 필요한 정보를 얻어내는 방법을 함께 해보도록 하겠습니다.

화학차량의 위험으로부터 안전하게 공원을 이용하는 데 도움이 될만한 내용을 주어진 자료에서 찾아 마인드맵을 완성해 보세요.

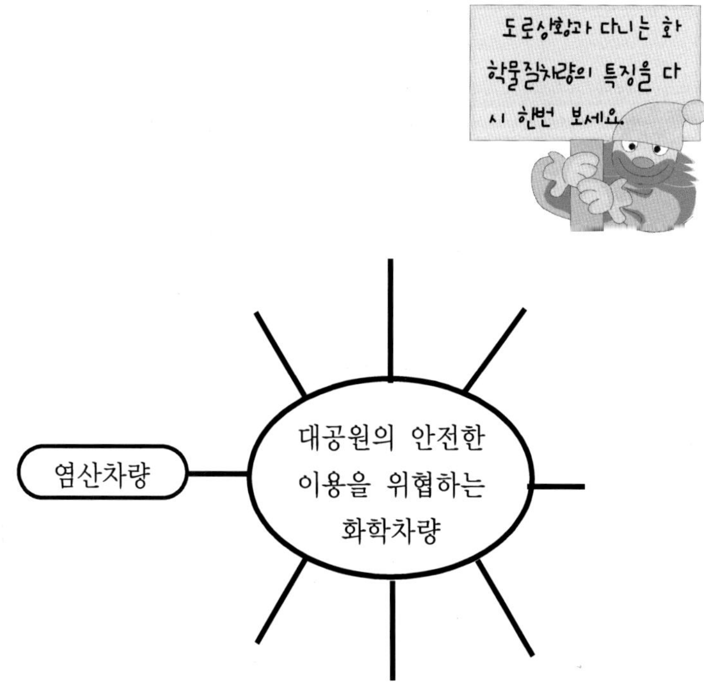

<활동 4-나> 모둠의 친구들과 이야기를 나눈 후에 우리 모둠의 마인드맵을 완성해 봅시다. 모둠의 친구들은 어떤 자료가 필요하다고 생각하고 있었나요? 나의 생각과 다른 점이 있다면 구체적으로 비교하여 적어 봅시다.

우리 모둠에서 살펴보기로 한 것은 무엇인지 나의 생각과 다른 친구들의 생각을 합하여, 다음 마인드맵을 완성하세요.

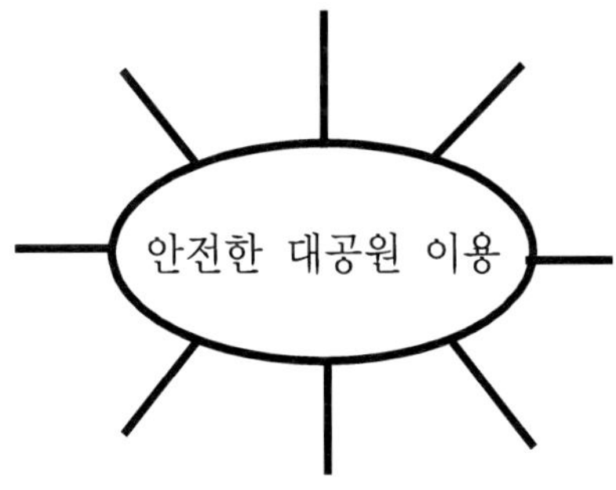

<활동 5> 여러분의 모둠에서 알아보기로 한 것에 대해, 자료를 자세하게 살펴보면서 울산대공원주변의 도로상황과 특징, 오가는 화학차량의 종류와 특징을 정리해 봅시다.(개별 활동)

· 도로상황 → ____

____

· (염산차량) → ____

____

· (   ) → ____

____

· (   ) → ____

____

· (   ) → ____

____

· (   ) → ____

____

· (   ) → ____

____

· (   ) → ____

____

· (   ) → ____

____

<활동 6> 5번에서 정리한 결과들과 이러한 위험으로부터 벗어나기 위한 방법들을 연관지어서, 안전하게 울산대공원을 이용할 방법을 생각해 봅시다.

· 도로상황 → ______________________________ 하는 것이 알맞다.

그러므로 안전한 공원이용을 위해서는 ______________________________

______________________________ 하게 하여야 한다.

· (   ) → ______________________________ 하는 것이 알맞다.

그러므로 안전한 공원이용을 위해서는 ______________________________

______________________________ 하게 하여야 한다.

· (   ) → ______________________________ 하는 것이 알맞다.

그러므로 안전한 공원이용을 위해서는 ______________________________

______________________________하게 하여야 한다.

· (   ) → ______________________________ 하는 것이 알맞다.

그러므로 안전한 공원이용을 위해서는 ______________________________

______________________________ 하게 하여야 한다.

· (   ) → ______________________________ 하는 것이 알맞다

그러므로 안전한 공원이용을 위해서는 ______________________________

______________________________ 하게 하여야 한다.

· (   ) → ______________________________ 하는 것이 알맞다.

그러므로 안전한 공원이용을 위해서는 ______________________________

______________________________ 하게 하여야 한다.

<활동 7> 위의 결과들을 종합해 볼 때, 은진이과 친구, 주변 사람들이 어떻게 하는 것이 좋을까요? 화학차량의 위험으로부터 안전하게 울산대공원을 이용할 방법을 설명과 함께 그림으로 나타내어 봅시다.

♣ 위의 그림에 대한 설명을 적어 보세요.

____

____

____

____

____

♣ 방법을 그림으로 나타내 보세요.

<활동 8> 수고하셨습니다. 여러분은 화학차량의 위험으로부터 안전하게 울산대공원을 이용할 해결방법에 대하여 열심히 노력했습니다. 자기가 생각한 화학차량의 위험으로부터 안전한 울산대공원의 이용에 대해 스스로 평가해 봅시다.

은진이는 내가 해결해준 방법으로 얼마나 편안하게 공원을 이용할 수 있을까요? 다음 표의 ☆에 색칠해 보세요.

☆ 5개: 매우 안전하게 이용할 것이다. ☆ 4개: 잘 이용할 것이다.

☆ 3개: 보통이다. ☆ 2개: 조금 걱정스럽다. ☆ 1개: 많이 걱정스럽다.

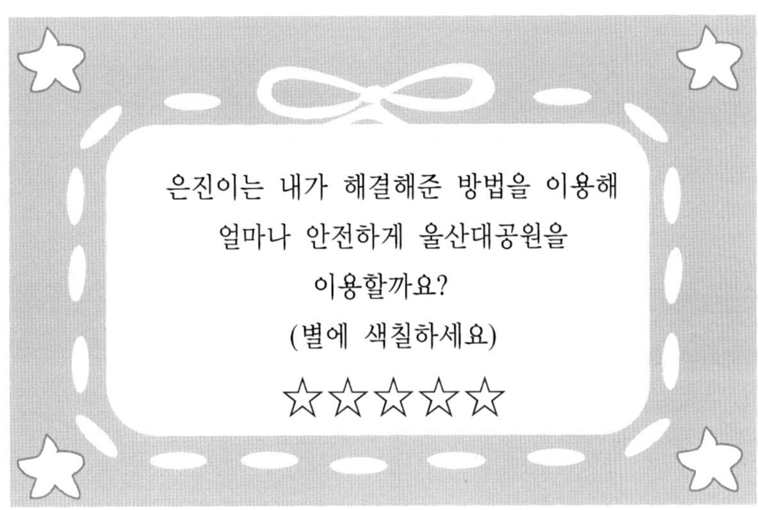

자신이 제시해준 해결방법이 만족스럽지 못하다면 그렇게 생각한 이유를 아래에 써 봅시다. 그리고 좀 더 나은 해결방법을 주려면 어떤 점을 보완해야 할지도 생각해 봅시다.

____

____

____

____

____

♥ 지금까지 친구들과 함께 화학물질을 실은 차량의 위험으로부터 안전하게 울산대공원을 이용하는 방법을 찾아보았습니다. 오늘 수업시간이 어떠하였나요? 아래 표의 생각해 볼 내용을 읽고 자기가 어떠하였는지 별표에 색칠해 보세요. 그리고 자기에게 하고 싶은 말을 적어 보세요.

생각해 볼 내용	나는 어떠했나요? (☆5: 아주 잘했음, ☆4: 잘했음, ☆3: 보통 ☆2: 조금 부족함, ☆1 많이 부족함)
즐겁게 참여했어요.	☆ ☆ ☆ ☆ ☆
열심히 노력했어요.	☆ ☆ ☆ ☆ ☆
많은 생각을 이야기했어요.	☆ ☆ ☆ ☆ ☆
은진이가 화학차량의 위험으로부터 안전하게 울산대공원을 이용하는 데 필요한 해결방법을 제시하는 데 큰 역할을 했어요.	☆ ☆ ☆ ☆ ☆
( )야, 너의 이런 점을 칭찬해주고 싶어.	
( )야, 다음 시간부터 이런 점은 고치면 좋을 것 같아.	

♥ 우리 모둠의 친구들이 얼마나 열심히 활동을 했나요? ♥

(잘 생각해보고 친구의 이름 아래 색칠해 봅시다.)

생각해 볼 내용	친구 이름				
즐겁게 참여했어요.	☆☆☆☆☆	☆☆☆☆☆	☆☆☆☆☆	☆☆☆☆☆	☆☆☆☆☆
열심히 노력했어요.	☆☆☆☆☆	☆☆☆☆☆	☆☆☆☆☆	☆☆☆☆☆	☆☆☆☆☆
많은 생각을 이야기 했어요.	☆☆☆☆☆	☆☆☆☆☆	☆☆☆☆☆	☆☆☆☆☆	☆☆☆☆☆
은진이가 화학차량의 위험으로부터 안전하게 울산대공원을 이용하는 데 필요한 해결방법을 제시하는 데 큰 역할을 했어요.	☆☆☆☆☆	☆☆☆☆☆	☆☆☆☆☆	☆☆☆☆☆	☆☆☆☆☆
오늘 수업 중에 우리 모둠에서 가장 열심히 하거나 잘 활동한 친구를 한 사람 골라 이름을 쓰고 칭찬해 주세요.	친구 이름: ______________________ 칭찬해 주고 싶은 것: 　 　 　 　 　 　 　 				

104 외래식물 제거 프로젝트

【104 교사용 안내서】

1. 관련 단원: 6학년 2학기 3. 쾌적한 환경

2. 개 요

본 자료는 과학과 교육과정의 6학년 2학기 '쾌적한 환경' 단원의 교과서 내용을 일부 재구성하여 수업하고 형성평가의 성격으로 투입되도록 제작된 수행평가문항이다.

6학년 2학기 '쾌적한 환경'단원은 우리 실생활과 관련이 밀접한 단원으로 앞으로 학생들이 살아가는 과정에서 늘 접하는 주변 환경과 관련한 밀접한 내용으로 구성되어 있다. 또한 요즘 각광받고 있는 웰빙의 바람 속에서 더욱더 개인의 건강에 대한 관심이 집중되면서 쾌적한 환경에 대한 요구가 절실하다. 따라서 본 단원은 STS 학습모형을 적용하여 학습하고 그러한 학습의 과정과 과학 수행평가문항의 다양한 평가 영역과 특징을 최대한 반영하여, 평가 영역으로 과학지식의 적용력과 과학태도, 과학탐구의 추론 능력 외에 창의적 사고력과 반성적 사고력, 의사소통력이 평가되도록 구성하였다. 또한 평소에 접해보지 못한 프로젝트를 구상하는 활동을 제시하여 한층 더 학습 동기 유발의 효과를 기대하고, 자신이 수행한 프로젝트가 실생활에 시행될 수 있다는 기대감과 호기심을 자극하여 자신감 부여 및 지속성을 시도하였다.

자연 생태계에 다른 지역으로부터 새로운 생물종이 유입될 경우 생태계가 다시 안정되려면 많은 시간이 필요하다. 대부분의 유입종들은 단기간에 급격히 번식해 토착 생태계의 평형을 파괴한다.

본 학습을 통하여 외래식물의 부정적인 영향과 긍정적인 영향을 이해하고 그 중에서 유해한 외래식물 종에 대한 방제 대책의 필요성을 알게 하며, 건강한 생태도시를 만드는 토대를 만드는 데 의의를 두도록 하였다.

※ 평가목표

(1) 주어진 상황을 이해하고 문제를 해결할 수 있는가? (과학지식의 적용력)

(2) 과학적으로 타당하면서도, 창의적이며 유연한 생각을 할 수 있는가? (창의적 사고력)

(3) 다른 친구에게 자신의 생각을 이해시키고 친구의 생각을
　　바르게 이해할 수 있는가? (의사소통력)

(4) 자신의 수행과정과 결과에 대해 돌이켜 생각할 수 있는가?(반성적 사고력)

(5) 무궁무진한 정보의 바다에서 정해진 시간 내에 문제해결을 위한 최적의 과학 정
　　보를 찾아낼 수 있는가?(과학 정보 수집력)

3. '쾌적한 환경' 단원의 재구성

교과서 구성 주제	차시	재구성 주제	학습활동
생물이 살아가는 데 필요한 것	1	생물이 살아가는 데 필요한 것	
생물이 양분을 얻는 방법	2	생물이 양분을 얻는 방법	
생물 사이의 먹고 먹히는 관계 알아보기	3	생물 사이의 먹고 먹히는 관계 알아보기	
먹이 피라미드 알아보기	4	먹이 피라미드 알아보기	
생태계의 평형 알아보기	5	생태계 평형의 뜻 생태계 평형이 유지되는 원리 외래식물로 인해 생태계 평형이 파괴된 경우	문제 상황 알기, 문제해결과정의 구체화, 해결방안구상
여러 가지 환경오염에 대하여 알아보기	6	환경오염의 정의 외래식물로 인한 인근 산, 하천의 환경오염 실태 조사방법 및 마인드맵 정리 활동	자료수집, 생태계의 평형이 유지되는 원리 및 외래식물로 인한 환경오염의 원인 알기, 지식의 선정 및 도입
환경보전 방법에 대하여 알아보기	7	환경보전 방법 조사 발표 외래식물 제거 프로젝트	최종 결과 실행에 옮기기 자기평가 및 타인 평가
환경 신문 만들기(심화)	8~9	환경 신문 만들기(심화)	

4. 문항의 구성과 이용방법

본 문항은 학생의 반응을 살펴볼 수 있는 학생용 활동지와 이를 평가하기 위한 채점체계표를 포함한 본 교사용 안내자료로 구성되어 있습니다.

본 자료는 과학 문제해결과정인 인식, 문제 표상, 하위목표로의 분할, 문제해결과정의 구체화, 전략의 선택, 지식의 선정, 지식의 도입, 종합하기, 평가하기로 이루어져 있으며, 본 문항의 각 단계는 이 절차에 따르고 있습니다.

가. **도입부**: 상황에 대한 안내와 문제를 드러내어 아동에게 설득력 있는 제안으로 환경부 장관에게 외래식물 제거 프로젝트를 제시하여 시행에 성공할 수 있도록 나만의 완성도 높은 프로젝트를 구상하도록 합니다.

나. **활동부**: 과학 문제해결과정에 따라 활동지에서 요구하는 대로 체계적으로 활동하고 이를 기록하도록 되어 있습니다. 선생님께서는 기록지를 수합하여, 평가체계표를 토대로 각 항목별로 평가하시면 됩니다.

다. **정리부**: 활동에 대한 평가와 자기평가 및 동료평가로 구성되어 있습니다. 이 자기평가와 동료평가에서는 반성적 사고를 통하여 자신의 생각을 기록하는 부분이 포함되어 있으므로 아동의 반성적 사고를 평가할 수 있습니다.

전체적인 활동 내용을 살펴보시고, 각 항목별로 소요시간을 계산하시어 단계를 합하여 2-3차시로 구성하는 것도 바람직하다고 생각됩니다. 3차시로 구성할 경우 자유로운 방식으로 개성 있는 나만의 프로젝트를 발표하게 함으로써 자신감 향상 및 흥미 고조는 물론 서로 간의 상호평가 및 정서적인 면에도 영향을 주어 환경오염에 대한 심각성을 인식하고 쾌적한 환경의 필요성을 내면화시켜 자신의 건강 및 가족의 건강 나아가서 지구촌 환경 정화에 더욱더 도움이 될 수 있는 인식을 정립시키리라 생각됩니다.

5. 평가내용과 척도표

▷모든 항목에서 과학적으로 타당하면서 창의적인 아이디어를 제시한 답안에 대한 창의적 사고에 대해 가산점 2점 추가.

▷글로 표현한 내용이 미숙하고 제대로 표현되지 못했더라도 그렇게 아동이 표현하게 된 정황을 고려하여 채점.

1) 활동 1

; 문제 상황의 확인, 문제 발견하기(recognizing the existence of a problem)

; 문제의 표상, 문제를 진술하기, 문제를 표현하기(deciding on the nature of the problem)

평가준거	상	중	하
학생은 처한 상황 속에서 그들이 해결해야 할 문제를 발견하고 바르게 진술할 수 있는가?	주어진 문제 상황(과제)과 문제해결이 어려운 점을 파악하여 문제 상황 속에서 진술한다. ※프로젝트를 구상해야 하는 상황과 그에 대한 정보가 부족하다는 두 가지 내용이 모두 포함되어야 함. 예) 외래식물 제거가 이루어져야 하는 이유와 이루어질 수 있도록 설득력 있는 프로젝트를 구상하고 싶지만 그에 대한 정보가 부족해서 어떤 내용을 어떻게 써야 할지 모르겠다.	주어진 문제 상황(과제)을 피상적으로 파악하여 진술한다. ※프로젝트를 구상해야 하는 상황과 그에 대한 정보가 부족하다는 두 가지 내용 중 하나만 언급함. 예1) 외래식물을 제거해야 하는 프로젝트를 구상해야 한다. 예2) 어떤 내용을 써야 할지 모르겠다. 예3) 외래식물이 환경에 미치는 부정적인 영향을 조사해야 한다. 예4) 외래식물을 왜 제거해야 하는지 잘 모른다.	문제를 바르게 파악하지 못하거나, 바르게 진술하지 못한다. ※프로젝트를 구상해야 하는 상황과 그에 대한 정보가 부족하다는 내용 중 어느 것도 진술하지 못함. 예1) 외래식물이 많이 서식하고 있다. 예2) 산이나 하천 등지에서 외래식물이 많이 서식하고 있기 때문에 제거작업이 이루어질 것이다.

2) 활동2

; 하위목표로의 분할(selecting a set of lower-order process to solve problem)

; 문제해결과정의 구체화, 전략 선택, 전략 세우기(developing a strategy to combine these components)

2-1. 해야 할 일 찾기

평가준거	상	중	하
학생은 자신이 파악한 문제를 해결하기 위하여 문제를 하위목표로 분할하여 나열할 수 있는가?	환경부 장관에게 제출하기 위한 프로젝트를 구상하기 위해 해야 할 일들을 정확히 파악하고 구체적으로 분할하여 진술한다. ※계획과 자료 조사 및 실행의 세 가지 내용이 모두 진술되어야 함. *바른 순서대로 진술한 경우 가산점 (개조식이 아니라도 상관없음) 예) ① 프로젝트 구상 내용에 대해 생각한다. ② 구상 내용에 대해 조사한다. ③ 논리적이고 설득력 있는 프로젝트 내용을 구상한다.	문제해결을 위해 해야 할 일을 파악하고 진술하나 구체적으로 분할하지 못한다. ※계획과 자료 조사 및 실행 중 두 가지 내용이 진술되어야 함. 예1) 프로젝트 내용을 구상하여 작성한다. 예2) 프로젝트를 구상하기 위해 외래식물의 유입 경로와 환경에 미치는 부정적인 영향에 대해 조사한다.	문제 상황이나 앞 항목의 진술 내용을 재진술한 경우, 또는 관련이 없는 내용을 진술하거나, 모른다는 식의 부정적인 언급을 한다. 아무 진술도 하지 못하거나 주어진 자료의 내용을 반복하거나 횡설수설한다. ※계획과 자료 조사 및 실행 중 한 가지만 포함되거나 세 가지 모두 포함되지 않는다. 예1) 외래식물을 제거한다. 예2) 외래식물 제거를 위해 환경에 미치는 부정적인 영향을 조사해서 알아본다.

2-2. 구체적인 방법 찾기

평가준거	상	중	하
학생은 하위목표의 달성을 위해 각 하위목표의 해결방법을 구체적으로 진술할 수 있는가?	하위목표 각각에 대해 타당하고 다양한 실행방법을 생각해 낸다. 예) ① 프로젝트 구상 내용에 대해 생각한다. → 스스로 생각한다. 친구들과 이야기 해본다. 가족과 상의한다. 전문가에 문의한다 등. ② 쓸 내용에 대해 조사한다. → 인터넷의 자료를 검색해본다. 신문이나 잡지를 찾아본다. 관련서적을 찾아본다 등. ③ 환경부 장관에게 논리적이고 설득력 있는 프로젝트를 제시 → 구상한 프로젝트를 환경부 장관 편으로 우편발송한다. 한글 문서 및 파워포인트 자료를 이메일로 발송하여 직접 설명할 기회를 획득한다 등……	문제해결방법보다는 과정을 진술하거나, 해결방법을 진술하나 구체적이지 못하다. 구체적으로 진술하나 자료 찾는 방법과 외래식물을 제거하는 방안에 대한 것 중 하나에 대한 것만 진술한다. 해야 할 일과 방법을 부분적으로 혼용하고 있다. 또는 제시한 방법 중에 타당하지 못한 방법이 포함되어 있다. 예1) 주어진 정보를 읽고 환경 피해상황을 파악하고 프로젝트를 구상한다. 예2) 인터넷에서 자료를 찾거나 전문가에게 문의하여 외래식물 제거의 방법을 알아낸다.	관련 없는 내용을 진술하거나 무응답, 앞의 항목들을 재진술한다. 해야 할 일과 방법을 명확히 구분하지 못하고 혼용하고 있거나, 타당하지 못한 방법을 제시한다. 예) 외래식물 제거 방법에 대해 조사한다.

3) 활동 3-가, 활동 3-나

; 의사소통력(communication)

평가준거	상	중	하
나의 생각과 다른 친구의 생각에서 같은 점과 다른 점을 구별하고 이를 통합할 수 있는가?	내 생각과 다른 친구의 생각을 구분하여 비교하면서, 같은 점과 다른 점을 구분하고 통합한다. 나의 생각과 친구의 생각을 포함하여 최종적으로 선택된 생각이 다음과 같은 내용이 포함된 **5가지 이상**이다. ·쾌적한 환경 가꾸기에 대한 필요성, 환경오염의 피해상황, 환경보전의 중요성, 외래식물의 유입 경로, 외래식물의 종류 및 피해 범위, 피해 종류, 외래식물의 분포, 외래식물의 유해성, 외래식물의 외관상 긍정적 영향 검토, 외래식불 제거를 위한 획기적인 방법, 가족이 함께 하는 방법…… idea 제안, 가족은 물론 전 세계 지구촌의 행복한 미래를 위해 쾌적한 환경의 필요성을 권한다 등.	내 생각이나 친구의 생각에 대한 구분이 없거나, 통합되어 있지 않다. 나의 생각과 친구의 생각을 포함하여 최종적으로 선택된 생각이 다음과 같은 내용이 포함된 **3~4가지**이다.	공통점이나 다른 점을 모두 기록하지 못한다. 구체적으로 나타내지 못한다. 나의 생각과 친구의 생각을 포함하여 최종적으로 선택된 생각이 다음과 같은 내용이 포함된 **2가지 이하**이다.

활동 3 - 다

; 의사소통력(communication)

평가준거	상	중	하
조사내용과 방법에 대한 역할 분담이 분명하고, 고르게 이루어졌는가?	위에서 합의한 조사내용과 방법이 모두 포함되었으며, 모둠원 간 역할이 고르게 분할되었다.	위에서 합의한 조사내용이 서로 중복되어 있거나 합의하지 않은 내용이 있으며 모둠원 간의 역할이 비교적 고르게 분배되어 있다.	위에서 합의한 조사내용과 방법 등이 빠져 있거나 관계없는 내용, 또는 서로 중복되는 내용이 있으며 모둠원 간의 역할이 고르게 분배되어 있지 않다.

상 - 예)

조사방법	조사내용	조사원
인터넷 조사	외래식물의 종류	송지윤
	외래식물 제거 작업 사례	김경수
전문가 의뢰	알려진 외래식물 제거 방법	이주연
	쾌적한 환경보전의 필요성	김가인
	외래식물의 생육 실태	박동빈
참고도서 조사	외래식물의 유입 경로	백석호
	외래식물의 종류	한정훈
	외래식물의 피해 범위	윤성아

4) 활동4-가

; 관련된 과학 정보의 수집 능력(collecting of informations)

평가준거	상	중	하
자료 조사 방법을 알고 나와 있는 참고자료 중 필요한 내용을 선별하여 요약 정리할 수 있는가?	인터넷이나 백과사전을 이용하여 참고자료를 검색하여 중요한 내용을 바르게 추출하여 진술한다. 예1) 외래식물은 종의 다양성 지수를 낮추어 생태계를 균형을 깨뜨린다. 예2) 돼지풀류나 양미역취는 인체에 알레르기 등의 피해를 끼친다. 예3) 외래식물은 서식지 파괴와 훼손으로 생태적 과정을 교란시킨다. 예4) 시리아수수새, 털빕새귀리, 어저귀 등은 농업 생태계의 소출을 감소시키고, 경제적 손실을 가져온다 등.	참고자료를 검색하여 중요한 내용을 정리하는 데 있어 요약되지 못하고 산만하다. 자료의 출처를 기록하지 않았으며 내용이 요약되지 못하고 산만하다.	필요한 내용을 선별하지 못하고 있는 그대로 모두 기록한다.

활동 4-나

; 관련지식의 선정

잘못된 과학지식을 가지고 있는 것이 발견될 경우, 평가에 반영하지는 않고 올바른 개념을 첨언해 주어서 피드백을 받을 수 있도록 하고, 특기사항에 기록함.

평가준거	상	중	하
앞서 찾아낸 문제의 하위목표 달성을 위해 필요한 자료를 선별할 수 있는가?	주어진 자료로부터 직·간접적으로 외래식물 제거와 관련된 요소에 대해 알아낼 수 있는 정보를 바르게 추출해 내고 평가한다.	주어진 자료로부터 외래식물 제거와 관련된 직접적인 정보만을 얻어낸다.	유용한 정보와 유용하지 않은 정보를 구분하지 않고 모두 선정하여 진술한다. 주어진 자료의 정보 내용을 올바르게 파악하지 못한다.

2) 활동 5

; 관련지식의 도입

※특이하고 창의적인 아이디어를 제안하고 이를 타당하게 진술한 경우, 한 등급 높여줌.

평가준거	상	중	하
선정한 자료를 문제해결을 위해 바르게 도입할 수 있는가?	앞항에서 조사한 자료들과 생태계와의 관련성을 알 수 있으며 외래식물 서식이 계속될 경우에 일어날 수 있는 상황에 대해 바르게 유추한다.	앞항에서 조사한 자료들과 생태계와의 관련성을 타당하게 연결하나 직접적인 정보만을 연결하고 유추를 통한 정보의 해석이 미흡하다.	앞항에서 조사한 자료들과 생태계와의 관련성을 제대로 파악하지 못한다. 선정한 항목의 설명에 있어서도 과학적으로 타당하지 않고 상반된 내용이 있다. 지식과 그 적용이 명확하지 않고 동어 반복이 있다.

6) 활동 6

; 최종결과 종합하기

평가준거	상	중	하
외래식물 제거 프로젝트를 제시해 과학적으로 타당한 합리적인 근거를 들어 설득할 수 있는가?	앞항에서 정리된 생태계와 외래식물과의 관계에 대해 과학적인 근거를 들어 타당하게 설명한다.	앞항에서 정리한 생태계와 외래식물과의 관계에 대해 설명이 미흡하거나 과학적인 근거를 들지 못하여 설득력이 미흡하다.	생태계와 외래식물과의 관련성에 대하여 설명이 부족하거나, 내용이 전체적으로 단순한 지식만 나열되어 있다. 내용이 과학적으로 타당하지 않다.

7) 활동 7

; 문제해결결과 평가하기(반성적 사고)

평가준거	상	중	하
초기 문제의 조건, 계획, 과정 등을 기준으로 문제해결의 결과를 분석적으로 평가하여 새로운 문제점을 지적하고 해결점을 찾아낼 수 있는가?	문제해결의 결과를 초기의 문제진술과 비교하면서 분석적으로 평가하며, 새로운 문제점을 지적하고 해결점을 찾아낸다.	문제의 결과를 초기 문제진술과 직접 비교하지는 않았지만 결과에 대해 초기 문제와 관련하여 구체적인 문제점을 지적한다.	문제의 결과에 대해 성공 여부만을 평가하여 만족, 또는 불만을 표시한다. 구체적인 지적을 하지 못하고 포괄적인 내용을 진술한다.

8) 자기평가 서술

평가준거	상	중	하
자신의 수행 결과에 대해 돌이켜 생각하고 문제점을 지적할 수 있는가?	깊은 사고를 통한 자신의 모습을 구체적으로 돌이켜 반성함. 특정 활동에서 이유를 제시하여 스스로를 평가함.	표면적인 모습에 대해서만 돌이켜 생각함. 자신의 구체적인 수행과정에 대해 돌이켜 생각함.	문제의 결과에 대해 성공 여부만을 평가하여 만족하거나 불만을 표시함. 자신의 수행 결과에 대해 만족, 혹은 불만족을 진술함.

9) 동료평가

-가장 열심히 한 친구로 다수에게 추천받아 선정된 경우 2점 추가.

-1명 이상에게 추천받아 선정된 경우에는 1점 추가(위 항과 중복되지 않음).

【104 학생용 활동지】

외래식물 제거 프로젝트

지윤이는 주말을 맞아 가족과 함께 전라도 영암 월출산 산행을 하게 되었습니다. 산행 하단부에서 땀을 뻘뻘 흘리며 작업하시는 분들을 만날 수 있었습니다. 이 분들은 월출산 국립공원관리공단 직원들로, 최근 2달여 동안에 걸쳐 외래식물인 돼지풀 1만 4천 100여 개체를 제거했다고 하셨습니다.

양재천

돼지풀

환삼넝쿨

미국자리공

지윤이는 산행을 다녀와서 돼지풀과 같은 외래식물에 대해 조사해 보고, 왜 보기에 좋은 외래식물에 대해 대대적인 제거작업을 행하는지 알고 싶었습니다. 조사를 통해 외래식물은 외국에서 인위적, 자연적으로 유입되어 생태계 균형에 교란을 가져오거나 가져 올 우려가 있는 야생식물임을 알게 되었습니다. 그리고 월출산뿐만 아니라, 지난 해에는 양재천의 환경을 정화해 주는 갈대숲이 외래식물인 환삼넝쿨로 인해 사라지게 되자, 이에 대한 제거 작업이 이루어졌고, 서울 숲과 청계천 하류, 남산 등지에도 알레르기를 유발하는 외래식물이 서식하고 있음이 보고된 바 있었습니다.

지윤이는 외래식물의 영향에 대해 조사하여 환경부 장관에게 제출할 지윤이의 외래식물 제거 프로젝트를 구상하고자 합니다.

여러분, 모두가 합심하여 지윤이가 우리나라의 환경정화를 위해 외래식물 제거 프로젝트를 환경부 장관에게 제출하여 프로젝트가 성공적으로 시행될 수 있도록 함께 도와줍시다.

○○초등학교 6학년   반   번 이름(   )

〈**활동 1**〉 지윤이가 처한 상황은 무엇입니까?

____

____

____

____

〈**활동2**〉 위의 고민을 해결하기 위해서 지윤이는 무슨 일들을 해야 할까요?
해야 할 일을 순서대로 적고, 각각에 대해 구체적인 방법을 적어 봅시다.

해야 할 일	구체적인 방법
①	① ② · · ·
②	① ② · · ·
③	① ② · · ·
· · ·	

〈활동 3〉 마인드맵 만들기.

〈활동 3 - 가〉 프로젝트에 어떤 내용을 써야 할지 자신의 생각을 아래에 마인드맵에 그려 넣어 봅시다.

〈활동 3 - 나〉 활동 3－가에서 작성한 마인드맵을 모둠 친구들과 서로 비교하고 다른 친구들의 생각을 알아보세요. 친구의 생각과 내 생각에 같은 점이 있나요? 또 다른 점은 무엇인가요?

서로의 생각을 함께 나누어 보고 내가 미처 생각하지 못하였던 점이나 새롭게 떠오른 생각을 보태어 마인드맵을 완성해 보세요.

내가 미처 생각하지 못했던 다른 친구들의 생각을 나의 마인드맵에 덧붙여 그리고, 친구의 생각은 밑줄을 긋습니다. 내 생각 중 친구들과 이야기하여 제외된 것은 지우개로 지우지 말고 글자 위에 'Ⅴ'를 합니다. 최종적으로 결정된 생각에 'O'표를 합니다.

외 래 식 물　제 거

프 로 젝 트

〈활동 3 - 다〉 프로젝트 구상 내용을 결정했으면 인터넷으로 조사해 봅시다.
누가 무엇을 조사할지에 대해 모둠의 친구들과 함께 생각해서 적어 봅시다.

조사할 내용	조사할 사람

〈활동 4 - 가〉 각자 조사한 내용을 아래에 기록해 봅시다.

나의 조사내용 기록하기

나는 ＿＿＿＿＿＿＿＿＿＿＿＿＿＿＿＿＿＿＿＿＿ 에 대해 조사했어요.

◎ 조사한 자료의 출처 :

◎ 조사내용

〈활동 4 - 나〉 조사한 자료를 모아서 살펴보고 각 자료의 중요성과 이 자료의 내용을 프로젝트에 선택할지, 안 할지를 O 또는 X로 표시합시다.

(★★★★★: 매우 중요함　★★★☆☆ : 중요함　★☆☆☆☆: 보통임)

자료 출처	조사내용	조사한 사람	중요성	자료의 선택
			☆☆☆☆☆	
			☆☆☆☆☆	
			☆☆☆☆☆	
			☆☆☆☆☆	

〈**활동 5**〉 자, 이제 모둠에서 조사하여 선택한 자료를 토대로 지윤이의 프로젝트 구상에 도움을 주려고 합니다. 보다 설득력 있게 하려면 어떤 내용에 근거해서 제시하는 것이 좋을까요? 자신의 생각을 써 보세요.

생태계는 ____ 합니다.

그래서 외래식물을 제거하지 않으면 ________________________________

____ 하게 됩니다.

생태계는 ____ 합니다.

그래서 외래식물을 제거하지 않으면 ________________________________

____ 하게 됩니다.

생태계____ 합니다.

그래서 외래식물을 제거하지 않으면 ________________________________

____ 하게 됩니다.

생태계는____ 합니다.

그래서 외래식물을 제거하지 않으면 ________________________________

____ 하게 됩니다.

생태계는____ 합니다.

그래서 외래식물을 제거하지 않으면 ________________________________

____ 하게 됩니다.

생태계는 ____합니다.

그래서 외래식물을 제거하지 않으면 ________________________________

____ 하게 됩니다.

생태계는 ____ 합니다.

그래서 외래식물을 제거하지 않으면 ________________________________

____ 하게 됩니다.

생태계는 ____ 합니다.

그래서 외래식물을 제거하지 않으면 ________________________________

____ 하게 됩니다.

생태계는 ____ 합니다.

그래서 외래식물을 제거하지 않으면 _________________________________

____ 하게 됩니다.

생태계는 ____ 합니다.

그래서 외래식물을 제거하지 않으면 _________________________________

____ 하게 됩니다.

〈**활동 6**〉 활동 5에서 정리한 내용을 바탕으로 내가 지윤이가 되어 아름다운 우리나라를 가꾸기 위한 외래식물 제거 프로젝트를 구상하여 봅시다.

(나만의 자유로운 방식으로 멋지게 구상해 보세요.^0^)

〈**활동 7**〉 그동안 지윤이의 외래식물 프로젝트 구상을 위해 여러분은 많은 노력을 하였습니다. 나의 프로젝트를 보고 과연 환경부 장관을 설득시키는 데 성공할 수 있을까요? 자기 스스로 평가하여 봅시다.

척도표	나의 평가
♥♥♥♥♥: 외래식물 제거 성공! ♥♥♥♡♡: 당분간 제거되었다가 다시 원래대로 회복되어 피해를 입을 것 같아요. ♥♡♡♡♡: 외래식물 제거가 힘들어요.	♡♡♡♡♡

☞ 만약 내가 구상한 프로젝트가 환경부 장관에게 통과되기에 조금 부족하다고 생각했다면 그 이유는 무엇인가요?

____

____

____

____

____

그러면 환경부 장관에게 프로젝트가 통과될 수 있도록 보완해야 할 점을 아래에 써 봅시다(직접 구상하거나, 보충할 내용을 간단하게 요약하세요).

____

____

____

____

____

♣ 지금까지 친구들과 함께 지윤이를 도와서 외래식물 제거 프로젝트를 구상해 보았습니다. 나는 오늘 수업 시간에 어떠하였나요? 아래 표의 생각해 볼 내용을 읽고 자신이 어떠하였는지 스스로 평가하고, 자신에게 하고 싶은 말을 적어 보세요.

생각해 볼 내용	나는 어떠했나요? ★★★★★ – 아주 잘했어요 ★★★★☆ – 잘했어요 ★★★☆☆ – 보통 ★★☆☆☆ – 조금 부족해요 ★☆☆☆☆ – 많이 부족해요
즐겁게 참여했어요.	☆☆☆☆☆
열심히 노력했어요.	☆☆☆☆☆
많은 생각을 이야기했어요.	☆☆☆☆☆
설득력 있는 근거를 제시하는 데 큰 역할을 했어요.	☆☆☆☆☆
( )야, 너의 이런 점을 칭찬해주고 싶어.	
( )야, 이런 점은 좀 고쳤으면 해.	

♣ 우리 모둠의 친구들이 얼마나 열심히 활동했나요?

생각해 볼 내용	친구 이름			
즐겁게 참여했어요.	☆ ☆ ☆ ☆ ☆	☆ ☆ ☆ ☆ ☆	☆ ☆ ☆ ☆ ☆	☆ ☆ ☆ ☆ ☆
열심히 노력했어요.	☆ ☆ ☆ ☆ ☆	☆ ☆ ☆ ☆ ☆	☆ ☆ ☆ ☆ ☆	☆ ☆ ☆ ☆ ☆
많은 생각을 이야기했어요.	☆ ☆ ☆ ☆ ☆	☆ ☆ ☆ ☆ ☆	☆ ☆ ☆ ☆ ☆	☆ ☆ ☆ ☆ ☆
설득력 있는 근거를 제시하는 데 큰 역할을 했어요.	☆ ☆ ☆ ☆ ☆	☆ ☆ ☆ ☆ ☆	☆ ☆ ☆ ☆ ☆	☆ ☆ ☆ ☆ ☆
수업 시간 중 우리 모둠에서 가장 열심히 하거나 잘 활동한 친구를 한 사람 골라 이름을 쓰고 칭찬해 주세요.	친구 이름 : 칭찬해 주고 싶은 점 :			

【105 교사용 안내서】

1. 관련 단원: 6학년 1학기 3. 우리 몸의 생김새

2. 개 요

초등학교 학생들의 관심사를 알아보면 의외로 자기 자신에 대한 신체적인 변화와 성장과 관련한 것에 많은 흥미와 관심을 가지는 것을 볼 수 있다. 그러한 관심은 학생뿐만 아니라 학부모에게도 많은 관심과 걱정거리가 되기도 한다.

이 수행평가에서 학생들은 자신의 관심과 흥미를 문제화하여 조사, 토의, 탐방 등의 탐구과정을 통해 성장에 영향을 주는 요인을 알아보고 자신의 생활습관과 건강의 중요성을 인식하는 데 목적이 있다.

평가 영역으로 과학지식의 적용력과 과학태도, 과학탐구의 추론 능력 외에 창의적 사고력과 반성적 사고력, 의사소통력이 평가되도록 구성하였다. 키가 작아 고민인 규빈이를 도와주기 위한 '키 크기 계획표'를 만드는 수행과정이다.

3. 평가목표

(1) 주어진 상황을 이해하고 문제를 해결할 수 있는가?(과학지식의 적용력)

(2) 과학적으로 타당하면서도, 창의적이며 유연한 생각을 할 수 있는가?
   (창의적 사고력)

(3) 다른 친구에게 자신의 생각을 이해시키고 친구의 생각을 바르게 이해할 수 있는가?(의사소통력)

(4) 자신의 수행과정과 결과에 대해 돌이켜 생각할 수 있는가?(반성적 사고력)

(5) 무궁무진한 정보의 바다에서 정해진 시간 내에 문제해결을 위한 최적의 과학 정보를 찾아낼 수 있는가?(과학 정보 수집력)

4. 평가내용과 척도표

(1) 모든 항목에서 과학적으로 타당하면서 창의적인 아이디어를 제시한 답안에 대한 창의적 사고에 대해 가산점 2점 추가.

(2) 글로 표현한 내용이 미숙하고 제대로 표현되지 못했더라도 그렇게 아동이 표현하게 된 정황을 고려하여 채점.

1) 활동 1

; 문제 상황의 확인, 문제 발견하기(recognizing the existence of a problem)

; 문제의 표상, 문제를 진술하기, 문제를 표현하기(deciding on the nature of the problem)

평가준거	상	중	하
학생은 처한 상황 속에서 그들이 해결해야 할 문제를 발견하고 바르게 진술할 수 있는가?	주어진 문제 상황(과제)과 문제해결이 어려운 점을 파악하여 문제 상황 속에서 진술한다. ※계획표를 만들어야 하는 상황과 그에 대한 정보가 부족하다는 두 가지 내용이 모두 포함되어야 함. 예) 규빈이의 키 크는 꿈이 이루어질 수 있도록 설득력 있는 계획표를 만들고, 그에 대한 정보가 부족해서 어떤 내용을 어떻게 계획표에 넣어야 할지 고민이다.	주어진 문제 상황(과제)을 피상적으로 파악하여 진술한다. ※계획표를 만들어야 하는 상황과 그에 대한 정보가 부족하다는 두 가지 내용 중 하나만 언급함. 예1) 규빈이를 위한 키 크기 계획표를 만들어야 한다. 예2) 어떤 내용을 써야 할지 모르겠다. 예3) 키 크는 데 도움이 되는 점을 조사해야 한다.	문제를 바르게 파악하지 못하거나, 바르게 진술하지 못한다. ※계획표를 만들어야 하는 상황과 그에 대한 정보가 부족하다는 내용 중 어느 것도 진술하지 못함. 예1) 규빈이는 키가 작다. 예2) 규빈이는 키가 작아 고민이다.

2) 활동2

; 하위목표로의 분할(selecting a set of lower-order process to solve problem)

; 문제해결과정의 구체화, 전략 선택, 전략 세우기(developing a strategy to combine these components)

2-1. 해야 할 일 찾기

평가준거	상	중	하
학생은 자신이 파악한 문제를 해결하기 위하여 문제를 하위목표로 분할하여 나열할 수 있는가?	키 크기 계획표를 만들기 위해 해야 할 일들을 정확히 파악하고 구체적으로 분할하여 진술한다. ※계획과 자료 조사 및 실행의 세 가지 내용이 모두 진술되어야 함. *바른 순서대로 진술한 경우 가산점(개조식이 아니라도 상관없음) 예) ① 계획표에 들어가야 할 내용에 대해 생각한다. ② 쓸 내용에 대해 조사한다. ③ 규빈이가 잘 지킬 수 있도록 논리적이고 설득력 있는 계획표를 만든다.	문제해결을 위해 해야 할 일을 파악하고 진술하나 구체적으로 분할하지 못한다. ※계획과 자료 조사 및 실행 중 두 가지 내용이 진술되어야 함. 예1) 쓸 내용을 생각하여 규빈이에게 계획표를 만들어 준다. 예2) 규빈이에게 계획표를 만들어 주기 위해 키 크는 데 도움이 되는 점을 조사한다.	문제 상황이나 앞 항목의 진술 내용을 재진술한 경우, 또는 관련이 없는 내용을 진술하거나, 모른다는 식의 부정적인 언급을 한다. 아무 진술도 하지 못하거나 주어진 자료의 내용을 반복하거나 횡설수설한다. ※계획과 자료 조사 및 실행 중 한 가지만 포함되거나 세 가지 모두 포함되지 않는다. 예1) 규빈이는 유전적으로 키가 작다. 예2) 규빈이가 키 클 수 있도록 도와주고 싶다.

2-2. 구체적인 방법 찾기

평가준거	상	중	하
학생은 하위목표의 달성을 위해 각 하위목표의 해결방법을 구체적으로 진술할 수 있는가?	하위목표 각각에 대해 타당하고 다양한 실행 방법을 생각해 낸다. 예) ① 계획표에 들어갈 내용에 대해 생각한다. → 스스로 생각한다. 친구들과 이야기해본다. 엄마께 여쭈어보고 함께 상의한다 등. ② 쓸 내용에 대해 조사한다. → 인터넷의 자료를 검색해본다. 신문이나 잡지를 찾아본다. 관련서적을 찾아본다 등.	문제해결방법보다는 과정을 진술하거나, 해결방법을 진술하나 구체적이지 못하다. 구체적으로 진술하나 자료 찾는 방법과 계획표를 실천하는 방안에 대한 것 중 하나에 대한 것만 진술한다. 예1) 주어진 정보를 읽고 규빈이의 상황을 파악하고 계획표를 만든다. 예2) 인터넷에서 자료를 찾거나 주변의 어른들에게 여쭈어보고 키 크는 방법을 알아낸다.	관련 없는 내용을 진술하거나 무응답, 앞의 항목들을 재진술한다. 해야 할 일과 방법을 명확히 구분하지 못하고 혼용하고 있거나, 타당하지 못한 방법을 제시한다. 예) 키 크는 방법에 대해 조사한다.

3) 활동 3-가, 활동 3-나

; 의사소통력(communication)

평가준거	상	중	하
나의 생각과 다른 친구의 생각에서 같은 점과 다른 점을 구별하고 이를 통합할 수 있는가?	내 생각과 다른 친구의 생각을 구분하여 비교하면서, 같은 점과 다른 점을 구분하고 통합한다. 나의 생각과 친구의 생각을 포함하여 최종적으로 선택된 생각이 다음과 같은 내용이 포함된 5가지 이상이다. ·친구에 대한 마음, 성장과 관련된 우리 몸의 기관, 영양과 성장과의 관계, 운동과 성장과의 관계, 성장제(약), 성장클리닉(병원), 운동기구, 성장에 해가 되는 음식, 가족이 함께 하는 방법, 새로운 아이디어 제안 등.	내 생각이나 친구의 생각에 대한 구분이 없거나, 통합되어 있지 않다. 나의 생각과 친구의 생각을 포함하여 최종적으로 선택된 생각이 다음과 같은 내용이 포함된 3-4가지이다.	공통점이나 다른 점을 모두 기록하지 못한다. 구체적으로 나타내지 못한다. 나의 생각과 친구의 생각을 포함하여 최종적으로 선택된 생각이 다음과 같은 내용이 포함된 2가지 이하이다.

활동 3-다

; 의사소통력(communication)

평가준거	상	중	하
조사내용과 방법에 대한 역할 분담이 분명하고, 고르게 이루어졌는가?	위에서 합의한 조사내용과 방법이 모두 포함되었으며, 모둠원 간 역할이 고르게 분할되었다. 예)	위에서 합의한 조사내용이 서로 중복되어 있거나 합의하지 않은 내용이 있으며 모둠원 간의 역할이 비교적 고르게 분배되어 있다.	위에서 합의한 조사내용과 방법 등이 빠져 있거나 관계없는 내용, 또는 서로 중복되는 내용이 있으며 모둠원 간의 역할이 고르게 분배되어 있지 않다.

상 - 예)

조사방법	조사내용	조사원
인터넷 조사	영양과 성장과의 관계	박지연
	성장에 해가 되는 음식	김성령
	성장클리닉에서 하는 프로그램	정문조
	.	김하빈
참고도서 조사	운동과 성장과의 관계	김주원
	.	.
	.	.

4) 활동 4-가

; 관련된 과학 정보의 수집 능력(collecting of informations)

평가준거	상	중	하
자료 조사 방법을 알고 나와 있는 참고 자료 중 필요한 내용을 선별하여 요약 정리할 수 있는가?	인터넷이나 백과사전을 이용하여 참고자료를 검색하여 중요한 내용을 바르게 추출하여 진술한다. 예1) 키 크는 시기가 정해져 있다.(사춘기 2년 이내) 예2) 성장판이 열려 있어야 키 크는 것이 가능하다. 예3) 성장에 필요한 영양소(칼슘, 단백질, 무기질, 비타민, 당질식품, 지방식품)를 가진 식품이 있다.	참고자료를 검색하여 중요한 내용을 정리하는 데 있어 요약되지 못하고 산만하다. 자료의 출처를 기록하지 않았으며 내용이 요약되지 못하고 산만하다.	필요한 내용을 선별하지 못하고 있는 그대로 모두 기록한다.

활동 4-나

; 관련지식의 선정

잘못된 과학지식을 가지고 있는 것이 발견될 경우, 평가에 반영하지는 않고 올바른 개념을 첨언해 주어서 피드백을 받을 수 있도록 하고, 특기사항에 기록함.

평가준거	상	중	하
앞서 찾아낸 문제의 하위목표 달성을 위해 필요한 자료를 선별할 수 있는가?	주어진 자료로부터 직·간접적으로 키 크기(성장) 관련된 요소에 대해 알아낼 수 있는 정보를 바르게 추출해 내고 평가한다.	주어진 자료로부터 키 크기(성장)와 관련된 직접적인 정보만을 얻어낸다.	유용한 정보와 유용하지 않은 정보를 구분하지 않고 모두 선정하여 진술한다. 주어진 자료의 정보 내용을 올바르게 파악하지 못한다.

5) 활동 5

; 관련지식의 도입

※특이하고 창의적인 아이디어를 제안하고 이를 타당하게 진술한 경우, 한 등급 높여줌.

평가준거	상	중	하
선정한 자료를 문제해결을 위해 바르게 도입할 수 있는가?	앞항에서 조사한 자료들과 키 크기(성장)의 관련성을 알 수 있으며 불균형한 영양과 운동부족 등이 계속될 경우에 일어날 수 있는 상황에 대해 바르게 유추한다.	앞항에서 조사한 자료들과 키 크기(성장)의 관련성을 타당하게 연결하나 직접적인 정보만을 연결하고 유추를 통한 정보의 해석이 미흡하다.	앞항에서 조사한 자료들과 키 크기(성장)의 관련성을 제대로 파악하지 못한다. 선정한 항목의 설명에 있어서도 과학적으로 타당하지 않고 상반된 내용이 있다.

6) 활동 6

; 최종결과 종합하기

평가준거	상	중	하
'키 크기 계획표'가 과학적으로 타당한 합리적인 근거를 들어 설득할 수 있는가?	앞항에서 정리된 키 크기(성장)에 영향을 주는 요소들에 대해 과학적인 근거를 들어 타당하게 설명한다.	앞항에서 정리한 키 크기(성장)에 영향을 주는 요소들에 대해 설명이 미흡하거나 과학적인 근거를 들지 못하여 설득력이 미흡하다.	키 크기(성장)에 영향을 주는 요소들에 대한 설명이 부족하거나, 내용이 전체적으로 단순한 지식만 나열되어 있다. 내용이 과학적으로 타당하지 않다.

7) 활동 7

; 문제해결결과 평가하기(반성적 사고)

평가준거	상	중	하
초기 문제의 조건, 계획, 과정 등을 기준으로 문제해결의 결과를 분석적으로 평가하여 새로운 문제점을 지적하고 해결점을 찾아낼 수 있는가?	문제해결의 결과를 초기의 문제진술과 비교하면서 분석적으로 평가하며, 새로운 문제점을 지적하고 해결점을 찾아낸다.	문제의 결과를 초기 문제진술과 직접 비교하지는 않았지만 결과에 대해 초기 문제와 관련하여 구체적인 문제점을 지적한다.	문제의 결과에 대해 성공 여부만을 평가하여 만족, 또는 불만을 표시한다. 구체적인 지적을 하지 못하고 포괄적인 내용을 진술한다.

8) 자기평가 서술

평가준거	상	중	하
자신의 수행 결과에 대해 돌이켜 생각하고 문제점을 지적할 수 있는가?	깊은 사고를 통한 자신의 모습을 구체적으로 돌이켜 반성함. 특정 활동에서 이유를 제시하여 스스로를 평가함.	표면적인 모습에 대해서만 돌이켜 생각함. 자신의 구체적인 수행과정에 대해 돌이켜 생각함.	문제의 결과에 대해 성공 여부만을 평가하여 만족하거나 불만을 표시함. 자신의 수행 결과에 대해 만족, 혹은 불만족을 진술함.

9) 동료평가

가장 열심히 한 친구로 선정된 경우 1점 추가

【104 교사용 안내서】

규빈이의 꿈

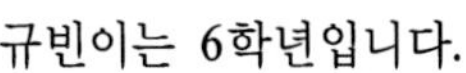

규빈이는 6학년입니다.

반에서 남자아이들 중에 가장 작지요.

며칠 전, 체격검사를 했는데 규빈이는 키 140cm, 몸무게 30kg라고 합니다. 규빈이 반에서 제일 키가 큰 아이는 157.5cm라고 해요. 키도 작은데 몸이 말라서 더 작아 보입니다.

규빈이는 운동장 조회나 체험활동을 할 때면 제일 앞에 섭니다. 교실에서도 뒷자리에 앉으면 앞에 있는 친구 때문에 잘 보이지 않아요. 지난 소풍에는 놀이기구를 타러 갔는데, 키가 작아 어떤 놀이기구는 탈 수가 없대요. 다른 친구들이 타는 것만 구경하고 있었죠.

요즘 들어 '나는 왜 이렇게 작지? 다른 친구들은 쑥쑥 자라는 것 같은데……' 하는 걱정 때문에 공부에도 자신이 없어집니다.

여러분! 우리 친구 규빈이가 쑥쑥 자랄 수 있도록 도와줄까요? 여러분 중에도 키가 작아 고민이라면 이번 기회에 '키 크기 계획표'를 짜서 실천해 봅시다. 규빈이를 도와주세요.

○○초등학교 6학년   반   번 이름(   )

〈**활동 1**〉 규빈이가 처한 상황은 무엇입니까?

____

____

____

____

〈**활동 2**〉 위의 고민을 해결하기 위해서 규빈이는 무슨 일들을 해야 할까요? 해야 할 일을 순서대로 적고, 각각에 대해 구체적인 방법을 적어 봅시다.

해야 할 일	구체적인 방법
①	① ② · · ·
②	① ② · · ·
③	① ② · · ·
· · ·	

〈**활동 3**〉 마인드맵 만들기.

〈**활동 3 - 가**〉 '키 크기 계획표'에 어떤 내용을 써야 할지 자신의 생각을 아래에 마인드맵에 그려 넣어 봅시다.

〈**활동 3 - 나**〉 활동 3 - 가에서 작성한 마인드맵을 모둠의 친구들과 서로 비교하고 다른 친구들의 생각을 알아보세요. 친구의 생각과 내 생각에 같은 점이 있나요? 또 다른 점은 무엇인가요?

서로의 생각을 함께 나누어 보고 내가 미처 생각하지 못하였던 점이나 새롭게 떠오른 생각을 보태어 마인드맵을 완성해 보세요.

내가 미처 생각하지 못했던 다른 친구들의 생각을 나의 마인드맵에 덧붙여 그리고, 친구의 생각은 밑줄을 긋습니다. 내 생각 중 친구들과 이야기하여 제외된 것은 지우개로 지우지 말고 글자 위에 'V'를 합니다. 최종적으로 결정된 생각에 'O'표를 합니다.

키 크 기 계 획 표

〈**활동 3 - 다**〉 계획표에 쓸 내용을 결정했으면 인터넷으로 조사해 봅시다.

누가 무엇을 조사할지에 대해 모둠의 친구들과 함께 생각해서 적어 봅시다.

조사할 내용	조사할 사람

〈**활동 4 - 가**〉 각자 조사한 내용을 아래에 기록해 봅시다.

나의 조사내용 기록하기

나는 ＿＿＿＿＿＿＿＿＿＿＿＿＿＿＿＿＿＿＿ 에 대해 조사했어요.

◎ 조사한 자료의 출처 :

◎ 조사내용

〈**활동 4 - 나**〉 조사한 자료를 모아서 살펴보고 각 자료의 중요성과 이 자료의 내용을 편지에 선택할지, 안 할지를 O 또는 X로 표시합시다.(**★★★★★: 매우 중요함 ★★★☆☆: 중요함 ★☆☆☆☆: 보통임**)

자료 출처	조사내용	조사한 사람	중요성	자료의 선택
			☆☆☆☆☆	
			☆☆☆☆☆	
			☆☆☆☆☆	
			☆☆☆☆☆	

〈**활동 5**〉 자, 이제 모둠에서 조사하여 선택한 자료를 토대로 규빈이가 쑥쑥 자랄 수 있도록 계획표를 짜려고 합니다. 규빈이가 잘 실천할 수 있도록 설득력 있게 타당한 근거를 들어 봅시다.

키 크기 위해서는 _______________________________ 이 필요합니다.
그래서 _______________________________________
_______________________________________ 해야 합니다.

키 크기 위해서는 _______________________________ 이 필요합니다.
그래서 _______________________________________
_______________________________________ 해야 합니다.

키 크기 위해서는 _______________________________ 이 필요합니다.
그래서 _______________________________________
_______________________________________ 해야 합니다.

키 크기 위해서는 _______________________________ 이 필요합니다.
그래서 _______________________________________
_______________________________________ 해야 합니다.

키 크기 위해서는 _______________________________ 이 필요합니다.
그래서 _______________________________________
_______________________________________ 해야 합니다.

키 크기 위해서는 _______________________________ 이 필요합니다.
그래서 _______________________________________
_______________________________________ 해야 합니다.

〈**활동 6**〉 활동 5에서 정리한 내용을 바탕으로 규빈이의 '키 크기 계획표'를 만들어 봅시다.

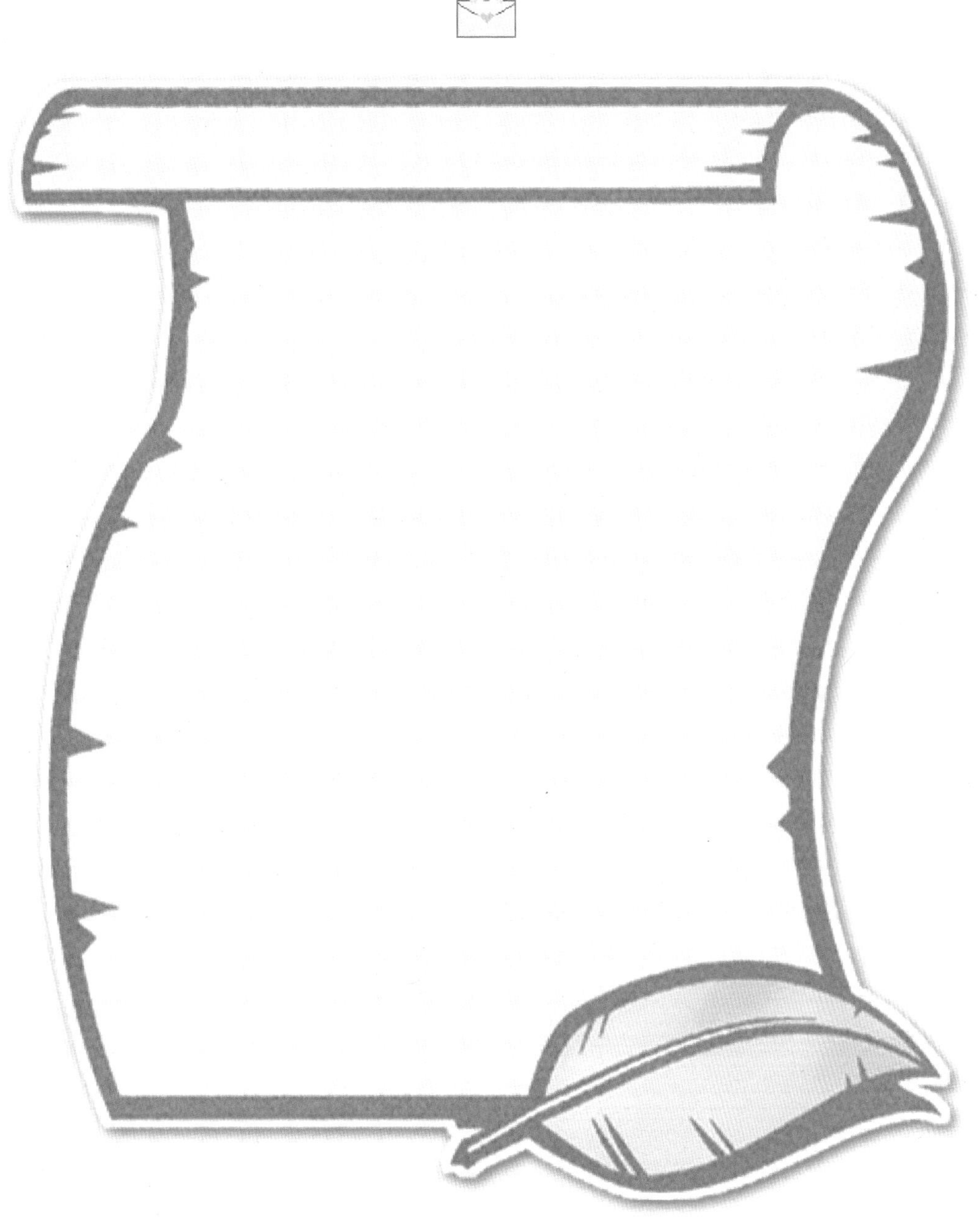

〈**활동 7**〉 그동안 규빈이를 도와주기 위해 여러분은 많은 노력을 하였습니다. 과연 규빈이는 키 크는 데 성공할 수 있을까요? 자기 스스로 평가하여 봅시다.

척도표	나의 평가
♥♥♥♥♥: 키 크기 5cm 이상 성공! ♥♥♥♡♡: 키 크기 1–5cm ♥♡♡♡♡: 지금과 똑같음	♡♡♡♡♡

☞ 만약 내가 만든 계획표에 조금 부족한 점이 있다고 생각했다면 그 이유는 무엇인가요?

____

____

____

____

____

____

그러면 규빈이가 쑥쑥 자랄 수 있도록 보완해야 할 점을 아래에 써 봅시다(보충할 내용을 간단하게 요약하세요).

____

____

____

____

____

____

♣ 지금까지 친구들과 함께 규빈이를 도와서 '키 크기 계획표'를 만들어보았습니다. 나는 오늘 수업시간에 어떠하였나요? 아래 표의 생각해 볼 내용을 읽고 자신이 어떠하였는지 스스로 평가하고, 자신에게 하고 싶은 말을 적어 보세요.

생각해 볼 내용	나는 어떠했나요? (★★★★★ – 아주 잘했어요 ★★★★☆ – 잘했어요 ★★★☆☆ – 보통 ★★☆☆☆ – 조금 부족해요 ★☆☆☆☆ – 많이 부족해요)
즐겁게 참여했어요.	☆☆☆☆☆
열심히 노력했어요.	☆☆☆☆☆
많은 생각을 이야기했어요.	☆☆☆☆☆
설득력 있는 근거를 제시하는 데 큰 역할을 했어요.	☆☆☆☆☆
( )야, 너의 이런 점을 칭찬해주고 싶어.	
( )야, 이런 점은 좀 고쳤으면 해.	

♣ 우리 모둠의 친구들이 얼마나 열심히 활동했나요?

생각해 볼 내용	친구 이름			
즐겁게 참여했어요.	☆ ☆ ☆ ☆ ☆	☆ ☆ ☆ ☆ ☆	☆ ☆ ☆ ☆ ☆	☆ ☆ ☆ ☆ ☆
열심히 노력했어요.	☆ ☆ ☆ ☆ ☆	☆ ☆ ☆ ☆ ☆	☆ ☆ ☆ ☆ ☆	☆ ☆ ☆ ☆ ☆
많은 생각을 이야기 했어요.	☆ ☆ ☆ ☆ ☆	☆ ☆ ☆ ☆ ☆	☆ ☆ ☆ ☆ ☆	☆ ☆ ☆ ☆ ☆
설득력 있는 근거를 제시하는 데 큰 역할을 했어요.	☆ ☆ ☆ ☆ ☆	☆ ☆ ☆ ☆ ☆	☆ ☆ ☆ ☆ ☆	☆ ☆ ☆ ☆ ☆
수업시간 중 우리 모둠에서 가장 열심히 하거나 잘 활동한 친구를 한 사람 골라 이름을 쓰고 칭찬해 주세요.	친구 이름 : 칭찬해 주고 싶은 점 :			

106 색한지는 왜 한쪽 방향으로만 잘 찢어질까?

【106 교사용 안내서】

1. 탐구문제

혜원이는 미술시간에 색한지로 찢어 붙여 만들기를 하고 있었다. 그런데 열심히 스케치를 해서 원하는 모양대로 찢어 붙이려고 하는데 어느 방향으로는 잘 찢어지는데 다른 쪽 방향으로는 잘 찢어지지 않는 것이었다. 우연히 잘 안 찢어진 것이겠지 생각하고 다시 새로운 색한지를 찢어보았는데 여전히 어느 한쪽 방향으로만 잘 찢어지는 것이었다. 그래서 색종이를 찢어보았더니 아무런 어려움 없이 양쪽방향 모두 잘 찢어지는 것이었다. '왜 색한지는 이럴까?' 하는 의문이 생겨서 이에 대해 탐구해 보기로 하였다.

2. 탐구문제 설정의 개요

종이가 없었다면 인류 역사는 지금과는 달랐을 것이라고 한다. 인간의 예술, 사상, 문학 등이 모두 종이에 기록되어 왔으며 최초의 종이라고 하는 파피루스 이후 종이는 많은 발전을 해 왔고 인류 문화 발전에 소중한 역할을 해 왔다.

우리나라의 전통지인 한지는 세계에서 가장 우수한 종이로 빛을 발한다. 1000년의 세월을 견뎌내고도 변하지 않는 제조기술과 옻을 입힌 몇 겹의 한지로 만든 갑옷은 화살도 뚫지 못한다는 강도를 지니고 있다.

본 수업에서는

1) 한지의 역사에 대해 알아보고 한지에 대해 궁금한 점을 스스로 탐색해 보고자 한다.

2) 색한지가 왜 한쪽 방향으로만 잘 찢어지는가에 대한 궁금증을 풀어보는 실험설계를 하고 다양한 실험을 통해 그 이유를 찾아내고자 한다.

3) 생활 속에서 널리 쓰이는 종이에 대해 알아보고, 재생종이의 제작활동을 통해 재활용품의 가치에 대해 새로운 인식을 가질 수 있도록 하고자 한다.

3. 탐구문제 평가목표

※ 평가목표

(1) 주어진 상황을 이해하고 문제를 해결할 수 있는가?(과학지식의 적용력)

(2) 과학적으로 타당하면서도, 독특하고 유연한 생각을 할 수 있는가?(창의적 사고력)

(3) 다른 친구에게 자신의 생각을 이해시키고 친구의 생각을 바르게 이해할 수 있는가?(의사소통력)

(4) 자신의 수행과정과 결과에 대해 돌이켜 생각할 수 있는가?(반성적 사고력)

▷▷▶ 우리들의 탐구 발표

영　역	주제 탐구 학습
활동목표	탐구내용 및 결과를 여러 사람 앞에서 발표할 수 있다. 탐구과정에 대하여 상호평가를 할 수 있다.

활동과정	활 동 내 용	자료 및 유의점
생각열기 활동하기 나오기	▣ 주제 탐구학습의 즐거웠던 점, 힘들었던 점 이야기하기 ▣ 본시 학습 목표 확인 ♧ 탐구보고서의 내용을 발표하고, 각 모둠의 탐구과정에 대한 평가를 해 봅시다. ▣ 발표 순서 정하기 　－주제별로 순서를 뽑아 순서를 정하기 　－발표자료를 발표할 때에 모둠 구성원들의 역할에 대해 이야기하기 ▣ 보고서 발표 및 질의응답 　－모둠별로 발표자 나와서 발표하기 　－궁금한 것이 있거나 의견이 있는 사람 질의 응답하기 ▣ 주제 탐구 전 과정에 대한 평가 ▣ 탐구과정에 대한 각자의 소감 또는 모둠별 소감에 대해 발표 　－어려웠던 점 　－새롭게 알게 된 점 　－아쉬운 점 　－더 조사하고 싶은 내용 등	▪학습지 1

상호평가

서로 다른 탐구과정에 대한 평가를 해 봅시다.

평가 계획

평 가 내 용	평가도구	평가방법
• 발표하는 태도가 자신 있고 자연스러운가?	관　찰	관 찰 법
• 탐구한 주제에 대해 잘 이해하고 있나?	관　찰	관 찰 법
• 보고서가 형식에 맞게 작성되었는가?	보고서	보고서평가

번호	평가항목 \ 평가척도	아주 그러함	그러함	보통임	그렇지 못함	아주 그렇지 못함
1	탐구주제를 잘 잡았으며 실현가능한 것이었는가?					
2	탐구 방법이 다양한가?					
3	자료가 다양한가?					
4	탐구내용에 창의성이 들어 있는가?					
5	보고서 작성이 정확하고 체계적으로 되었는가?					
6	모든 탐구과정에 적극적으로 참여하였는가?					

4. 평가내용과 척도표

▶ 모든 항목에서 과학적으로 타당하면서 기발하고 독창적인 아이디어를 제시한 답안에 대해 창의적 사고에 대해 가산점 2점 추가.

1) 활동 1

문제 상황의 확인, 문제 발견하기, 문제의 표상, 문제를 진술하기, 문제를 표현하기, 문제의 특성을 결정하기.

평가준거	상	중	하
학생은 탐구문제를 해결할 수 있는 실험을 설계하고 이 실험을 통해 탐구문제를 발견하고 바르게 진술할 수 있는가?	주어진 탐구 문제 해결할 수 있는 실험설계를 할 수 있고 실험을 통해 탐구문제를 해결할 수 있다.	주어진 탐구문제를 피상적으로 파악하여 실험설계를 한다.	문제를 바르게 파악하지 못하거나, 바르게 진술하지 못한다. 어서 멸종할 것이다.

2) 활동2

; 하위목표로의 분할, selecting a set of lower-order process to solve problem

※ 2)와 3) 항목이 바뀌어 응답된 경우, 지금 현재로서는 문제해결과정을 잘 수행하지 못하나 앞으로 발전될 가능성이 높은 학생이므로 교사의 지도가 요구된다(특기사항에 기록). 평가 시 단계를 바꾸어 내용을 평가한 후 −1점.

3) 창의적 사고력

(과학적으로 타당하면서 기발하고 독창적인 아이디어가 2개 이상인 경우, 2개부터 개 당 가산점 1점씩 추가. 특기사항에 기록)

▶ 모든 항목에서 과학적으로 타당하면서 기발하고 독창적인 아이디어를 제시한 답안에 대해 창의적 사고에 대해 가산점 2점 추가.

4) 의사소통력

※ 의사소통력에 관한 평가는 관찰평가와 병행할 것을 권고합니다. 수업 시 관찰한 내용 중 토론이 잘 이루어지지 않아서 활동지의 서술내용이 부족한 경우, 특기사항에 기록.

5) 관련지식의 도입

※ 특이하고 기발한 아이디어를 제안하고 이를 타당하게 진술한 경우, 한 등급 높여줌. 이미 '상' 등급을 받은 경우는 아이디어 수에 따라 개당 가산점 1점 부여. 특기사항에 기록.

6) 종합하기

평가준거	상	중	하
색한지는 왜 한쪽 방향으로만 잘 찢어지는가에 대해 실험설계를 하고 해결방안을 제시하는가?	실험설계를 바르게 하였으며 탐구문제에 대한 해결방안을 바르게 설명하였으며, 이 내용이 과학적으로 타당하다.	설명이 미흡하거나, 그림이 바르지 못하다. 그러나 그려지거나 설명된 내용은 과학적으로 타당하다.	설명이나 그림 중 한 가지가 부족하다. 또는 두 가지 모두 있으나 미흡하다. 또는 이 두 가지는 갖추었으나, 그 내용상 과학적으로 타당하지 못하다.

7) 문제해결 결과 평가하기(반성적 사고)

평가준거	상	중	하
초기 문제의 조건, 계획, 과정 등을 기준으로 문제해결의 결과를 분석적으로 평가하여 새로운 문제점을 지적하고 해결점을 찾아낼 수 있는가?	문제해결의 결과를 초기의 문제진술과 비교하면서 분석적으로 평가하여, 새로운 문제점을 지적하고 해결점을 찾아낸다.	문제의 결과를 초기 문제진술과 직접 비교하지는 않았지만 결과에 대해 초기 문제와 관련하여 구체적인 문제점을 지적한다.	문제의 결과에 대해 성공 여부만을 평가하여 만족, 또는 불만을 표시한다. 구체적인 지적을 하지 못하고 포괄적인 내용을 진술한다. 예1) 그림을 잘못 그렸다. 예2) 더 좋은 곳으로 만들어 주어야겠다.

♥ 자기평가(반성적 사고) 서술 부분에 대해

평가준거	상	중	하
자신의 수행 결과에 대해 돌이켜 생각하고 문제점을 지적할 수 있는가?	깊은 사고를 통한 자신의 모습을 구체적으로 돌이켜 반성함. 예1) 동물의 고향에 대한 환경 자료를 알아보지 못했다. 이것을 조사해서 동물의 집을 식물원 같은 열대환경과 유사하도록 집을 지어 주었더라면 더 좋았을 것이다. 예2) 친구들과 이야기를 많이 나누면서 같은 내용에 대해서도 서로 다른 생각들을 가지고 있다는 사실을 알았다.	표면적인 모습에 대해서만 돌이켜 생각함. 자신의 구체적인 수행과정(행동)에 대해 돌이켜 생각함. 예1) 자기 생각을 잘 발표했다. 예2) 친구들과 이야기를 많이 하였다.	문제의 결과에 대해 성공 여부만을 평가하여 만족하거나 불만을 표시함 자신의 수행 결과에 대해 만족, 혹은 불만족을 진술함. 예1) 열심히 했고. 그림도 잘 그렸다. 잘했다. 예2) 좀 더 노력해야겠다.

♥동료평가

가장 열심히 한 친구로 선정받은 경우 1점 추가.

※ 학생 평가지

<표 1> 평가체계의 실제

심리 차원 \ 행동 차원	상	중	하
1. 문제 상황의 확인	문제 상황을 과학적 원리에 기초하여 표현한다.	문체상황을 표면적 특징에 기초하여 표현한다.	문제 상황을 이해하지 못한다.
2. 문제의 표상	제시된 정보를 적절한 배경지식을 선별하여 문제와 빠르게 통합한다.	적절한 배경지식을 선별하나 이를 문제와 통합하지 못한다.	적절한 배경지식을 선별하지 못한다.
3. 하위목표로의 분할	접근에 용이한 수준으로 문제를 분할한다.	문제분할은 하나, 완전하지 못하다.	문제분할을 하지 못한다.
4. 문제해결과정의 구체화	하위목표에 따라 문제해결과정을 구체적으로 기술한다.	하위목표에 따라 문제해결과정을 불완전하게 기술한다	하위목표에 따라 문제해결과정을 기술하지 못한다.
5-1. 단계별 전략선택	하위목표의 달성에 적합한 전략을 선택한다.	하위목표 달성을 위해 부분적으로 적합한 전략을 선택한다.	하위목표의 달성에 적합한 전략을 선택하지 못한다.
5-2. 단계별 관련지식 선정	전략 수행을 위해 적절한 관련지식을 선정한다.	관련지식의 선정이 불완전하다.	관련지식을 선정하지 못한다.
5-3. 단계별 문제 상태에 대한 지식의 도입	선정한 지식을 도입하여, 하위목표를 달성한다.	선정한 지식의 도입이 불완전하다.	지식의 도입에 실패한다.
5-4. 단계별 평가	하위목표와 그 달성 여부를 문제의 조건, 계획, 과정 등과 비교하여 분석적으로 평가한다.	하위목표의 달성 여부를 분석적으로 평가하려 하나 불완전하다.	하위목표의 달성 여부를 피상적으로 평가한다.
5-5. 피드백을 통한 행위 변경하기	단계별 평가결과를 토대로 문제해결과정을 수정, 보완한다.	단계별 평가결과를 문제해결과정의 수정, 보완에 적절히 반영하지 못한다.	평가결과를 활용하지 않는다.
6. 최종 결과 종합하기	각 단세별 하위목표 달성을 마친 후 결과를 종합하여 최종적으로 문제의 해결점을 찾는다.	딘게별 걸과의 종합이 불완전하나 부분적인 종합이 이루어지고, 문제의 해결점을 찾는다.	결과의 종합을 하지 못하여 적절한 문제의 해결점을 찾지 못한다.
7. 문제해결결과 평가하기	초기 문제의 조건, 계획, 과정, 피드백의 적절성 등을 기준으로 문제해결의 결과를 분석적으로 평가하여, 새로운 문제점을 지적하고 해결점을 찾아낼 수 있다.	문제의 조건, 계획, 과정 등에 기초하여 문제해결결과를 비교하여 평가하나 다분히 표면적인 특징에 기초하여 비교한다.	문제해결의 성공 여부를 평가한다.

【106 학생용 활동지】

색한지는 왜 한쪽 방향으로만 잘 찢어질까?

1. 탐구문제

우리의 전통지인 한지 중에서 우리 생활에서 흔히 쓰이는 색한지의 물리적 성질에 대한 탐구를 통해 종이에 대한 전반적인 특성을 탐구해보자.

또한 현대 생활에 있어 컴퓨터를 통한 화면인쇄가 생기면서 종이는 그 사용량이 줄 어들 것이라는 예측이 빗나가고, 오늘날 종이의 사용량은 오히려 더 늘어나는 추세이 다. 날로 늘어나는 종이의 사용량과 그 중요성에 비추어 종이가 가지고 있는 물리적 성질을 탐구하여 보다 우수한 종이를 만들려면 어떻게 해야 할지 탐구해보자.

2. 탐구문제를 어떻게 해결해 볼까? ·············탐구문제해결을 위한 안내

(1) 한지와 종이의 여러 가지 물리적 성질에 대해 궁금한 점을 스스로 탐색해 보자.

(2) 가설을 설정하고 스스로 세운 가설에 대한 실험설계를 해보고 이에 맞는 실험을
통해 탐구문제를 해결해 보자.

3() 종이의 물성에 대한 여러 가지 탐구를 해 보자.

3. 탐구문제를 어떻게 해결해 볼까?

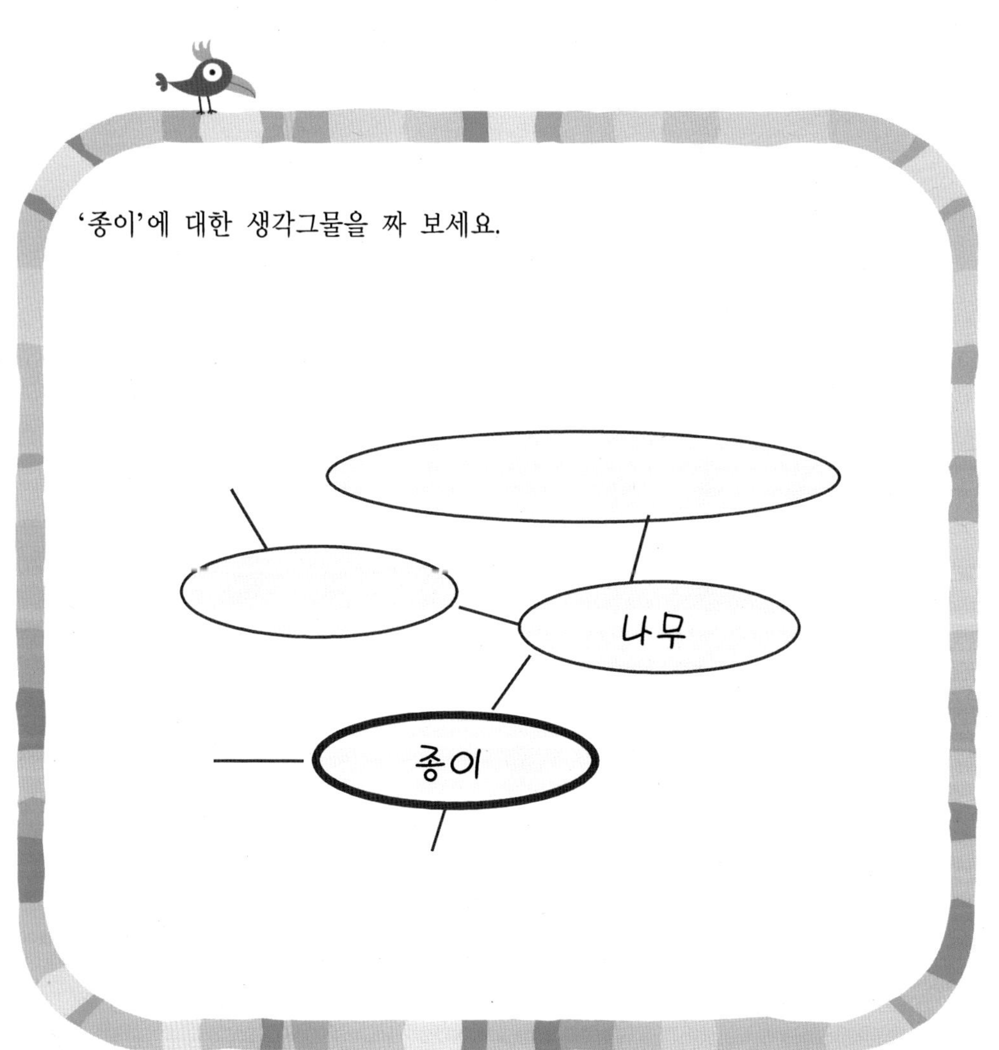

◈ 종이에 대해 알아보고 싶은 점을 적어 봅시다.

궁금한 점

의문점을 해결하기 위한 방법

한지에 관한 주제 탐색지

동부 영재 (   )초등학교   6학년 이름 :

○탐구주제 생각 해 보기(종이에 대해 알고 싶은 점이나 의문점을 생각해보고 탐구해 보고 싶은 주제 쓰기)	▶ 한지에 대해 알고 싶은 점이나 특히 궁금한 점 ▶ 탐구문제해결을 위한 나의 주제와 실험설계 ▶ 탐구문제해결에 필요한 이론적 배경 조사

한지에 관한 주제 탐색지

탐구보고서

주　제	
1. 탐구하게 된 동기	
2. 탐구를 통해 알고 　싶은 점	
3. 탐구방법	
4. 탐구내용 및 결과 　(수집된　자료와 　함께 제시)	
5. 의문점 및 더 연 　구하고 싶은 것	

【107 교사용 안내서】

1) 문제 상황의 확인

영역		평가관점	창의성 평가요소
평가준거		사진을 보며 일어날 수 있는 현상을 생각하여 다양한 질문을 할 수 있는가?	민감성 유창성 독창성
점수 체계	상	각 그림에서 4가지 이상의 영역에서 질문을 할 수 있다.	
	중	각 그림에서 2–3가지 영역에서 질문을 할 수 있다.	
	하	각 그림에서 1가지 이하의 영역에서 질문을 할 수 있다.	
창의성 평가관점		유창성: 같은 영역에서 비슷한 질문을 반복하는 것은 정답으로 처리하지 않고 하나의 답으로 처리한다.(예: 첫 번째 그림에서 '나무의 수명은?' '나무의 키는?'과 같은 질문은 하나의 정답으로 한다.)	

2) 문제의 표상

영역		평가관점	창의성 평가요소
평가준거		엄마 식물이 고민하는 것을 정확히 알고 있는가?	민감성 정교성
점수 체계	상	엄마 식물의 고민을 정확히 알며 해결방법에 대해 짐작해 보았다. (예: 엄마 식물이 씨를 퍼뜨릴 방법을 찾고 있다. +식물의 형태를 바꾸거나 주변 상황을 이용해 씨앗을 퍼뜨려야 한다.)	
	중	엄마 식물의 고민을 정확히 알고 있다. (예: 엄마 식물이 씨를 퍼뜨릴 방법을 찾고 있다.)	
	하	엄마 식물의 고민을 제대로 알지 못한다.	

3) 하위목표로 분할

영역		평가관점	창의성 평가요소
평가준거		문제를 해결하기 위한 방법을 여러 가지 하위목표로 분할하여 나열할 수 있는가?	
점수 체계	상	해결해야 할 구체적인 내용과 방법을 3가지 이상 진술할 수 있다.(예: 주변에 바람이 불면 씨를 바람을 타고 멀리 보낸다. 곤충들이 씨를 다른 곳으로 옮겨준다.)	정교성 독창성 유창성
	중	해결해야 할 내용과 방법을 3가지 이하로 진술하거나 구체적이지 않다.	
	하	하위목표를 구체적으로 진술하지 못한다.(예: 엄마 식물이 씨를 퍼뜨려야 한다.)	
창의성 평가관점		유창성: 개수가 4개 이상일 때 하나를 더 쓸 때마다 점수를 1점씩 더 준다.	

4) 문제해결과정의 구체화

영역		평가관점	창의성 평가요소
평가준거		각 하위목표의 해결방법을 구체적으로 진술할 수 있는가?	
점수 체계	상	마음에 드는 하위목표를 선택하여 해결할 내용과 해결방법을 구체적으로 3가지 이상 진술할 수 있다.	정교성 독창성 유창성
	중	하위목표를 택하여 해결방법을 제시하였으나 1-2가지 이하를 진술하거나 해결방법이 구체적이지 않다.	
	하	하위목표에서 해결할 내용을 선택하지 못하고 구체적인 해결방법을 진술하지 못한다.(예: 식물이 어떻게 생겼는지 알아야 한다.)	
창의성 평가관점		독창성: 학급의 10% 이내 독특한 아이디어에 대해 1점의 추가점수를 부여한다. 유창성: 아이디어 개수가 4가지 이상일 때 증가하는 개수마다 1점씩 추가점수를 부여한다.	

5) 단계별수행

영역		평가관점	창의성 평가요소
평가준거		구체화된 문제해결과정에 따라 주어진 영역에 관련된 정보를 찾아내어 문제를 해결할 수 있는가?	유창성 민감성 융통성
점수 체계	상	엄마 식물의 환경에 따라 각각 3가지 이상의 정보로 유의사항을 찾을 수 있다.	
	중	엄마 식물의 환경에 따라 1-2가지 유의사항을 찾을 수 있다.	
	하	유의사항이 환경에 따라 다르지 않거나 환경에 맞지 않다.(예: 산, 바다, 사막, 숲 등 모든 환경에 곤충이 옮겨준다고 쓴다)	
창의성 평가관점		독창성: 학급의 10% 이내 독특한 아이디어에 대해 추가점수 1점을 준다. 유창성: 아이디어 개수가 4가지 이상일 때 증가하는 개수마다 1점씩 추가점수를 준다.	

6) 전략선택(관련지식 투입)

영역		평가관점	창의성 평가요소
평가준거		5번 자료의 지식들에 관련하여 구체적 유의점을 들 수 있는가?	유창성 융통성
점수 체계	상	해결방안을 환경에 따라 제시할 수 있으며 이유가 과학적이다.	
	중	해결방안을 환경에 따라 제시하였지만 이유가 과학적이지 못하다.(예: 사막주변 오아시스에 씨를 떠내려 보낸다.)	
	하	해결방안을 유창하게 제시하지 못하였다.	
창의성 평가관점		융통성: 상호 관련되지 않은 아이디어를 과학적 지식을 활용하여 합리적으로 연관시켰을 때 추가점수를 부여한다.	

7) 문제해결 정리

영역		평가관점	창의성 평가요소
평가준거		지금까지 생각들을 종합하여 과학적으로 타당한 해결방법을 구체적이고 유창하게 표현할 수 있는가?	
점수 체계	상	문제해결을 구체적으로 상세하게 표현하고 과학적으로 타당하게 설명할 수 있다.	재구성력
	중	문제해결을 구체적으로 설명하였지만 과학적이지 않거나, 앞서 해온 생각과는 다르고 빠진 것이 많다.	
	하	앞서 한 활동 내용을 제대로 정리하지 못하고 구체적인 설명을 하지 못하였다.	
창의성 평가관점		유창성: 아무것도 모르는 나무에게 진짜로 편지를 쓰듯 구체적으로 잘 표현하여 알려준 경우 1점의 추가점수를 준다.	

8) 상호평가

영역		평가관점	창의성 평가요소
평가준거		친구의 잘된 점을 칭찬할 수 있으며 과학지식을 활용하여 서로의 잘된 점과 잘못된 점을 평가할 수 있는가?	
점수 체계	상	자신의 문제와 친구의 문제 중 잘된 것을 칭찬하고 잘못된 것을 타당한 이유를 들어 설명할 수 있다.	의사 소통력
	중	주관적으로 칭찬하거나 서로 과학적으로 평가하지 못하고 사실만을 나열하였다.(예: 민수는 바람에 씨앗을 날려 보낸다고 생각했는데 참 좋은 생각인 것 같다.)	
	하	평가활동에 적극적으로 참여하지 못한다.	
창의성 평가관점		학습지에 의존하는 평가보다는 수업 중의 관찰평가가 병행되어야 한다.	

9) 최종결과 종합, 10) 문제해결과정 평가

영역		평가관점	창의성 평가요소
평가준거		친구들과의 토론을 통해 더 나은 새로운 결과를 만들어낼 수 있는가? 엄마 식물의 고민이 잘 해결되었는지 생각해보았는가?	의사 소통력 (반성적 사고)
점수 체계	상	이전에 내린 결과보다 더 좋은 방법을 찾아내고 그것으로 진정한 문제 해결이 되었는지 알아본다.	
	중	이전의 결과에 대해 문제점을 지적하고 더 좋은 방법을 찾아내었지만 그것으로 문제가 해결되는지 다시 생각해 보지 않았다.	
	하	서로 더 좋은 방법을 생각해보지 않는다. 결국 문제점을 해결했는지에 만 관심이 있다.	

【107 학생용 활동지】

1. 아래 그림을 보세요. 여러 가지 식물들이 보이죠? 이 식물들을 보면서 드는 생
   각이나 궁금한 점을 자유롭게 적어 보세요.

2. 엄마 식물에게 편지가 왔어요.

여러분, 안녕하세요. 저는 식물이랍니다. 저는 저와 똑같이 생긴 귀여운 아기 식물을 만드는 엄마 식물이에요. 그런데 고민이 생겼어요. 아기 식물을 만들려고 열심히 씨앗을 만들었는데 어떻게 하면 멀리멀리 이 씨들을 퍼뜨릴 수 있을지 모르겠어요. 여러분, 이 아기 식물의 씨들을 멀리멀리 퍼뜨릴 방법을 저에게 알려주세요.

참고로 저는 씨앗을 퍼뜨리기 위해서 제 몸이나 씨앗의 형태를 바꿀 수도 있고 제 주변의 여러 친구들의 도움을 받을 수도 있어요.

지금 엄마 식물은 어떤 고민을 하고 있나요? 자세하게 적어 보세요.

____

____

____

____

____

3. 엄마 식물의 고민을 해결하기 위한 방법을 여러 가지 자유롭게 생각해 봅시다.

____

____

____

4. 생각해본 방법 중 가장 마음에 드는 방법들을 택해 좀 더 구체적으로 적어 봅시다.

____

____

____

____

5. 이번에는 엄마 식물이 씨앗을 퍼뜨릴 때 주의해야 할 사항에 대해 적어 봅시다. 엄마 식물이 어디에 있는지에 따라 달라지는 주변 상황에 유의하며 써 봅시다.

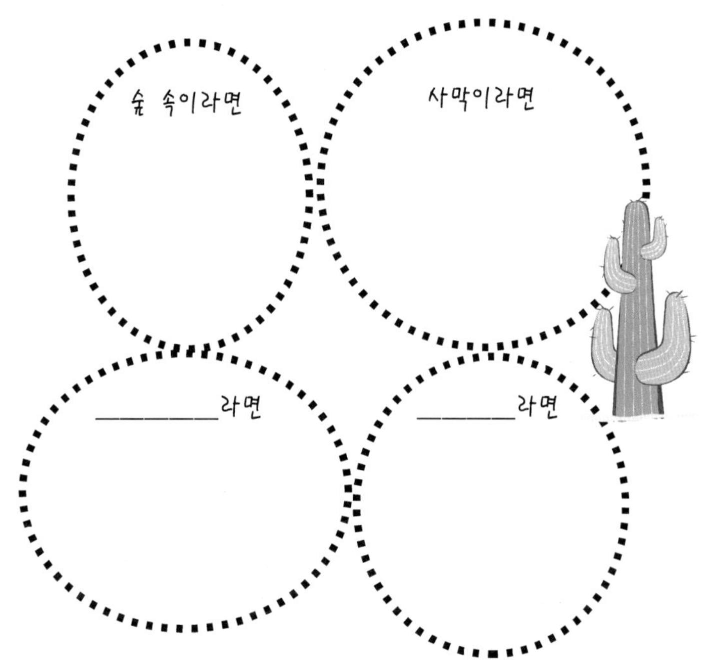

6. 위에서 정리된 것을 보고 엄마 식물이 씨앗을 퍼뜨리며 유의해야 할 점을 자세한 이유를 들어 써 보세요.

____

____

____

____

____

____

7. 지금까지 생각해본 것을 참고하여 씨앗을 퍼뜨릴 수 있는 구체적인 해결방법을 식물에게 편지로 적어줍시다. 식물이 알아들을 수 있도록 구체적이고 자세하게 적어 보세요.

8. 조별로 친구들과 의견을 교환해 봅시다. 친구들의 잘된 점과 잘 못된 점을 생각해보고 친구 의견에 대해 자신의 생각을 적어 봅시다.

친구이름	잘된 점	고쳐야 할 점

9. 친구들과 서로 이견을 교환해서 조별로 좀 더 좋은 방법을 만들어 보세요. 그리고 다시 엄마 식물에게 구체적인 방법을 적어 편지를 써 보세요.

물의 여행

【108 교사용 안내서】

물의 여행을 따라가 볼까요?
─공기 속의 수증기와 우리 생활

1. 관련 단원명

3학년 1학기   온도 재기

　　　　　　　날씨와 우리 생활

4학년 2학기   모습을 바꾸는 물

5학년 1학기   물의 여행

6학년 2학기   일기 예보 (후속학습)

2. 출제의도

본 자료는 3학년에서 학습 한 '온도재기', '날씨와 우리 생활', 4학년에서 학습한 '모습을 바꾸는 물'(물을 가열/냉각 할 때의 상태변화)을 토대로 물이 순환하는 과정에서 나타나는 기상현상, 즉 이슬, 안개, 구름 및 비의 생성과정을 이해시키기 위하여 재구성한 것이다.

이는 '자연현상과 사물에 대하여 흥미와 호기심을 가지고 과학의 지식체계를 이해하며, 탐구방법을 습득하여 올바른 자연관을 가진다.'는 7차 교육과정 과학의 목표를 따르고, 가지고 있는 지식과 상상력을 동원하여 문제 상황에 적절한 새롭고 독창적인 산출물을 만들어내는 능력인 「창의성」을 평가하고자 함이다.

첫 번째로, 빨래가 마르거나 젖은 머리를 말리기, 또는 데워진 주전자에서 나온 작은 물방울이 수증기로 증발하는 사진 등을 통해 물이 가는 곳에 대한 추리를 시작하여 공기 중의 수증기가 우리 생활에 주는 영향과 그리고 내용을 더욱 심화시켜 물의 증발 조건을 예상토록 하며 안개와 이슬 발생실험을 통하여 공기 중에도 물이 있음을 이해하고, 안개와 구름이 수증기의 응결에 의한 것임을 인식시킨다. 또 구름 발생과 비가 내리는 과정 모형실험을 통하여 육지와 바다의 물은 증발과 응결 및 강수를 반복하면서 순환한다는 것을 이해하도록 구성하였다. 이러한 물의 순환에 의해서 기상현상이 일어남을 추론할 수 있도록 하였다.

이 학습을 통해서, 과학 수행평가문항의 다양한 평가 영역과 특징을 최대한 반영하여 평가 영역으로 과학지식의 적용력과 과학태도·과학탐구의 추론능력·창의적 사고력·반성적 사고력·의사소통력을 평가하도록 하였다.

3. 평가목표

(1) 주어진 상황을 이해하고 문제를 해결할 수 있는가?(과학지식의 적용력)
(2) 과학적으로 타당하면서도 독특하고 유연한 생각을 할 수 있는가?(창의적 사고력)

(3) 자료와 실험을 수집하고 정리하며 종합할 수 있는가?(과학적 태도)

(4) 다른 친구에게 자신의 생각을 이해시키고 친구의 생각을 바르게 이해할 수 있는가?(의사소통력)

(5) 자신의 수행과정과 결과에 대해 돌이켜 생각할 수 있는가? (반성적 사고력)

4. 창의적 문제해결과정의 절차

본 내용은 이제 막 초등학교 5학년이 된 학생이 실시하는 것이므로 학생의 수준을 고려하여 다음과 같은 문제해결과정의 절차로 제작하였다.

1) 문제 상황의 확인 → 2) 문제의 표상 → 3) 하위목표로의 분할→

4) 문제해결과정(절차)의 구체화 → 5) 단계별 수행 →

6) 전략선택 (☜ 관련지식투입) → 7) 문제해결(정리) → 8) 상호평가 →

9) 최종결과종합 → 10)문제해결과정 평가

└ 피드백 → 행위변경 [6), 7), 8)]→9)→10)

5. 평가내용과 척도표

1) 문제 상황의 확인

영 역		평 가 관 점	창의성 평가요소
평가준거		과학적으로 일어나고 있는 현상을 생각하여 다양한 질문을 할 수 있는가?	민감성, 유창성, 독창성
점수체계	상	그림에서 4가지 이상의 영역에서 질문을 할 수 있다.	
	중	그림에서 2-3가지 영역에서 질문을 할 수 있다.	
	하	그림에서 1가지 이하의 영역에서 질문을 할 수 있다.	
창의성 평가관점		유창성: 같은 영역에서 비슷한 질문을 반복하는 것은 정답으로 처리하지 않고 하나의 답으로 처리한다.	
		독창성: 전체 학급의 10% 이내의 독특한 아이디어에 대해서 1점의 점수를 부여한다.	

2) 문제의 표상

영 역		평 가 관 점	창의성 평가요소
평가준거		공기 중에 수증기가 많을 때와 적을 때를 정확히 인지하고 그때의 현상과 우리 생활에 끼치는 영향을 발견하여 바르게 진술할 수 있다. (덧붙여 심화내용인 물의 증발조건을 알고 있는가)	민감성, 유창성, 정교성
점 수 체 계	상	수증기가 많고 적을 때를 정확히 알고 그때의 현상(날씨, 습도 등)과 생활에 끼치는 영향들을 5-6가지 이상 진술할 수 있다. (또 증발조건을 한 가지라도 알고 있는 경우.)	
	중	수증기의 많고 적음에 따른 현상과 생활에 끼치는 영향들을 2-4가지 진술할 수 있다.	
	하	우리 생활에 끼치는 영향을 1가지 이하로 진술할 수 있다.	
창의성 평가관점		유창성: 같은 영역에서 비슷한 내용이나 현상을 반복하는 것은 정답으로 처리하지 않고 하나의 답으로 처리한다.	

3) 하위목표로의 분할

영 역		평 가 관 점	창의성 평가요소
평가준거		〈2번 문제〉의 내용 중 공기 중에 수증기가 많을 때의 문제에 관하여 구체적으로 일어나는 기상현상이나 각자의 일상경험과 그 이유를 추리하여 하위목표로 분할하여 나열할 수 있다.	정교성, 독창성
점 수 체 계	상	공기 중에 수증기가 많을 때의 기상현상과 경험을 바르게 연결하고 그 이유를 추리하여 이해하고 있는지 나타낼 수 있다.	
	중	수증기의 많고 적음에 따른 현상과 경험을 연결시킬 수는 있으나 그 이유에 대해서는 파악하지 못한다.	
	하	수증기의 많고 적음에 따른 현상과 경험을 연결시키지 못한다.	

4) 문제해결과정의 구체화

영 역		평 가 관 점	창의성 평가요소
평가준거		〈3번 문제〉의 현상과 일상경험들에 관한 실험의 과정과 내용을 정확히 파악하고 이해하여 구체적으로 진술할 수 있다.	정교성, 유창성, 독창성
점 수 체 계	상	〈3번 문제〉의 실험과정과 내용을 구체적으로 모두 진술할 수 있다.	
	중	〈3번 문제〉의 실험과정과 내용을 일부만 진술할 수 있다.	
	하	〈3번 문제〉의 실험과정과 내용을 이해하지 못한다.	

5) 단계별 수행

영 역		평 가 관 점	창의성 평가요소
평가준거		실험에 관한 내용을 파악한 후 나타나는 현상들을 바르게 진술할 수 있다.	정교성, 유창성
점 수 체 계	상	실험에서 나타나는 현상들을 구체적으로 모두 진술할 수 있다.	
	중	실험에서 나타나는 현상들을 일부만 진술할 수 있다.	
	하	실험에서 나타나는 현상들을 이해하지 못한다.	

6) 전략선택 (☞ 관련지식투입)

영 역		평 가 관 점	창의성 평가요소
평가준거		〈5번 문제〉의 실험장치 원리 및 결과와 실제 생활에서의 기상현상(안개와 구름의 차이점, 구름이 생겨 비가 내리는 현상 등)을 연결하여 진술할 수 있다.	정교성, 융통성, 민감성
점 수 체 계	상	실험장치의 원리를 제대로 알고 각 과정을 제대로 파악하여 기상현상과 바르게 연결하여 진술할 수 있다.	
	중	실험장치의 원리를 제대로 알고 있거나 과정만을 알고 있거나 혹은 기상현상과의 연결만을 진술할 수 있다.	
	하	실험장치의 원리를 알지 못하고, 과정이나 기상현상과의 연결을 이해하지 못한다.	

7) 문제해결(정리)

영 역		평 가 관 점	창의성 평가요소
평가준거		지금까지의 모든 결과와 현상을 연관지어 공기 중의 물의 순환과정을 추리한 후 물이 여행하는 과정을 그림이나 마인드맵으로 정리, 표현하고 진술할 수 있다.	융통성, 독창성, 재구성력
점수체계	상	그림이나 마인드맵을 전체적인 안목을 가지고 독창적이며 재미있게 표현할 수 있다.	
	중	그림이나 마인드맵을 표현하긴 하였으나 전체적인 안목이 약간 부족하다.	
	하	전체적인 안목이 많이 부족하고 공기 중의 물의 순환과정을 잘 이해하지 못하고 있다.	

8) 상호평가

영 역		평 가 관 점	창의성 평가요소
평가준거		내가 생각하지 못했던 점을 찾아 친구의 문제해결과정을 칭찬할 수 있고, 과학적인 지식을 활용하여 과학적이지 못한 점을 찾을 수 있는가?	의사 소통력
점수체계	상	자신의 문제해결과정과 친구의 것을 비교하고 칭찬할 수 있으며 과학적인 지식을 활용하여 잘못된 점을 찾을 수 있다.	
	중	친구의 문제해결과정을 과학적인 지식을 활용하여 평가하지 않고 주관적으로 칭찬하거나 사실만을 나열한다.	
	하	평가활동에 적극적으로 참여하지 못한다.	

9) 최종결과종합, 10) 문제해결과정 평가

영 역		평 가 관 점	창의성 평가요소
평가준거		초기 문제의 조건, 계획, 과정 등을 기준으로 하여 문제해결의 결과를 분석적으로 평가하여 새로운 문제점을 지적하고 해결점을 찾아낼 수 있는가?	의사 소통력 (반성적 사고)
점수체계	상	문제해결의 결과를 초기의 문제진술과 비교하면서 분석적으로 평가하여, 새로운 문제점을 지적하고 해결점을 찾아낸다.	
	중	문제의 해결을 초기 문제진술과 직접 비교하지는 않았지만 결과에 대해 초기 문제와 관련하여 구체적인 문제점을 지적한다.	
	하	문제의 결과에 대해 성공 여부만을 평가하여 만족, 또는 불만을 표시한다. 구체적인 지적을 하지 못하고 포괄적인 내용을 진술한다.	

【108 학생용 활동지】

1. 위의 사진들은 모두 물과 관련되어 있습니다. 이 사진들을 보면서 물과 관련되어 떠올릴 수 있는 내용이나 질문들을 가능한 많이 써주세요.

 빨래지수 - 90
밀린 빨래
하세요.

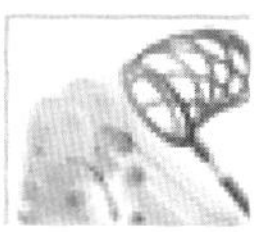 외출지수 - 90
상쾌한
야외 공기를

 운동지수 - 80
즐겁게
운동하세요.

 세차지수 -
100
세차 후의 상쾌
함을 느껴 보세
요

 우산지수 - 10
우산 없이도
좋아요.

 수면지수 - 70
쾌적한
편입니다.

계절별 생활지수

피부지수 60	감기지수 70	불조심지수 70	난방지수 0
거칠어지지 않게 주의하세요.	따뜻하게 하세요.	등산 시에는 라이터 휴대 금지	필요 없어요.

2. 비가 내리는 날과 맑은 날의 느낌을 떠올려 봅시다. 공기 중에 수증기가 많을 때와 적을 때는 언제일까요? 그때 일어나는 현상이나 우리 생활에 끼치는 영향을 적어 보세요. 또 공기 속에 수증기가 많을 때와 적을 때 각각 조절할 수 있는 방법을 써 보세요.

내용을 더 심화하여, 물의 증발조건을 알아보고 우리 생활에서 물의 증발을 이용해 젖은 것을 빨리 말리는 경우를 찾아보세요.

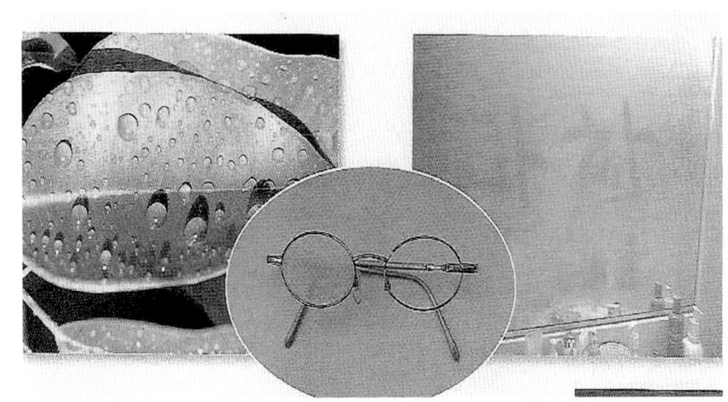

3. 이 사진들은 모두 공기 중에 수증기가 많을 때 생기는 현상을 보여주는 것입니다. 여러분은 비가 내리지 않았는데도 풀잎에 물방울이 맺히고 안경이나 욕실의 거울

이 뿌옇게 흐려지거나, 여름철 얼음을 넣은 유리컵 표면에 물방울이 생기는 등의 현상들과 강이나 호수가 있는 곳에서 생기는 안개 등을 일상생활에서 많이 경험해 봤을 것입니다. 그러한 경험들을 각자 써 보고, 어떻게 생기는 현상인지 추리하여 보세요.

병에 따뜻한 물을 채웁니다.

병이 데워지면 물을 조금 남기고 쏟아 버립니다.

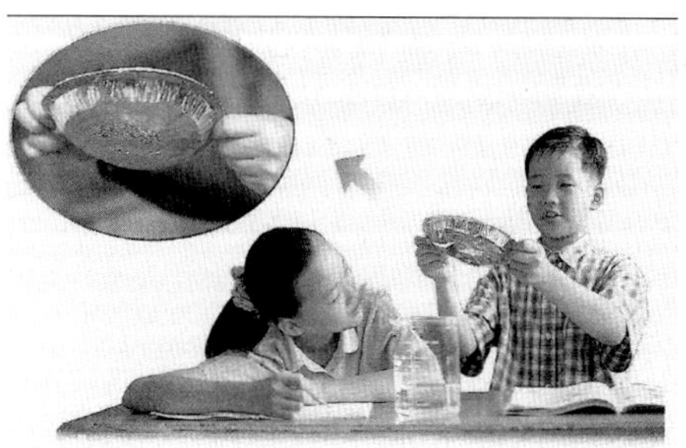
얼음을 비닐에 싼 다음. 병 속에 넣습니다.

빗방울이 생기는 과정을 실험을 통하여 알아봅시다.

비커에 따뜻한 물을 가득 담았다가 ⅓ 정도만 남깁니다.

비커 위에 은박지 접시를 놓고, 그 위에 얼음을 올려놓습니다.

4. 위의 사진들은 <3번>에 나타나는 현상들, 즉 이슬과 안개, 구름 생성에 관한 실험을 나타내는 것입니다. 각각의 실험들의 과정과 내용을 구체적으로 세워 정리해 보세요.

5. <4번>의 각 실험에서 나타나는 현상들을 자세히 써 보세요.

6. <4번>의 각 실험과 실제 생활에서의 기상현상들을 관련지어 각 실험장치의 원리 및 이유를 써보고, 안개와 구름의 차이점도 설명해 보세요. 그리고 구름이 생겨 비가 내리는 과정을 추리하여 보세요.

7. 지금까지의 모든 현상과 실험들을 연관지어 공기 중의 물의 순환과정을 추리해 보고 물이 여행하는 과정을 그림을 그리거나 마인드맵으로 작성해 보세요.

8. 물의 순환과정 그림 혹은 마인드맵을 모둠 친구에게 보여주고 더 필요한 것은 없는지 그리고 불필요한 것은 없는지 의견을 들어 보세요.

친구 이름	잘된 점	고쳐야 할 점

9. <8번> 친구 의견을 들어 수정한 물이 여행하는 과정 그림이나 마인드맵을 다시 그려주세요. 만약 친구 의견 중 수정하고 싶지 않은 부분이 있으면 그 까닭을 쓰세요. 나의 물의 여행 모습을 학급게시판에 게시하고 학급전체의 의견을 들어 봅시다.

【109 교사용 안내서】

> 우네그(Unag)의 고민을 해결해주세요!

1. 관련 단원명

3학년 2학기 1. 식물의 잎과 줄기
4학년 1학기 6. 식물의 뿌리
5학년 2학기 1. 환경과 생물

2. 출제의도

본 자료는 교육과정 3−2 '식물의 잎과 줄기' 단원, 4−1 '식물의 뿌리' 단원과 5−2 '환경과 생물' 단원의 내용을 학습한 후 학생들이 심화학습을 할 수 있도록 구성된 것이다.

자료의 내용은 학생들이 미래에 환경이 어떻게 변화할지 상상해보고, 현재 우리 주변에 있는 식물들이 어떻게 적응해야 하는지에 대해 생각해 보도록 하였다. 이 학습을 통해서 식물의 생태에 대한 이해와 함께 환경이 생물(식물)에 미치는 영향을 알아보고, 환경과 생물(식물) 간의 상호작용에 대해 알아보도록 하였다.

이 학습을 통해서 과학 수행평가문항의 다양한 평가 영역과 특징을 최대한 반영하여 평가 영역으로 과학지식의 적용력과 과학태도, 과학탐구의 추론 능력, 창의적 사고력, 반성적 사고력, 의사소통력을 평가하도록 하였으며 미래 환경의 모습을 상상해보고 환경과 생물(식물) 간의 상호 관련을 이해해 봄으로써 학생들의 다양한 생각들을 유도할 수 있다.

3. 평가목표

(1) 주어진 상황을 이해하고 문제를 해결할 수 있는가(과학지식의 적용력)

(2) 과학적으로 타당하면서도 독특하고 유연한 생각을 할 수 있는가?(창의적 사고력)

(3) 자료를 수집하고 정리하며 종합할 수 있는가?(과학적 태도)

(4) 다른 친구에게 자신의 생각을 이해시키고 친구의 생각을 바르게 이해할 수 있는 가?(의사소통력)

(5) 자신의 수행과정과 결과에 대해 돌이켜 생각할 수 있는가?(반성적 사고력)

4. 창의적 문제해결과정의 절차

본 수업은 초등학교 5학년 과학과정을 속진학습한 후 실시하는 것으로 구성되어 있으므로 학생의 수준을 고려하여 다음과 같은 문제해결과정의 절차로 제작하였다.

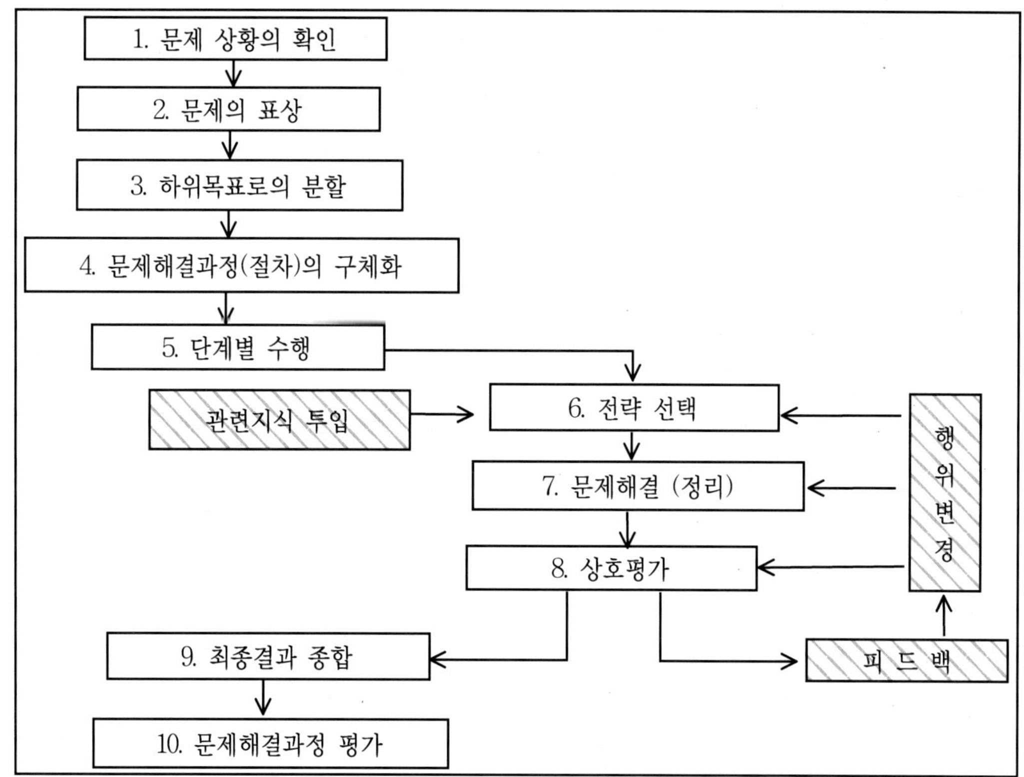

5. 평가내용과 척도표

1) 문제 상황의 확인

영 역		평 가 관 점	창의성 평가요소
평가준거		과학적으로 일어나는 현상을 생각하여 다양한 질문을 할 수 있는가?	민감성 유창성 독창성
점수체계	상	자신이 그린 그림으로부터 4가지 이상 설명할 수 있다.	
	중	자신이 그린 그림으로부터 2-3가지 영역에서 설명할 수 있다.	
	하	자신이 그린 그림으로부터 1가지 이하의 영역에서 설명할 수 있다.	
창의성 평가관점		유창성: 비슷한 설명을 반복하는 것은 정답으로 처리하지 않고 하나의 답으로 처리한다.(예: 하늘이 어둡다. 하늘에 늘 구름이 있다.)	
		독창성: 전체 학급의 10% 이내의 독특한 아이디어(그림)와 설명에 대해서 1점의 추가 점수를 부여한다.	

2) 문제의 표상

영 역		평 가 관 점	창의성 평가요소
평가준거		우네그(Unag)가 처한 상황을 정확히 인지하고 발견하여 해결해야 할 과제를 바르게 진술할 수 있는가?	
점수체계	상	우네그(Unag)가 처한 상황을 정확히 알고 해결해야 할 과제를 바르게 진술할 수 있다.(예: 미래에 환경이 변할 것을 알고 있다 + 식물들을 적절한 형태로 바꿔야 한다.)	민감성 정교성
	중	우네그(Unag)가 처한 상황과 해결해야 할 과제 중 한 가지만 바르게 진술할 수 있다.(예: 미래는 환경이 변할 것이다 또는 식물들의 모습이 변할 것이다.)	
	하	우네그(Unag)가 처한 상황과 해결해야 할 과제를 파악하지 못한다. (예: 식물들이 아름답다.)	

3) 하위목표로의 분할

영 역		평 가 관 점	창의성 평가요소
평가준거		〈2번〉 문제에서 파악한 문제를 해결하기 위해서 하위목표를 분할하여 나열할 수 있는가?	
점수체계	상	자신이 그린 미래에 따라 식물을 어떻게 변화시킬 것인지에 대해 문제를 분할하여 구체적으로 진술할 수 있다. – 자료탐색과 실행이 모두 포함되어야 한다.(예: ① 햇빛 양에 따른 변화 ② 물의 양에 따른 변화 ③ 날씨에 따른 변화)	정교성 독창성 유창성
	중	자신이 그린 미래에 따라 식물을 어떻게 변화시킬 것인지에 대해 문제를 분할하여 진술할 수 있으나 구체적이지 못하다. – 자료탐색과 실행이 모두 포함되어 있으나 구체적이지 못함.(예: 환경에 따라 변화하여야 한다.)	
	하	문제해결을 위한 구체적인 하위목표를 진술하지 못하고 환경변화와 식물의 변화를 관련시키지 못한다.(예: 식물의 모습이 변할 것이다. 미래는 환경이 현재와 다르다.)	
창의성 평가관점		독창성: 전체 학급의 10% 이내의 독특한 아이디어에 대해서 1점의 추가점수를 부여한다.	

4) 문제해결과정의 구체화

영 역		평 가 관 점	창의성 평가요소
평가준거		각 하위목표의 해결방법을 구체적으로 진술할 수 있는가?	
점수체계	상	자신이 정한 식물과 스스로 생각한 미래 환경에 따라 〈3번〉의 질문에서 해결해야 할 내용과 해결방법을 구체적으로 3가지 이상 진술할 수 있다.	정교성 독창성 유창성
	중	자신이 정한 식물과 스스로 생각한 미래 환경에 따라 〈3번〉의 질문에서 해결해야 할 내용과 해결방법을 구체적으로 3가지 이하를 진술하거나, 해결방법을 진술할 수 없다.(예: 자신이 그린 미래 환경과 인터넷, 백과사전을 통해 조사한다는 해결방법이 빠진 경우.)	
	하	자신이 정한 식물과 스스로 생각한 미래 환경에 따라 〈3번〉의 질문에서 해결해야 할 내용을 선택하지 못하고 구체적인 해결방법을 진술하지 못한다.	

5) 단계별 수행

영 역		평 가 관 점	창의성 평가요소
평가준거		구체화된 문제해결과정에 따라 정보를 찾아내어 영역별로 자료를 분류하여 문제를 해결할 수 있는가?	
점수체계	상	식물이 변화할 모양과 자신이 그린 미래 환경을 생각하며 다양한 방법으로 조사하여 3가지 이상의 정보를 영역별로 분류하여 마인드맵으로 나타낼 수 있다.	유창성 민감성 융통성
	중	식물이 변화할 모양과 자신이 그린 미래 환경을 생각하며 영역별로 1-2가지로 분류하여 마인드맵으로 나타낼 수 있다.	
	하	문제해결과정에 따라 계획을 체계적으로 세우지 못하고 문제해결을 위한 정보를 마인드맵으로 나타내지 못한다.	
창의성 평가관점		* 독창성: 전체 학급의 10% 이내의 독특한 아이디어에 대해서 1점의 추가점수를 부여한다. * 유창성: 아이디어 개수가 4가지 이상일 때는 증가하는 개수마다 1점씩 추가점수를 부여한다.	

6) 전략선택 (관련지식 투입)

영 역		평 가 관 점	창의성 평가요소
평가준거		〈5번〉 문제 마인드맵과 관련된 지식을 활용하여 까닭을 제시하며 과제를 해결할 수 있는가?	
점수체계	상	식물의 모습을 변화시킬 수 있으며 그 까닭이 과학적 타당한 지식을 뒷받침할 수 있다.(식물의 모습이 변화하는 부위가 3가지 이상이다.)	유창성 융통성
	중	식물의 모습을 변화시킬 수 있으며 그 까닭이 과학적으로 타당하나 유창성이 다소 부족하다.(식물의 모습이 변화하는 부위가 1-2가지이다.)	
	하	식물의 모습을 변화시킬 수 있으나 그 까닭이 과학적으로 타당하지 못하다.(예: 식물은 내가 좋아하는 분홍색으로 변할 것이다.)	
창의성 평가관점		융통성: 상호 관련되지 않은 아이디어를 과학적 지식을 활용하여 합리적으로 연관시켰을 때 2점 추가점수를 부여한다.	

7) 문제해결 (정리)

영 역		평 가 관 점	창의성 평가요소
평가준거		문제해결의 전략을 종합 정리하여 그림으로 표현하고 설명할 수 있는가?	재구성력
점수체계	상	문제해결의 전략을 정리하여 그림으로 상세히 표현하고 과학적으로 타당하게 설명할 수 있다.	
	중	문제해결의 전략을 정리하여 그림으로 나타낼 수 있으나 앞서 제시한 문제해결에서 빠진 내용이 있거나 과학적으로 타당하게 설명하기 어렵다.	
	하	문제해결의 전략을 정리하지 못하고 설명하기 어렵다.	

8) 상호평가

영 역		평 가 준 거	창의성 평가요소
평가준거		내가 생각하지 못했던 모습을 찾아 친구의 문제해결과정을 칭찬할 수 있고 과학적인 지식을 활용하여 과학적이지 못한 점을 찾을 수 있는가?	의사소통력
점수체계	상	자신의 문제해결과정과 친구의 것을 비교하고 칭찬할 수 있으며 과학적인 지식을 활용하여 잘못된 점을 찾을 수 있다.	
	중	친구의 문제해결과정을 과학적인 지식을 활용하여 평가하지 않고 주관적으로 칭찬하거나 사실만을 나열한다.	
	하	평가활동에 적극적으로 참여하지 못한다.	
비 고		학습지에 대한 평가에만 치중하지 않고 수업 중 관찰 평가와 병행해야 한다.	

9) 최종결과종합, 10) 문제해결과정 평가

영 역		평 가 관 점	창의성 평가요소
평가준거		학생의 미래 환경을 기준으로 문제해결의 결과를 분석적으로 평가하여 다시 문제점을 지적하고 해결점을 찾을 수 있는가?	의사소통력 (반성적 사고)
점수체계	상	문제해결의 결과를 초기의 문제진술과 비교하면서 분석적으로 평가하여 새로운 문제점을 지적하고 해결점을 찾아낸다.	
	중	문제의 결과를 초기 문제진술과 직접 비교하지는 않았지만 결과에 대해 초기 문제와 관련하여 구체적인 문제점을 지적한다.	
	하	문제의 결과의 성공 여부만을 평가하여 만족이나 불만을 표시한다. 구체적인 지적을 하지 못하고 포괄적인 내용을 진술한다.	

【109 학생용 활동지】

1. 산, 바다, 하늘, 땅 등 우리는 환경에 둘러싸여 생활하고 있습니다. 과연 미래에도 우리 환경의 모습은 그대로 일까요? 여러분이 생각하는 미래의 환경에 대해 그려 봅시다. 그리고 그렇게 변할 것이라고 생각한 이유에 대해 설명해주세요.

안녕? 나는 식물의 신 '우네그(Unag)'라고 해. 나는 이 세상의 모든 식물들을 주관하고 있지. 예전부터 환경이 변화할 때마다 그 환경에 알맞게 식물들이 살아갈 수 있도록 변화시켜주고 있지. 환경이 변화할 때마다 나에게 자신의 몸을 바꿔 달라고 하거든. 요즘에는 환경이 너무 빠르게 변화해서 도통 내가 따라갈 수가 없어. 변화에 빠른 너희에게 내 능력을 잠시 빌려줄게. 미래에 잘 적응하도록 식물들의 모습을 변신시켜 줘.

2. 지금 '우네그(Unag)'는 어떤 상황에 처해 있나요? 처해있는 상황을 구체적으로 생각해서 적어 보세요.

3. 여러분은 우네그(Unag)의 능력을 가지게 되었습니다. 이제 우네그(Unag)가 처한 상황을 해결해야 하는데요. 이 상황을 해결하기 위한 방법으로는 어떤 것이 있을까요?

4. 자신이 가장 좋아하는 식물을 하나 정해 봅시다. <3번>의 방법을 선택하여, 문제를 해결하기 위해서는 어떻게 해야 할지 구체적인 계획을 만들어 보세요.

> 5. 자신이 그린 미래 환경에 대한 그림을 보면서, 스스로 정한 식물에게 필요한 정보를 찾아 마인드맵을 작성하여 보세요. (가운데는 자신이 정한 식물 이름을 쓰세요.)

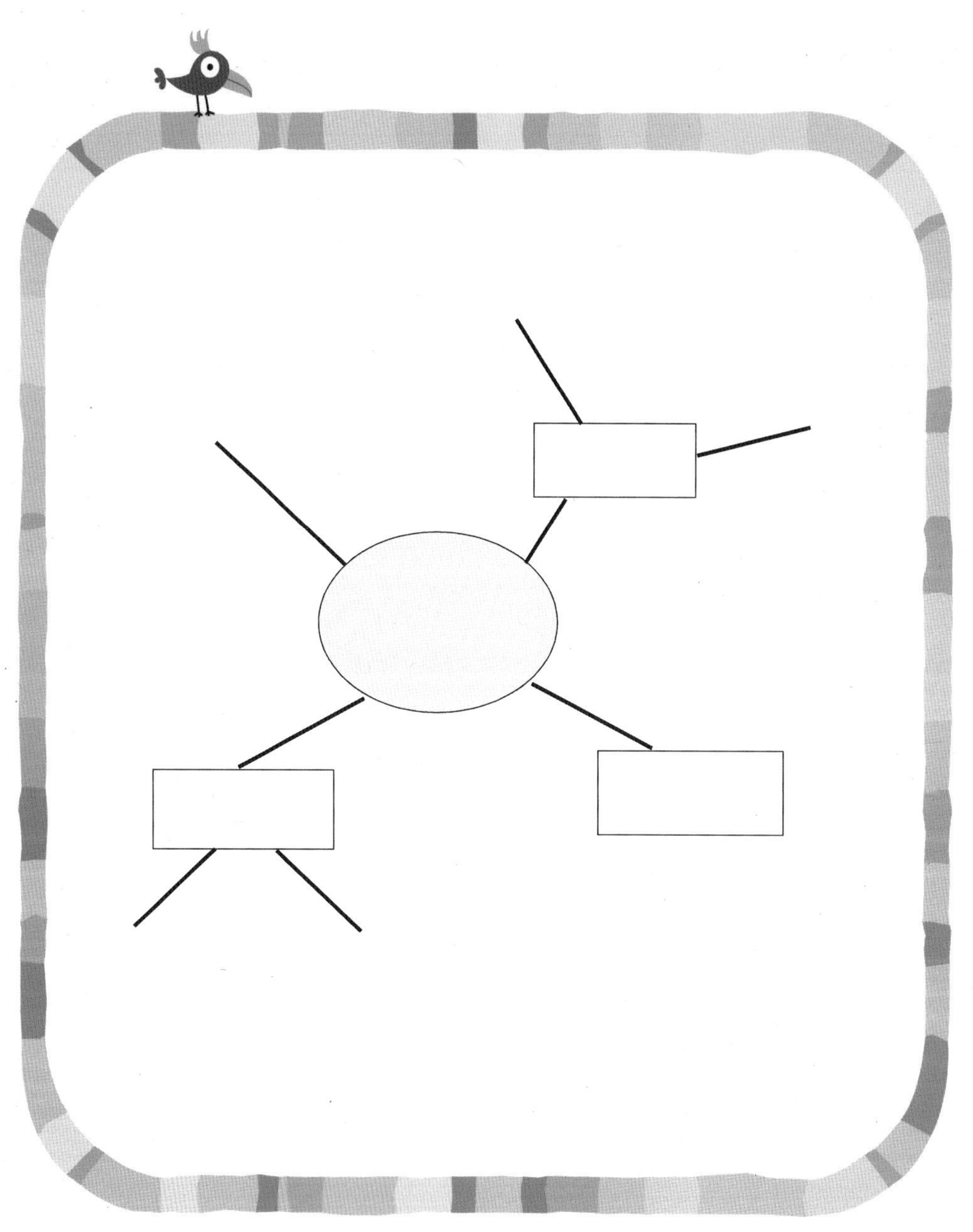

6. <5번>의 마인드맵에서 정리된 것을 보고 식물이 변신할 형태에 대해 정리하여 봅시다. 그리고 그 까닭도 함께 써 보세요.

* 변신한 형태 *   * 변신한 이유 *

7. 미래 환경에 적응해서 잘 살아갈 수 있도록 변신한 식물의 모습을 그림으로 그려 보아요.

8. 변신한 식물의 모습을 모둠 친구들에게 보여주고 더 필요한 것은 없는지 그리고 불필요한 것은 없는지 의견을 교환해 봅시다.

친구이름	필요한 점	불필요한 점

9. <8번>을 통해 고친 자신의 식물의 모습을 다시 그려주세요. 만약 친구 의견 중에 고치고 싶지 않은 부분이 있으면 그 까닭을 쓰세요. 나의 식물 모습을 학급게시판에 게시하고 학급 전체의 의견을 들어 봅시다.

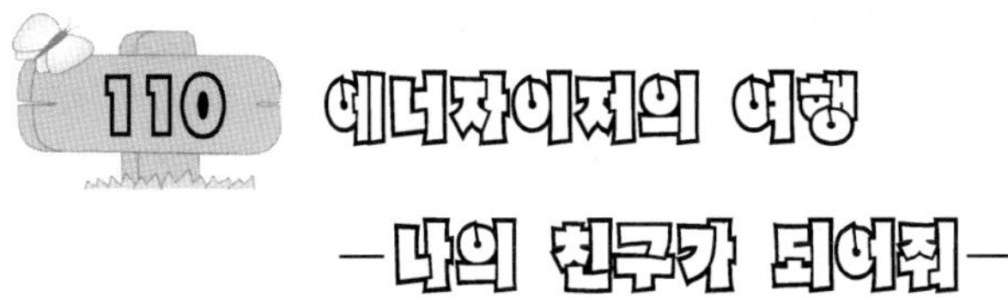

【110 교사용 안내서】

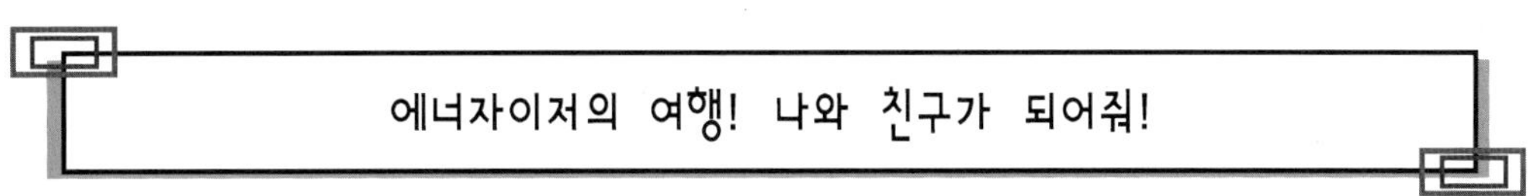

1. 관련 단원명

4학년 1학기 3. 전구에 불 켜기

4학년 2학기 5. 열에 의한 물체의 부피 변화

5학년 1학기 8. 에너지

2. 출제의도

이 자료는 교육과정 중 5학년 1학기 에너지에 대한 학습 후 보다 응용하여 학생들의 창의적인 사고력을 신장시키는 데 도움을 주고자 제작한 것이다.

4학년 2학기 '열의 이동', '열에 의한 물체의 온도와 부피 변화' 단원과 4학년 1학기 '전구에 불 켜기' 단원에서 발전하여 바람, 높은 곳에 있는 물체, 열, 전기가 일을 할 수 있다는 사실과 물체는 에너지를 가지고 있음을 복습한다. 또 5학년 2학기 '에너지' 단원에서 다룬 한 에너지가 다른 에너지로 전환된다는 것을 주안점으로 다룬다.

자료의 내용은 우리의 친구 에너지이저가 추석연휴기간 동안 여행을 다녀오는네 여행지에서 만날 친구들을 에너지로 설정하여 도움을 얻는 이야기로 구성하였다.

이 학습을 통해서 주위에 있는 여러 물체들은 에너지를 서장하고 있음을 일게 하고, 여러 가지 에너지 중에서 바람, 위치에너지, 열에너지, 전기에너지 4가지 에너지에 대해 알고, 그 에너지를 얻는 방법에 대하여 생각해보도록 하였다.

또한 평가 영역으로는 창의성의 구성요소인 문제에 대한 민감성, 독창성, 유창성, 유연성, 정교성, 재구성력 등이 적절히 사용되었는지를 평가요소로 설정하여 과학탐구의 추론 능력과 창의적 사고력을 평가하도록 하였다.

3. 평가목표

제시한 사진이나 그림 등을 통해 문제 상황을 파악하고, 문제를 해결하기 위해 여러 가지 창의적인 아이디어를 내고 있는지를 평가의 목표로 설정하였다. 그 아이디어를 활용하여 구체적인 계획과 자료를 재구성하는 능력을 평가하고 필요한 자료를 수집하는 과정을 도출해냄으로써 관련지식을 응용하는 능력을 평가하고자 하였다. 또한 자신의 생각뿐만 아니라 모둠활동을 통해 친구들의 의견이 자신의 의견과 어떻게 다른지 비교하도록 하고, 최종적으로 결과를 종합, 반성, 평가하는 능력을 신장하도록 하였다.

4. 창의성 평가요소

1) 문제에 대한 민감성-주어진 상황을 일상적인 상황이나 사물을 통해 이해할 수 있는가?

2) 유창성-문제 상황을 다양하게 제시하고 있는가?

3) 독창성-남들과 다른 새로운 해결책으로 제시하고 있는가?

4) 유연성-몇 개의 아이디어들을 통합하여 새로운 아이디어를 만들어내고 있는가?

5) 정교성-적절한 탐구문제를 선택하여 현실에 맞는 해결책을 제시하고 있는가?

6) 재구성력-기존의 일반적인 생각이나 틀을 깨는 견해인가?

7) 의사소통력-자신의 의견과 남의 의견을 서로 교환할 수 있는가?

5. 창의적 문제해결과정의 절차 및 평가 척도표

문제해결과정	평가준거	점 수	창의성 평가요소
1) 문제상황 파악	그림에 제시된 현상을 보고 다양한 질문을 할 수 있는가?	다양한 문제를 탐색하여 4가지 이상 제시하였다.(상)	민감성 유창성 독창성
		문제를 2-3가지 이상 제시하였다.(중)	
		문제를 1가지 이하밖에 제시하지 못했다.(하)	
2) 문제의 표상	에너자이저의 상황을 정확히 인지하고 해결해야 할 과제를 바르게 제시하였는가?	에너자이저가 처한 상황을 정확히 알고 만날 친구를 바르게 진술하였다.(상) (ex: 요트에 올라탔으나 요트가 나아가지 않았다. + 요트를 나가게 하려면 바람의 도움이 필요하다.)	민감성 정교성
		에너자이저에게 처한 상황과 만날 친구 중 한 가지만 바르게 진술하였다.(중) (ex: 에너자이저는 요트에 올라탔다. 또는 요트가 움직이지 않았다.)	
		에너자이저가 처한 상황과 만날 친구를 전혀 파악하지 못했다.(하) (에너자이저는 날씨가 좋아서 요트를 타러 바다에 갔다.)	
3) 문제해과정의 구체화	해결방법을 구체적으로 진술할 수 있는가?	에너자이저가 힘을 얻기 위해서 만난 친구와 해결방법을 서술형으로 진술하였다.(상) (ex: 바람의 방향에 따라 요트를 조종해서 나아갈 수 있다. 전기에너지의 도움으로 롤러코스터가 위로 올라가고 높은 곳의 위치에너지의 도움으로 내려올 수 있다. 나무에 불을 붙여 열에너지의 도움으로 라면 물을 끓일 수 있다. 전기에너지의 도움으로 서울야경에 전기를 켤 수 있다.)	유창성 독창성 정교성
		에너자이저가 만난 친구를 제시하였으나 해결방법이 구체적이지 못하였다.(중) (ex: 바람, 위치, 열, 전기 등 단어 나열)	
		에너자이저가 만난 친구와 해결방법 둘 다 제시하지 못하였다.(하)	

문제해결과정	평가준거	점 수	창의성 평가요소
4) 자료의 수집	3) 의 구체화된 문제해결 과정에 따라 정보를 올바르게 수집하였는가?	에너지와 관련된 자료를 4가지 이상 제시하였다.(상) (ex: 이름－바람에너지 사는 곳－풍력발전소, 바다, 산 등 자기가 생각하는 바람이 있는 곳을 제시. 성격－바람은 우리를 시원하게 해준다. 바람은 전기를 생산하게 해주는 원동력이다. 바람은 물체를 앞으로 나아가게 해준다. 등 바람이 하는 일 제시.) 나머지 위치, 열, 전기 모두 제시.	유창성
		에너지와 관련된 자료를 2－3가지 이상 제시하였다.(중) (ex: 바람, 위치, 열, 전기 중 2－3가지만 제시)	
		에너지와 관련된 자료를 1가지 이하로 제시하였다.(하)	
5) 전략선택 (자료의 활용 및 문제해결)	영역별로 자료를 분류하여 문제를 해결할 수 있는가?	과학지식을 들어 에너자이저가 에너지를 얻는 과정을 설명하였다.(상) (ex: 단어를 나열하여 마인드맵을 풍부하게 작성하였다. 한 가지에 3가지 이상을 연결하였다. 바다에서－바람－방향－역풍－추진력－요트)	유연성 정교성
		과학지식을 들어 에너지를 얻는 과정을 설명하였으나 다소 유연성이 떨어진다.(중) (ex: 놀이공원에서－롤러코스트－전기에너지)	
		제시한 방법이 과학적이지 않고 주관적이다.(하)(ex: 휴게실에서－라면－컵라면－맛있다)	
6) 모둠토의	이제까지 했던 활동을 친구와 비교해보고 잘된 점과 개선점을 지적해줄 수 있는가?	자신의 의견과 친구의 의견을 비교하고 과학적으로 잘된 점과 개선점을 찾을 수 있다.(상)	의사소통력
		자신의 의견과 친구의 의견을 비교하되 주관적으로 질뙨 짐과 개신짐을 찿아내있다.(중)	
		의견을 비교하려고 하지 않았다.(하)	
7) 최종결과 종합	모둠토의를 통해서 잘된 의견을 종합하여 문제 해결책을 도출할 수 있는가?	의견을 수렴하여 적절한 해결책을 3가지 이상 제시하였다.(상)	의사소통력 유연성 재구성력
		의견을 수렴하여 적절한 해결책을 2가지 이상 제시하였다.(중)	
		의견을 수렴하지 못하고 적절한 해결책을 제시하지 못하였다.(하)	

문제해결과정	평가준거	점 수		창의성 평가요소
8) 문제결과 분석 및 평가	각 모둠의 해결책을 발표하고 잘된 점과 새로운 문제점을 지적하고 해결점을 찾아낼 수 있는가?	해결책을 되돌아보면서 잘된 점과 개선점을 찾아 제시하였다.(상)		의사소통력 (반성적 사고) 유연성 정교성
		잘된 점과 잘못된 점 중 한 가지만 찾아 제시하였다.(중)		
		잘된 점과 개선점을 모두 제시하지 못하였다.(하)		
점수총합계	29~40(상) 19~28(중) 8~18(하)	(상의 개수)*5점 +(중의 개수)*3점 +(하의 개수)*1점=합산		만점/40점 최하/8점

*반성적 사고-자신의 수행과정과 결과에 대해 돌이켜 생각할 수 있는가?

【110 학생용 활동지】

1. 위의 4가지 사진을 보고 할 수 있는 질문을 가능한 많이 써 봅시다.

   (단 4가지의 사진의 공통점에 유념하여 질문을 만들어 봅시다.)

에너지이저의 여행일기

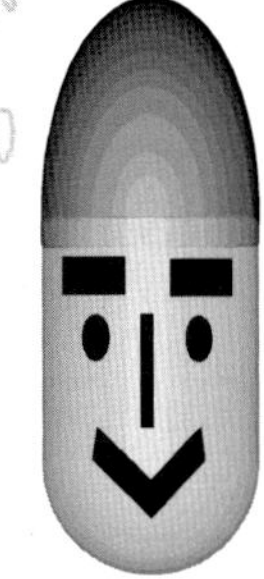

안녕~ 일기를 쓰기 전에 먼저 나의 소개를 해야겠구나.

내 이름은 에너자이저라고 해. 추석을 맞이하여 나는 여행을 가게 되었단다. 그런데 난 팔과 다리와 몸이 없어서 누군가의 도움을 필요로 해. 여행하는 동안 나를 도와줄 친구를 찾아주겠니?

2. 여행하고자 하는 곳에는 어떤 친구들이 에너자이저를 도와주기 위해 기다리고 있을까요? 여행 일기를 읽고 작성해 봅시다.

2006. 10. 5. 목요일 날씨

오늘은 날씨가 참 좋았다. 여름방학 이후로 한 번도 가보지 않은
바다에 갔다. 가보니 바다에서 요트를 타고 있는 것이 보였다.
나도 타볼까 하고 망설이다 아저씨의 도움으로 요트에 올랐다.
그런데 나 혼자 힘으로는 요트가 앞으로 나아가지 않았다.

에너자이저는 지금 어떤 상황에 처해 있나요?
이를 해결하기 위해 어떤 친구가 필요한가요?

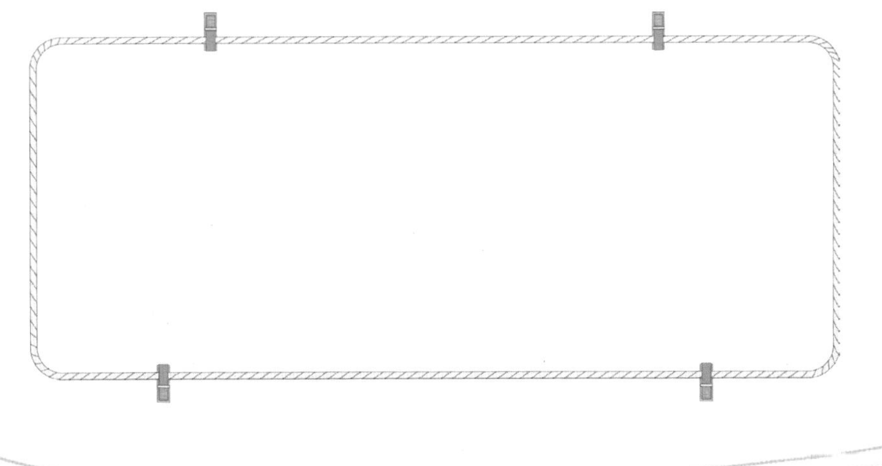

2006.10. 6. 금요일 날씨 

오늘은 내가 기다리고 기다리던 놀이공원에 갔다.
놀이공원에 가니 TV로만 보던 자이로드롭이 나를 기다리고 있었다. 안전바를
매고 마음속으로 하나 둘 셋을 세며 하늘 위로 날아오르기만을 기다리고 있었다.
그런데 자이로드롭이 꿈쩍도 하지 않았다. 정말 정말 타고 싶었던 자이로드롭~
왜 움직이지 않는 거야??

에너자이저는 지금 어떤 상황에 처해 있나요?
이를 해결하기 위해 어떤 친구가 필요한가요?

2006.10. 7. 토요일 날씨

오늘은 비가 내렸다. 그래서 잠시 휴게소에 들러서 끓여 먹을 라면을 사왔다.
그런데 깜빡하고 집에 가스버너를 놔두고 온 것이다! 오 마이 갓~
냄비는 준비해 왔는데 또 뭐가 필요하지? 내가 라면을 먹을 수 있게 도와줘~ 친구야~

에너자이저는 지금 어떤 상황에 처해 있나요?
이를 해결하기 위해 어떤 친구가 필요한가요?

2006. 10. 8. 일요일 날씨

어제가 추석이라 둥그런 보름달이었는데 오늘은 어째 달이 하루 만에 반쪽이 된
것 같다. 오늘은 서울 구경을 하러 갔다. 밤에 보는 서울 야경은 정말 끝내준다
는 서울 사는 친구들의 칭찬에 한 번쯤 꼭 가봐야겠다고 생각했었는데 드디어~
오늘이 그 날이다. 그런데 왜 이렇게 서울이 어두컴컴한 거야? 이런이런 가는 날
이 장날이라더니…… 하필이면 왜 이럴 때 정전이야~ 나는 꼭 야경을 보고 싶은데……

에너자이저는 지금 어떤 상황에 처해 있나요?
이를 해결하기 위해 어떤 친구가 필요한가요?

　3. 에너자이저가 쓴 일기를 보고 이 상황을 해결하기 위해서 에너자이저가 어
떤 친구들을 만났는지 다시 한번 생각해보고, 해결방법을 써 봅시다.

4. 에너자이저를 도와준 친구들의 프로필을 간략히 조사해 봅시다.

첫 번째 친구 – 이름:
사는 곳:
성격(특징):

두 번째 친구 – 이름:
사는 곳:
성격(특징):

세 번째 친구 – 이름:
사는 곳:
성격(특징):

네 번째 친구 – 이름:
사는 곳:
성격(특징):

5. 여행지에서 만난 친구들은 어떻게 에너자이저를 도와주었는지 예상하여 마인드맵을 작성하여 봅시다.

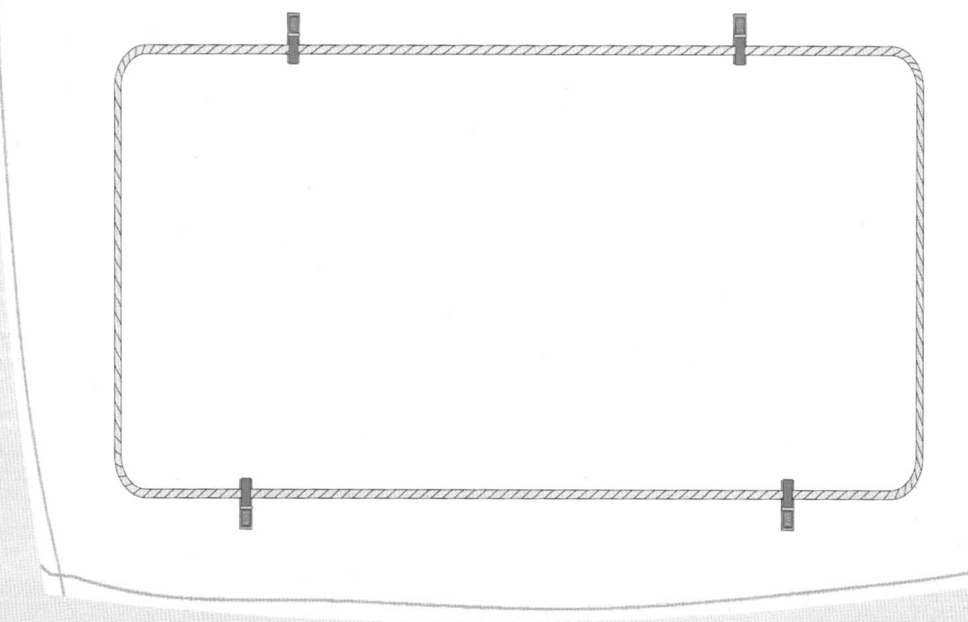

6. 지금까지 활동한 내용을 모둠별로 친구와 얘기해 봅시다.
자신이 필요하다고 생각한 에너자이저의 친구들에 대해서 서로 토의해 봅시다.
그런 다음 친구의 의견에서 잘된 점과 개선점에 대해 써 봅시다.

7. 친구들과 의견을 비교한 결과, 각각의 여행지에서 가장 적합하다고 생각
   하는 친구를 한 명 또는 두 명씩 뽑아보고 선택한 이유를 써 봅시다. 또
   한 친구의 성격이 어떠한 점에서 에너자이저의 문제해결에 도움을 주었는
   지 생각해 봅시다.

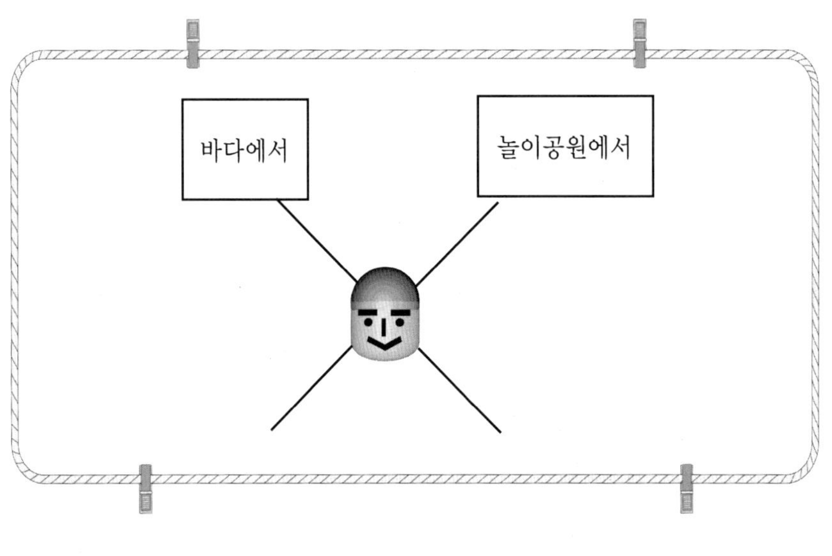

8. 이상 모둠에서 나온 최종 결과를 모둠대표가 반 전체 아이들과 이야기해보고, 잘된 점과 개선점에 대해서 함께 생각해 봅시다.

애들아, 모두 고마워~

너희들의 도움이 없었더라면 여행을 무사히 마치지 못했을 거야.

좋은 친구들을 알게 해준 너희들에게 맛있는 선물을 줄게 ^O^

좋은 추석 보내고 더도 말고 덜도 말고 한가위만 같이 지냈으면 좋겠어~

111 까미의 여행을 도와주세요

【111 교사용 안내서】

> 까미의 여행을 도와주세요!

1. 관련 단원명

5학년 1학기 5. 꽃

5학년 2학기 1. 환경과 생물

2. 창의적 문제해결과정의 절차

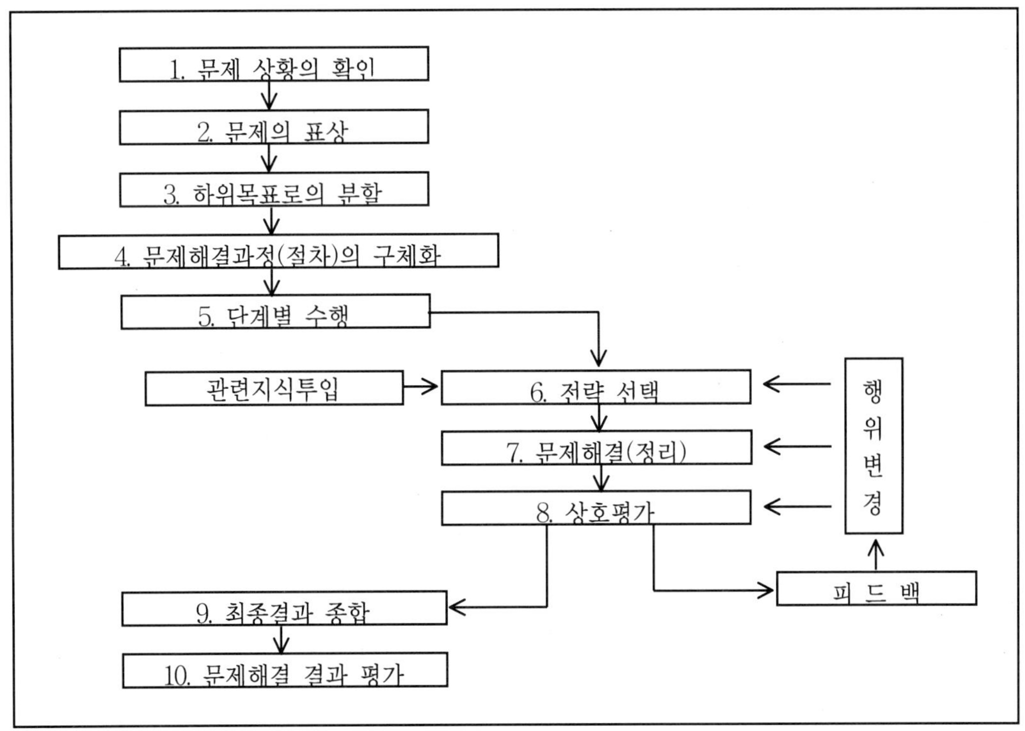

5. 평가내용과 척도표

1) 문제 상황의 확인

영역		평가관점	창의성 평가요소
평가준거		과학적으로 일어나고 있는 현상을 생각하여 다양한 질문을 할 수 있는가?	민감성, 유창성, 독창성
점수체계	3	각 그림에서 4가지 이상의 영역에서 질문을 할 수 있다.	
	2	각 그림에서 2~3가지 영역에서 질문을 할 수 있다.	
	1	각 그림에서 1가지 이하의 영역에서 질문을 할 수 있다.	
창의성 평가관점		유창성: 같은 영역에서 비슷한 질문을 반복하는 것은 정답으로 처리하지 않고 하나의 답으로 처리한다.(예: '꽃 크기는 왜 다를까? 꽃 색깔은 왜 다를까?'와 같은 질문은 하나로 정답 처리한다.)	
		독창성: 전체 학급의 10% 이내의 독특한 아이디어에 대해서 1점의 추가점수를 부여한다.	

2) 문제의 표상

영역		평가관점	창의성 평가요소
평가준거		까미가 처한 상황을 정확히 인지하고 발견하여 과제를 바르게 진술할 수 있는가?	민감성, 정교성
점수체계	3	까미가 처한 상황을 정확히 알고 해결해야 할 과제를 바르게 진술할 수 있다.(예: 혼자서는 여행할 수 없으므로 도우미를 찾아야 한다. + 여행을 끝내고 변해야 한다.)	
	2	까미에게 주어진 과제와 처한 상황 중 한 가지만 바르게 진술할 수 있다.(예: 여행을 잘할 수 있도록 도우미를 찾아야 한다. 또는 잘 변해야 한다.)	
	1	까미가 처한 상황과 해결해야 할 과제를 전혀 파악하지 못한다. (예: 까미는 여행을 안가도 된다. 여행 잘했으면 좋겠다.)	

3) 하위목표로의 분할

영역		평가관점	창의성 평가요소
평가준거		〈2번〉 문제에서 파악한 문제를 해결하기 위하여 하위목표로 분할하여 나열할 수 있는가?	독창성, 유창성
점수체계	3	5가지 이상의 도우미를 찾았다.	
	2	3~4가지의 도우미를 찾았다.	
	1	2가지 이하의 도우미를 찾았다.	
창의성 평가관점		독창성: 전체 학급의 10% 이내의 독특한 아이디어에 대해서 1점의 추가점수를 부여한다.	

4) 문제해결과정의 구체화

영역		평가관점	창의성 평가요소
평가준거		각 하위목표로의 해결방법을 구체적으로 진술할 수 있는가?	정교성, 독창성, 유창성
점수체계	3	〈3번〉의 대답에서 1~2가지를 선택하여 어떻게 도움을 받아야 하는지 3가지 이상 진술하였다.	
	2	〈3번〉의 대답에서 1~2가지를 선택하여 어떻게 도움을 받아야 하는지 2가지 이하 진술하였다.	
	1	〈3번〉의 대답에서 해결할 내용을 선택하지 못하고 구체적인 해결방법을 진술하지 못한다.	

5) 단계별 수행

영역		평가관점	창의성 평가요소
평가준거		구체화된 문제해결과정에 따라 정보를 찾아내어 그 다음 문제에 다가갈 수 있는가?	유창성, 민감성, 융통성
점수체계	3	갈 수 있는 곳과 변화될 모습을 관련지어 4가지 이상 진술을 하였다.	
	2	갈 수 있는 곳과 변화될 모습을 각각 3가지 이하 진술을 하였다.	
	1	어디에 갈 수 있는지와 어떻게 변하게 될지 중 한 가지만 진술하였다.	
창의성 평가관점		독창성: 전체 학급의 10% 이내의 독특한 아이디어에 대해서 1점의 추가점수를 부여한다.	

6) 전략 선택(관련지식투입)

영역		평가관점	창의성 평가요소
평가준거		〈5번〉의 대답들을 관련짓고 이유를 제시하여 과제를 해결할 수 있는가?	
점 수 체 계	3	까미의 변화된 모습을 장소에 맞게 선택하고 과학적인 근거를 들어 진술할 수 있다.(학급의 10% 이내의 많은 수를 낸 학생)	유창성, 융통성
	2	까미의 변화된 모습을 장소에 맞게 선택하고 과학적인 근거를 들어 진술할 수 있으나 유창성이 다소 부족하다.(학급의 10% 이하의 수를 제시한 경우)	
	1	까미의 변화된 모습을 진술할 수 있으나 이유가 과학적이지 않고 주관적이다.(예: 키가 크고 화려하게 변화한다.)	
창의성 평가관점		융통성: 상호 관련되지 않은 아이디어를 과학적 지식을 활용하여 합리적으로 연관시켰을 때 3점 추가점수를 부여한다.	

7) 문제해결(정리)

영역		평가관점	창의성 평가요소
평가준거		문제해결의 과정과 결과를 종합 정리하고 설명할 수 있는가?	
점 수 체 계	3	문제해결의 과정과 결과를 정리할 수 있고 과학적으로 타당하게 설명할 수 있다.	재구성력
	2	문제해결의 과정과 결과를 정리할 수 있으나 이어지지 않거나 과학적으로 타당하게 설명하기 어렵다.	
	1	문제해결의 과정과 결과를 정리하지 못하고 설명하지 못한다.	

8) 상호평가

영역		평가관점	창의성 평가요소
평가준거		내가 생각하지 못했던 점을 찾아 친구의 문제해결과정을 칭찬할 수 있고, 과학적인 지식을 활용하여 과학적이지 못한 점은 찾을 수 있는가?	의사 소통력
점수체계	3	자신이 문제해결과정과 친구의 것을 비교하여 칭찬할 수 있으며 과학적인 지식을 활용하여 잘못된 점을 찾을 수 있다.	
	2	친구의 문제해결과정을 과학적인 지식을 활용하여 평가하지 않고 주관적으로 칭찬하거나 사실만을 나열한다.	
	1	평가활동에 적극적으로 참여하지 못한다.	
비고		학습지에 의존하는 평가보다는 수업중의 관찰평가와 병행해야 한다.	

9) 최종결과 종합, 10) 문제해결 결과 평가

영역		평가관점	창의성 평가요소
평가준거		초기 문제의 조건, 계획, 과정 등을 기준으로 문제해결의 결과를 분석적으로 평가하여 새로운 문제점을 지적하고 해결점을 찾아낼 수 있는가?	의사 소통력 (반성적 사고)
점수체계	3	문제해결의 결과를 초기의 문제진술과 비교하면서 분석적으로 평가하여, 새로운 문제점을 지적하고 해결점을 찾아낸다.	
	2	문제의 결과를 초기 문제진술과 직접 비교하지는 않았지만 결과에 대해 초기문제와 관련하여 구체적인 문제점을 지적한다.	
	1	문제의 결과에 대해 성공 여부만을 평가하여 만족, 또는 불만을 표시한다. 구체적인 지적을 하지 못하고 포괄적인 내용을 진술한다.	

【111 학생용 활동지】

〈여러 가지 꽃 사진〉

1. 앞의 그림은 여러 가지 꽃의 사진입니다. 사진 4장을 보면서 할 수 있는 질문은 무엇일까요? 가능한 많이 써주세요. 그리고 그림을 보면 바로 대답할 수 있는 질문은 하지 않습니다.

여러분, 안녕하세요? 전 까미라고 해요. 솜털처럼 생겼지만 아직은 씨앗이랍니다. 전 제가 떨어지는 곳의 환경에 따라 변하는 특이한 성질을 가지고 있어요.

우리는 여기저기를 여행하면서 돌아다녀요. 호수에 떨어지기도 하고 높은 산에 떨어지기도 해요. 하지만 전 혼자서는 돌아다닐 수 없답니다. 누군가가 저를 도와주세요. 그리고 어서 빨리 멋진 꽃으로 자라고 싶어요. 제가 즐겁게 여행을 끝내고 멋진 꽃이 될 수 있게 친구 여러분, 도와주세요.

2. 까미는 지금 어떤 상황에 처해 있나요? 처해 있는 상황을 구체적으로 생각해서 적어 보세요.

3. 까미가 멋진 여행을 떠나기 위해 도움을 줄 수 있는 것들은 어떤 것이 있을까요? 도움을 받을 수 있는 친구들을 찾아 적어 봅시다.

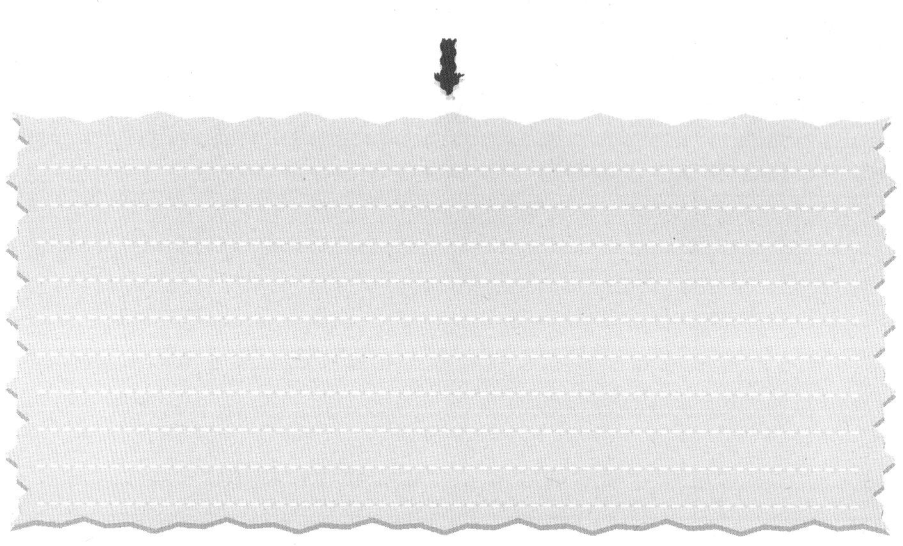

4. 〈3번〉의 대답 중, 1~2개를 선택하여 어떤 도움을 받아야 하는지 다양하게 적어 보세요.

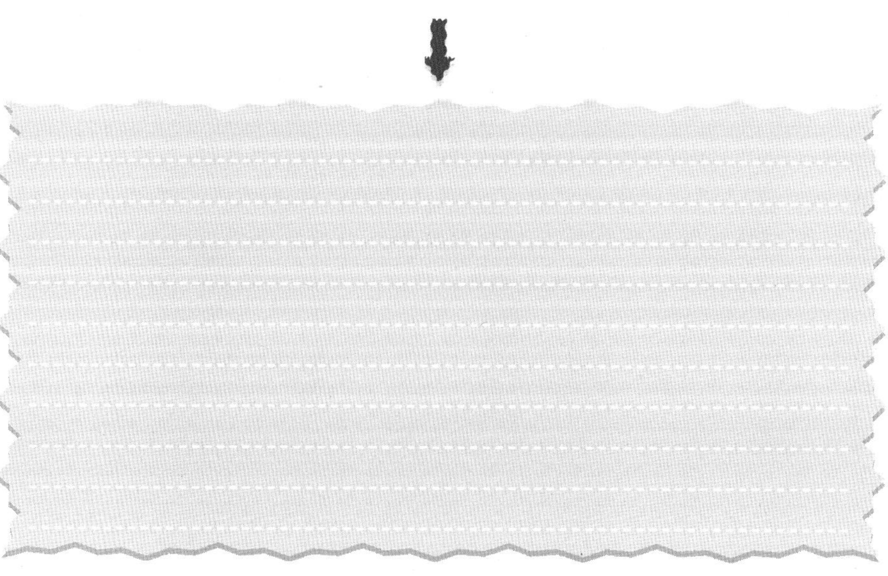

5. 도움을 받은 까미는 어떤 곳에 갈 수 있을까요? 그리고 까미는 어떤 모습의 꽃이 될 수 있는지도 적어 봅시다.

6. 〈5번〉에서 까미가 살게 될 곳과 변하게 될 꽃의 모습을 정리해 봅시다. 그리고 그 이유도 적어 보세요.

장 소	모 습	이 유

> 7. 까미가 누구에게 어떤 도움을 받고 어디에 도착하여 어떤 모습의 꽃이 될 것인지 여행 방법과 결과를 적어 보세요.

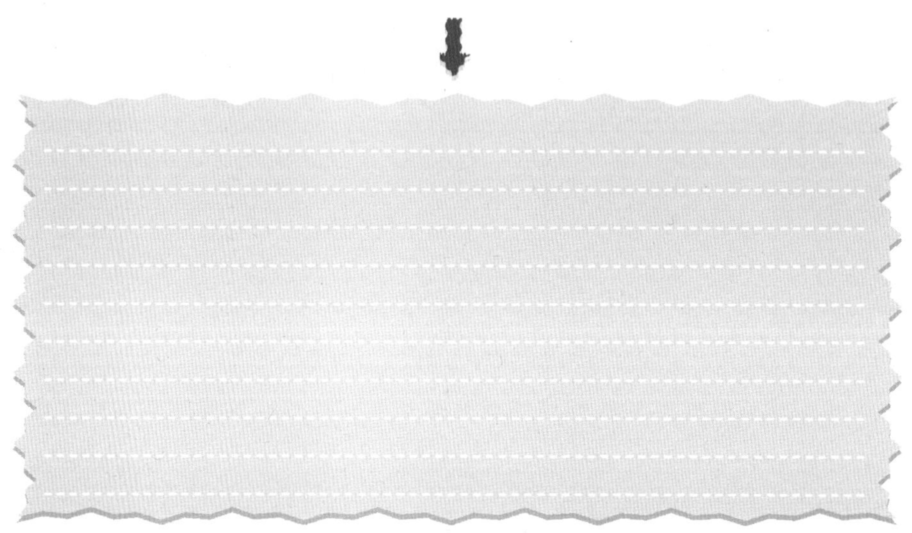

> 8. 까미의 여행을 모둠 친구들에게 보여주고 어떤 점이 잘되었고, 고쳐야 할 점은 없는지 의견을 들어 보세요.

친구 이름	잘된 점	고쳐야 할 점

9. 〈8번〉 친구 의견을 들어 수정한 까미의 여행을 다시 써 보세요. 만약 친구 의견 중 바꾸고 싶지 않은 부분이 있으면 그 이유를 적어 보세요. 나의 까미 여행을 학급게시판에 게시하고 학급 전체의 의견을 들어 봅시다.

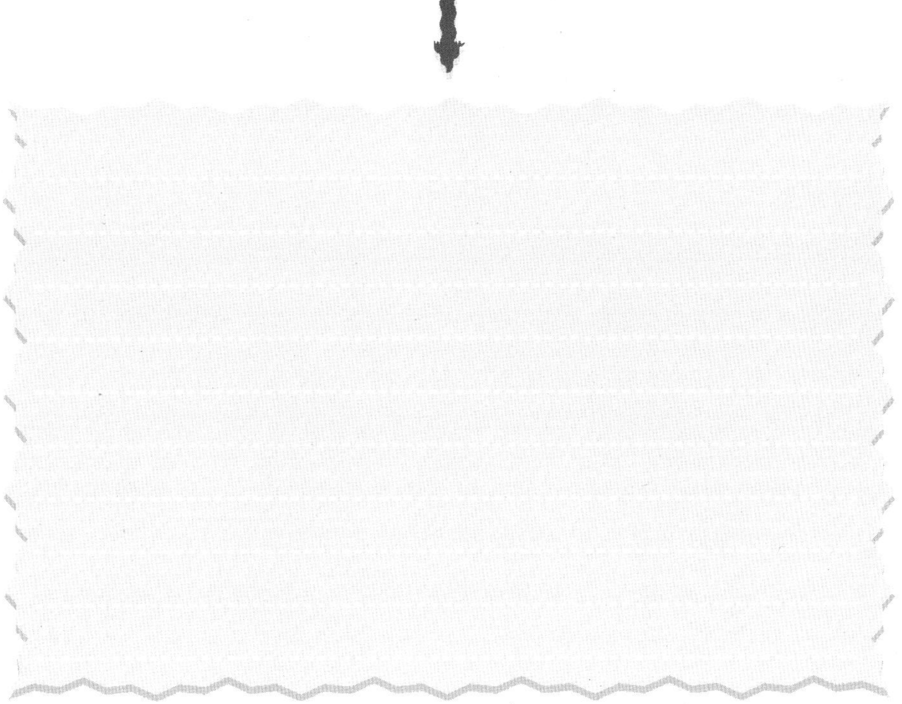

112 어떻게 하늘을 날 수 있을까?

【112 교사용 안내서】

> 어떻게 하늘을 날 수 있을까?

1. 출제의도

　자료의 내용은 우리가 일상생활 속에서 많이 보고 들을 수 있는 비행기, 열기구, 행글라이더, 로켓 등 하늘을 나는 기계에 대한 문제를 해결하도록 구성하였다. 이 학습을 통해서 이러한 기계들이 공기에 어떻게 영향을 받는지 이해하고 어떠한 특징이 있는지 알도록 하였다.

　이 학습을 통해서 과학 수행평가문항의 다양한 평가 영역과 특징을 최대한 반영하여 평가 영역으로 과학지식의 적용력과 과학태도·과학탐구의 추론 능력·창의적 사고력·반성적 사고력·의사소통력이 평가되도록 하였으며, 비행기 같은 무거운 기계가 어떻게 하늘을 날 수 있는지 알 수 있는 기회를 제공함으로써 지속적인 동기부여가 되도록 하였다.

2. 평가목표

(1) 주어진 상황을 이해하고 문제를 해결할 수 있는가?(과학지식의 적용력)

(2) 과학적으로 타당하면서도 독특하고 유연한 생각을 할 수 있는가?(창의적 사고력)

(3) 자료를 수집하고 정리하며 종합할 수 있는가?(과학적 태도)

(4) 다른 친구에게 자신의 생각을 이해시키고 친구의 생각을 바르게 이해할 수 있는가? (의사소통력)

(5) 자신의 수행과정과 결과에 대해 돌이켜 생각할 수 있는가?(반성적 사고력)

3. 창의적 문제해결과정의 절차

① 문제 상황의 확인
② 문제의 표상
③ 하위목표로의 분할
④ 문제해결과정(절차)의 구체화
⑤ 단계별 수행

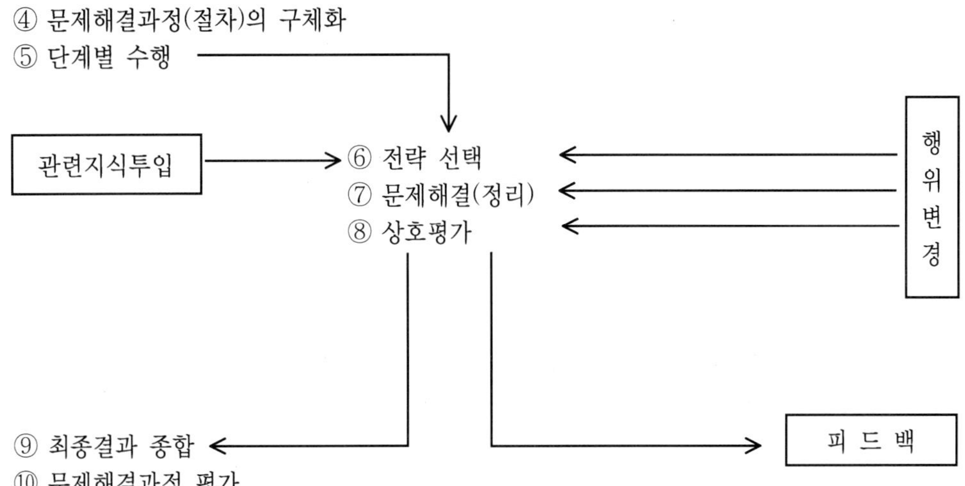

4. 평가내용과 척도표

1) 문제 상황의 확인

영 역		평 가 관 점	창의성 평가요소
평가준거		과학적으로 일어나고 있는 현상을 생각하여 다양한 질문을 할 수 있는가?	민감성, 유창성, 독창성
점수체계	상	각 그림에서 4가지 이상의 영역에서 질문을 할 수 있다.	
	중	각 그림에서 2–3가지 영역에서 질문을 할 수 있다.	
	하	각 그림에서 1가지 이하의 영역에서 질문을 할 수 있다.	
창의성 평가관점		유창성: 같은 영역에서 비슷한 질문을 반복하는 것은 정답으로 처리하지 않고 하나의 답으로 처리한다.	
		독창성: 전체 학급의 10% 이내의 독특한 아이디어에 대해서 1점의 추가점수를 부여한다.	

2) 문제의 표상

영 역		평 가 관 점	창의성 평가요소
평가준거		그림을 보고 그림의 의도를 정확히 인지하고 발견하여 해결해야 할 과제를 바르게 진술할 수 있는가?	
점수체계	상	그림을 보고 그림의 의도를 정확히 알고 해결해야 할 과제를 바르게 진술할 수 있다.	민감성, 정교성
	중	그림을 보고 그림의 의도를 정확히 알지만 해결해야 할 과제를 뚜렷하게 진술하지 못한다.	
	하	그림을 보고 그림의 의도를 전혀 파악하지 못한다.	

3) 하위목표로의 분할

영 역		평 가 관 점	창의성 평가요소
평가준거		〈1번〉, 〈2번〉 문제에서 파악한 문제를 해결하기 위하여 하위목표로 분할하여 나열할 수 있는가?	
점수체계	상	그림에서 비행기, 열기구, 로켓에 대한 문제를 분할하여 구체적으로 진술할 수 있다. - 자료탐색과 실행이 모두 포함되어야 함.	정교성, 독창성, 유창성
	중	문제를 분할하여 진술할 수 있으나 구체적이지 못하다. - 자료탐색과 실행이 모두 포함되어 있으나 구체적이지 못함.	
	하	문제해결을 위한 구체적인 하위목표를 진술하지 못하고 자료 조사와 문제해결을 관련시키지 못한다.	
창의성 평가관점		독창성: 전체 학급의 10% 이내의 독특한 아이디어에 대해서 1점의 추가점수를 부여한다.	

4) 문제해결과정의 구체화

영 역		평 가 관 점	창의성 평가요소
평가준거		각 하위목표의 해결방법을 구체적으로 진술할 수 있는가?	
점수체계	상	〈3번〉의 질문에서 한 가지 하위목표를 선택하여 해결해야 할 내용과 해결방법을 구체적으로 3가지 이상 진술할 수 있다.	정교성, 독창성, 유창성
	중	〈3번〉의 질문에서 한 가지 하위목표를 선택하여 해결해야 할 내용과 해결방법을 구체적으로 3가지 이하를 진술하거나, 해결방법을 진술할 수 없다.	
	하	〈3번〉의 하위목표에서 해결할 내용을 선택하지 못하고 구체적인 해결방법을 진술하지 못한다.	

5) 전략선택(관련지식 투입), 문제해결(정리)

영 역		평 가 관 점	창의성 평가요소
평가준거		직접 비행물체를 만들어보면서 문제를 해결하고 여러 가지 과제를 해결할 수 있는가?	유창성, 융통성, 재구성력
점수체계	상	비행물체를 정확하게 만들고 그 바탕이 과학적 타당한 지식으로 뒷받침할 수 있다.	
	중	비행물체를 정확하게 만들고 그 바탕이 과학적 타당한 지식으로 뒷받침하나 유창성이 다소 부족하다.	
	하	비행물체를 정확하게 만들었으나 그 바탕이 과학적이지 않고 주관적이다.	
창의성 평가관점		융통성: 상호 관련되지 않은 아이디어를 과학적 지식을 활용하여 합리적으로 연관시켰을 때 3점 추가점수를 부여한다.	

6) 상호평가

영 역		평 가 관 점	창의성 평가요소
평가준거		내가 생각하지 못했던 점을 찾아 친구의 문제해결과정을 칭찬할 수 있고, 과학적인 지식을 활용하여 과학적이지 못한 점을 찾을 수 있는가?	의사 소통력
점수체계	상	자신의 문제해결과정과 친구의 것을 비교하고 칭찬할 수 있으며 과학적인 지식을 활용하여 잘못된 점을 찾을 수 있다.	
	중	친구의 문제해결과정을 과학적인 지식을 활용하여 평가하지 않고 주관적으로 칭찬하거나 사실만을 나열한다.	
	하	평가활동에 적극적으로 참여하지 못한다.	
비고		학습지에 의존하는 평가보다는 수업 중의 관찰평가와 병행해야 한다.	

7) 최종결과종합, 문제해결과정 평가

영 역		평 가 관 점	창의성 평가요소
평가준거		초기 문제의 조건, 계획, 과정 등을 기준으로 문제해결의 결과를 분석적으로 평가하여 새로운 문제점을 지적하고 해결점을 찾아낼 수 있는가?	의사 소통력 (반성적 사고)
점수체계	상	문제해결의 결과를 초기의 문제진술과 비교하면서 분석적으로 평가하여, 새로운 문제점을 지적하고 해결점을 찾아낸다.	
	중	문제의 결과를 초기 문제진술과 직접 비교하지는 않았지만 결과에 대해 초기 문제와 관련하여 구체적인 문제점을 지적한다.	
	하	문제의 결과에 대해 성공 여부만을 평가하여 만족, 또는 불만을 표시한다. 구체적인 지적을 하지 못하고 포괄적인 내용을 진술한다.	

【112 학생용 활동지】

철수는 가족과 함께 여행을 가기 위해 비행기를 타게 되었다. 처음으로 타는 비행기라서 긴장되었지만 기분이 무척 좋았다. 가까이 서 본 비행기는 어마어마하게 컸다. 하늘에서 볼 때는 작았는데 말이다. 비행기가 하늘을 날아오르기 시작했다. 철수는 이렇게 커다란 비행기가 하늘을 나는 것이 신기했다

1. 위의 글과 그림을 보고 궁금한 것을 적어 보세요.

____

____

____

____

____

2. 위의 궁금한 점 중에서 하나를 골라 자신의 해결 문제로 정하여 봅시다.

____

____

____

____

____

3. 문제가 생긴 원인을 생각하면서 자신이 택한 문제를 해결하기 위한 방법을 모두 써 보시오.

____

____

____

____

____

4. 위의 방법들 중 하나를 선택하여 해결하기 위한 실험계획을 세워 봅시다.

____

____

____

____

____

____

____

5. 자신이 직접 생각한 방법을 이용하여 글라이더나 로켓 등 하늘을 나는 물체를 만들어 봅시다.

6. 자신이 만든 비행물체를 친구들에게 보여주고 비행물체에 대해 친구들에게 타당하게 이야기하고 더 필요한 것은 없는지 그리고 불필요한 것은 없는지 의견을 들어 보세요.

7. 친구의 의견을 듣고 비행물체를 수정하고 만약 친구의 의견 중 수정하고 싶지 않은 부분이 있으면 그 까닭을 쓰세요.

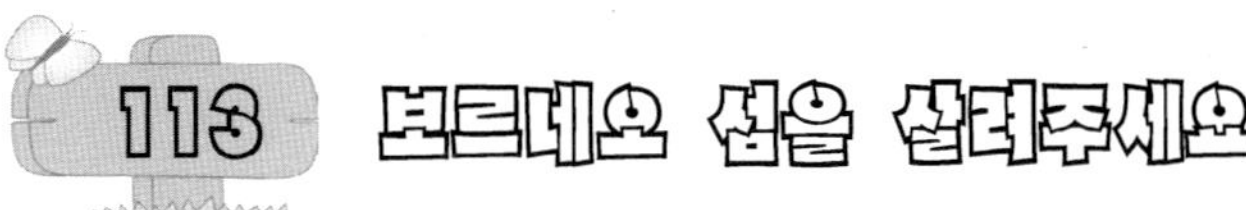

【113 교사용 안내서】

> 보르네오 섬을 살려주세요

1. 관련 단원명

5학년 2학기 1. 환경과 생물
6학년 2학기 3. 쾌적한 환경

2. 출제의도

본 자료는 교육과정 5−2'환경과 생물' 단원과 6−2'쾌적한 환경 '단원의 내용을 학습한 후, 영재반에서 심화학습을 할 수 있도록 재구성한 것이다.

자료의 내용은 보르네오 섬의 한 마을에서 일어난 일을 읽고 이 마을이 처한 위기를 어떻게 극복해 나갈 것인가에 대한 과제를 해결하도록 구성하였다. 이 학습을 통해서 환경이 생물에 미치는 영향과 생태계가 어떻게 평형을 유지하는지에 대해서 토론할 수 있도록 하였다.

이 학습을 통해서, 과학 수행평가문항의 다양한 평가 영역과 특징을 최대한 반영하여 평가 영역으로 과학지식의 적용력과 과학태도·과학탐구의 추론 능력·창의적 사고력·반성적 사고력·의사소통력이 평가되도록 하였으며, 환경과 생물의 상호 관련을 통해 환경의 소중함을 알 수 있는 기회를 제공함으로써 지속적인 동기부여가 되도록 하였다.

3. 평가항목

(1) 주어진 상황을 이해하고 문제를 해결할 수 있는가?(과학지식의 적용력)

(2) 과학적으로 타당하면서도, 독특하고 유연한 생각을 할 수 있는가?(창의적 사고력)

(3) 자료를 수집하고 정리하며 종합할 수 있는가?(과학적 태도)

(4) 다른 친구에게 자신의 생각을 이해시키고 친구의 생각을 바르게 이해할 수 있는가?(의사소통력)

(5) 자신의 수행과정과 결과에 대해 돌이켜 생각할 수 있는가?(반성적 사고력)

4. 창의적 문제해결과정의 절차

본 수업은 초등학교 5학년이 6학년 과학과정을 속진학습한 후 실시하는 것으로 구성되어 있으므로 학생의 수준을 고려하여 다음과 같은 문제해결과정의 절차로 제작하였다.

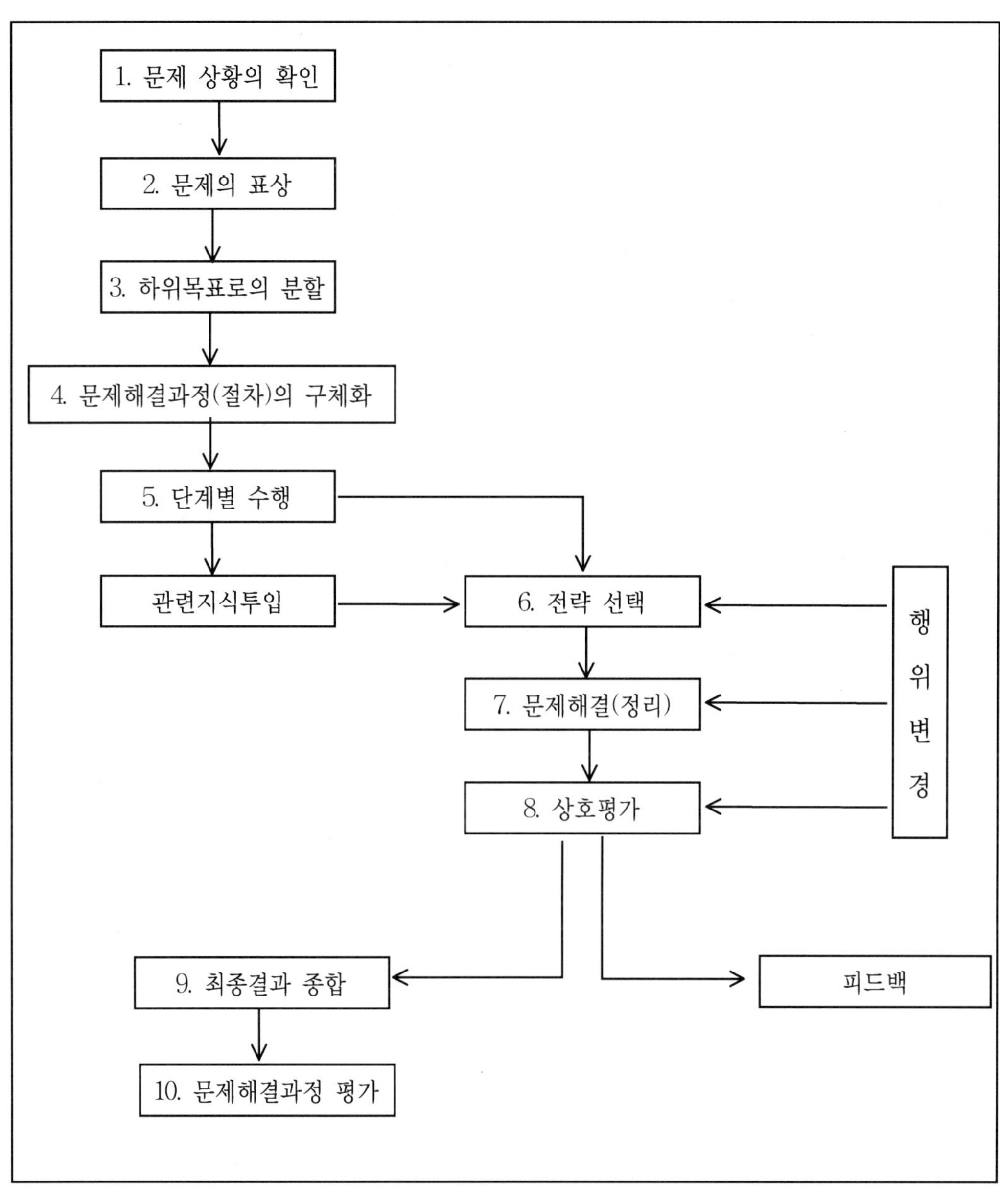
1. 문제 상황의 확인
2. 문제의 표상
3. 하위목표로의 분할
4. 문제해결과정(절차)의 구체화
5. 단계별 수행
관련지식투입
6. 전략 선택
7. 문제해결(정리)
8. 상호평가
행 위 변 경
9. 최종결과 종합
피드백
10. 문제해결과정 평가

5. 평가내용과 척도표

1) 문제 상황의 확인

영역		평가관점	창의성 평가요소
평가준거		과학적으로 일어나고 있는 현상을 생각하여 다양한 질문을 할 수 있는가?	민감성, 유창성, 독창성
점수체계	상	4가지 이상의 영역에서 질문을 할 수 있다.	
	중	2-3가지 영역에서 질문을 할 수 있다.	
	하	1가지 이하의 영역에서 질문할 수 있다.	
창의성 평가관점		같은 영역에서 비슷한 질문을 반복하는 것은 정답으로 처리하지 않고 하나의 답으로 처리한다. 독창성: 전체 학급의 10% 이내의 독특한 아이디어에 대해서 1점의 추가점수를 부여한다.	

2) 문제의 표상1

영역		평가관점	창의성 평가요소
평가준거		마을이 처해있는 상황을 정확히 인지하고 발견하여 해결해야 할 과제를 바르게 진술할 수 있는가?	민첩성, 정교성
점수체계	상	마을이 처한 상황을 정확히 알고 해결해야 할 과제를 바르게 진술할 수 있다. (예: 생물들 간의 관계가 비정상적이다)	
	중	마을이 처한 상황 중 한 가지만 바르게 진술할 수 있다.	
	하	마을이 처한 상황을 전혀 파악하지 못한다.	

3) 하위목표로의 분할

영역		평가관점	창의성 평가요소
평가준거		(2)번 문제에서 파악한 문제를 해결하기 위하여 하위목표로 분할하여 나열할 수 있는가?	정교성, 독창성, 유창성
점수체계	상	문제를 분할하여 구체적이고 논리적으로 제시하였다.	
	중	문제를 분할하여 진술하였으나 구체적이지 못하다.	
	하	구체적인 하위목표를 진술하지 못하고 문제와 관련시키지 못함	
창의성 평가관점		독창성: 전체 학급의 10% 이내의 독특한 아이디어에 대해서 1점의 추가점수를 부여한다.	

4) 문제해결과정의 구체화

영역		평가관점	창의성 평가요소
평가준거		각 하위목표의 해결방법을 구체적으로 진술할 수 있는가?	
점 수 체 계	상	(3)번 질문에서 한 가지 하위목표를 선택하여 해결해야 할 내용과 해결방법을 구체적으로 3가지 이상 진술할 수 있다.	정교성, 독창성, 유창성
	중	(3)번 질문에서 한 가지 하위목표를 선택하여 해결해야 할 내용과 해결방법을 구체적으로 3가지 이하를 진술하거나, 해결방법을 진술할 수 없다.	
	하	(3)번의 하위목표에서 해결할 내용을 선택하지 못하고 구체적인 해결방법을 진술하지 못한다.	

5) 단계별 수행

영역		평가관점	창의성 평가요소
평가준거		구체화된 문제해결과정에 따라 정보를 찾아내어 영역별로 자료를 분류하여 문제를 해결할 수 있는가?	
점 수 체 계	상	마을이 처한 상황을 다양한 방법으로 조사하여 3가지 이상의 정보를 영역별로 분류하여 마인드맵으로 나타낼 수 있다.	유창성, 민감성, 융통성
	중	마을이 처한 상황을 영역별로 1-2가지로 분류하여 나타낼 수 있다.	
	하	문제해결과정에 따라 계획을 체계적으로 세우지 못하고 문제해결을 위한 정보를 마인드맵으로 나타내지 못한다.	
창의성 평가관점		독창성:전체 학급의 10% 이내의 독특한 아이디어에 대해서 1점의 추가점수를 부여한다 유창성: 아이디어 개수가 4가지 이상일 때는 증가하는 개수마다 1점씩 추가점수를 부여한다.	

6) 전략선택(관련지식 투입)

영역		평가관점	창의성 평가요소
평가준거		(5)번 문제의 마인드맵과 관련된 지식을 활용하여 과제를 해결할 수 있는가?	
점 수 체 계	상	생물들 간의 관계를 표나 그림으로 나타내고 환경이 생물에 미치는 영향을 설명할 수 있다.	유창성, 융통성
	중	생물들 간의 관계를 표나 그림으로 나타낼 수 있거나 환경이 생물에 미치는 영향을 설명할 수 있다.	
	하	생물들 간의 관계나 환경이 미치는 영향에 대해서 설망하지 못한다.	
창의성 평가관점		융통성: 상호 관련되지 않은 아이디어를 과학적 지식을 활용하여 합리적으로 연관시켰을 때 3점 추가점수를 부여한다.	

7) 문제해결(정리)

영역		평가관점	창의성 평가요소
평가준거		문제해결 전략을 종합 정리하여 해결과정을 설명할 수 있는가?	
점 수 체 계	상	문제해결의 전략을 정리하여 해결과정을 과학적으로 타당하게 설명할 수 있다.	재구성력
	중	앞서 제시한 문제해결에서 빠진 내용이 있거나 과학적으로 타당하게 설명하기 어렵다.	
	하	문제해결과정을 정리하지 못하고 설명하기 어렵다.	

8) 상호평가

영역		평가관점	창의성 평가요소
평가준거		내가 생각하지 못했던 점을 찾아 친구의 문제해결과정을 칭찬할 수 있고, 과학적인 지식을 활용하여 과학적이지 못한 점을 찾을 수 있는가?	
점 수 체 계	상	자신의 문제해결과정과 친구의 것을 비교하고 칭찬할 수 있으며 과학적인 지식을 활용하여 잘못된 점을 찾을 수 있다.	의사 소통력
	중	친구의 문제해결과정을 과학적인 지식을 활용하여 평가하지 않고 주관적으로 칭찬하거나 사실만을 나열한다.	
	하	평가활동에 적극적으로 참여하지 못한다.	
비고		학습자에 의존하는 평가보다는 수업 중의 관찰평가와 병행해야 한다.	

9) 최종결과 종합

영역		평가관점	창의성 평가요소
평가준거		초기 문제의 조건, 계획, 과정 등을 기준으로 문제해결의 결과를 분석적으로 평가하여 새로운 문제점을 지적하고 해결점을 찾아낼 수 있는가?	
점 수 체 계	상	문제해결의 결과를 초기의 문제진술과 비교하면서 분석적으로 평가하여, 새로운 문제점을 지적하고 해결점을 찾아낸다.	의사 소통력 (반성적 사고 능력)
	중	문제의 결과를 초기 문제진술과 직접 비교하지는 않았지만 결과에 대해 초기 문제와 관련하여 구체적인 문제점을 지적한다.	
	하	문제의 결과에 대해 성공여부만을 평가하여 만족, 또는 불만을 표시한다. 구체적인 지적을 하지 못하고 포괄적인 내용을 진술한다.	

10) 문제해결과정 평가

영역		평가관점	비고
점수 체계	상	상위 30%	상위 10%: 상상 상위 10-20%: 상중 상위 20-30%: 상하
	중	상위 30%-70%	상위 30-40%: 중상 상위 40-60%: 중중 상위 60-70%: 중하
	하	상위 70%-100%	상위 70-80%: 하상 상위 80-90%: 하중 상위 90-100%: 하하

【113 학생용 활동지】

어느 해 보르네오 섬 한 마을에 말라리아 전염병이 무척 번성하고 있었다. 마을 사람들은 말라리아를 전염시키는 모기를 퇴치하기 위해 많은 양의 살충제 (DDT)를 뿌렸다. 그 결과 모기가 거의 없어지면서 말라리아도 줄었지만 마을에는 예기치 않은 일이 연속 일어나게 되었다. 우선 DDT살포는 모기를 죽이는 것뿐만 아니라 바퀴벌레의 몸에도 영향을 끼쳤다. 바퀴벌레는 몸집이 크고 내성이 강해 큰 변화가 보이지는 않았지만 몸속에는 DDT가 축적되고 있었고 바퀴벌레를 잡아먹던 도마뱀도 DDT의 영향으로 행동이 둔해졌다. 그 도마뱀의 움직임이 느려지면서 마을의 고양이들은 도마뱀을 많이 잡아먹게 되었고 DDT의 양이 많아져 죽어 가게 되었다. 고양이의 수가 갑자기 줄어들자 들쥐를 없애기 위해 항공기를 동원하여 고양이를 그 마을에 투입하게 되었다. 그리하여 들쥐의 수는 줄어들었으나 이번에는 지붕이 폭삭 무너져 내리게 되었다. 지붕이 무너진 원인을 찾은 결과 그동안 도마뱀이 잡아먹던 나방의 애벌레가 나무기둥 속에 무수히 번식하면서 기둥이 썩어 들어갔기 때문이다.

〈보르네오 섬 이야기〉

1. 위의 글은 보르네오 섬의 한 마을에서 일어난 일입니다. 이 글을 읽고 할 수 있는 질문은 무엇일까요? 가능한 많이 써주세요. 단 위의 글을 읽고 바로 대답할 수 있는 질문은 하지 않습니다.

2. 현재 이 마을은 어떤 상황에 처해있나요? 처해있는 상황을 구체적으로 생각해서 적어 보세요.

3. 이 마을의 상황을 해결하기 위한 방법으로는 어떤 것이 있을까요? 해결방법을 써 보세요.

4. (3)번의 방법 중 한 가지를 선택하여 문제를 해결하기 위해서는 어떻게 해야 할지 구체적인 계획을 세워 보세요.

5. 이 마을이 다시 살아날 수 있는 해결책을 찾기 위해 알아야 할 정보들을 마인드맵으로 작성해 보세요.

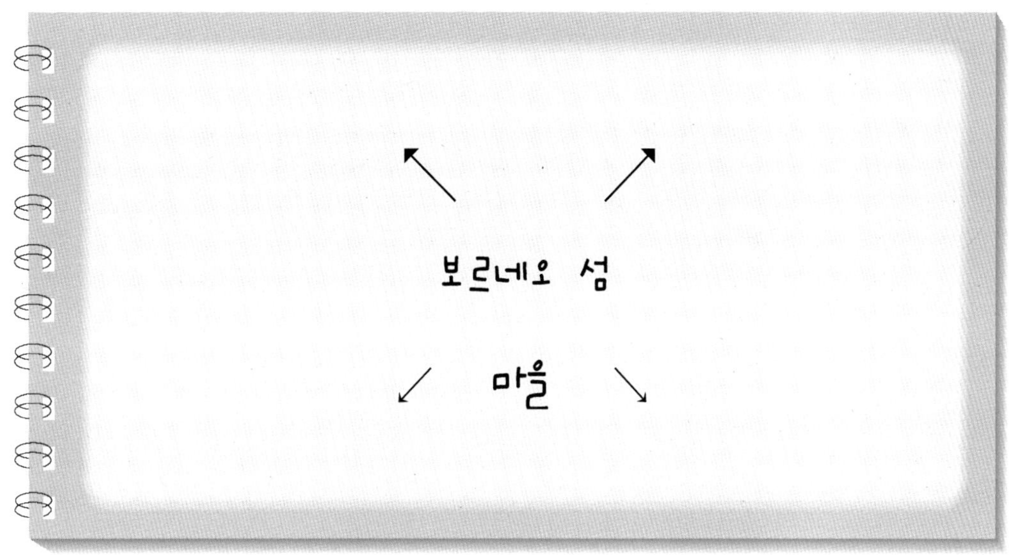

6. (5번)의 마인드맵에서 정리한 것을 참고하여, 이 마을 생물들 간의 먹고 먹히는 관계를 정리하여 표나 그림으로 나타내세요. 또 환경오염이 이런 관계에 미치는 영향은 무엇인지 설명하세요.

7. 마을이 다시 원래의 모습으로 돌아가기 위한 과정을 설명하세요.

8. 친구들과 해결책을 비교해보고 필요한 부분은 없는지 그리고 불필요한 것은 없는지 의견을 들어 보세요.

친구이름	잘된 점	고쳐야 할 점

9. 친구의 의견을 듣고 수정한 마을을 살리기 위한 해결책을 정리해 보세요. 만약 친구의 의견 중 수정하고 싶지 않은 부분이 있으면 그 까닭을 쓰세요.

【114 교사용 안내서】

불쌍한 '바둑이'를 구해주세요

1. 관련 단원명

6학년 1학기 1. 기체의 성질
6학년 2학기 5. 연소와 소화

2. 출제의도

본 자료는 초등학교 교육과정 6−1 '기체와 성질' 단원과 6−2 '연소와 소화' 단원의 내용을 학습한 후, 초등학생이 보충·심화학습이 가능하도록 구성한 것이다.

자료의 내용은 불길에 휩싸인 강아지 '바둑이'를 구해내기 위한 과제를 해결하도록 구성하였다. 이 학습을 통해 물질이 연소하는 현상과 소화할 수 있는 조건을 이해하고, 생활환경에서 충분히 일어날 수 있는 일에 대해 과학적으로 해결할 수 있는 힘을 기를 수 있도록 하였다.

이 학습을 통해, 과학 수행평가문항의 다양한 평가 영역과 특징을 최대한 반영하여 평가 영역으로 과학지식의 적용력과 과학태도·과학탐구의 추론 능력·창의적 사고력·반성적 사고력·의사소통력이 평가되도록 하였으며, 연소와 소화의 관계를 통해 불에 대한 막연한 두려움을 없애는 동시에 적절한 경계심을 가질 수 있도록 하였다.

3. 평가목표

(1) 주어진 상황을 이해하고 문제를 해결할 수 있는가?(과학지식의 적용력)

(2) 과학적으로 타당하면서, 독특하고 유연한 생각을 할 수 있는가?(창의적 사고력)

(3) 자료를 수집하고 정리하며 종합할 수 있는가?(과학적 태도)

(4) 다른 친구에게 자신의 생각을 이해시키고 친구의 생각을 바르게 이해할 수 있는 가?(의사소통력)

(5) 자신의 수행과정과 결과에 대해 돌이켜 생각할 수 있는가?(반성적 사고력)

4. 창의적 문제해결과정의 절차

본 자료는 초등학교 6학년이 과학교과과정을 학습한 후 실시하는 것으로 구성되어 있으므로 학생의 수준을 고려하여 다음과 같은 문제해결과정의 절차로 제작하였다.

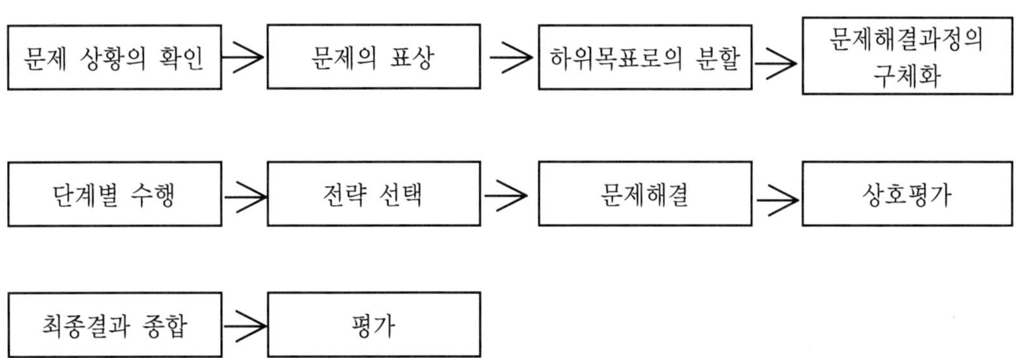

5. 평가내용과 척도표

1) 문제 상황의 확인

영역		평가관점	창의적 평가요소
평가준거		과학적으로 일어나고 있는 현상을 다양하게 분석할 수 있는가?	민감성, 유창성, 독창성
점수체계	상	그림의 현상을 3가지 이상으로 다양하게 분석할 수 있다.	
	중	그림의 현상을 2가지 이상으로 다양하게 분석할 수 있다.	
	하	그림의 현상을 1가지 이상으로 다양하게 분석할 수 있다.	

2) 문제의 표상

영역		평가관점	창의적 평가요소
평가준거		바둑이가 처한 상황을 정확히 인지하고 발견하여 해결해야 할 과제를 바르게 진술할 수 있는가?	민감성, 정교성
점수체계	상	바둑이가 처한 상황을 정확히 알고 해결해야 할 과제를 바르게 진술할 수 있다.	
	중	바둑이가 처한 상황을 한 가지만 알고 해결해야 할 과제를 바르게 진술할 수 있다.	
	하	바둑이가 처한 상황과 해결해야 할 과제를 전혀 파악하지 못한다.	

3) 하위목표로의 분할

영역		평가관점	창의적 평가요소
평가준거		2번 문제에서 파악한 문제를 해결하기 위하여 하위목표로 분할하여 나타낼 수 있는가?	정교성, 독창성, 유창성
점수체계	상	바둑이를 무사히 구출하기 위해 구체적으로 해결책을 진술할 수 있다.	
	중	해결책을 진술할 수 있으나 구체적이지 못하다.	
	하	해결책을 진술하지 못하고 자료 조사와 관련시키지 못한다.	

4) 문제해결과정의 구체화

영역		평가관점	창의적 평가요소
평가준거		각 하위목표의 해결방법을 구체적으로 진술할 수 있는가?	정교성, 독창성, 유창성
점수체계	상	3번의 질문에서 한 가지 하위목표를 선택하여 해결해야 할 내용과 해결방법을 구체적으로 3가지 이상 진술할 수 있다.	
	중	3번의 질문에서 한 가지 하위목표를 선택하여 해결해야 할 내용과 해결방법을 구체적으로 3가지 이하를 진술할 수 있다.	
	하	3번의 하위목표에서 해결할 내용을 선택하지 못하고 구체적인 해결방법을 진술하지 못한다.	

5) 단계별 수행

영역		평가관점	창의적 평가요소
평가준거		구체화된 문제해결과정에 따라 정보를 찾아내어 영역별로 자료를 분류하여 문제를 해결할 수 있는가?	유창성, 민감성, 융통성
점수체계	상	바둑이가 처한 상황을 다양한 방법으로 조사하여 3가지 이상의 정보를 영역별로 분류하여 마인드맵으로 나타낼 수 있다.	
	중	바둑이가 처한 상황을 영역별로 1-2가지로 분류하여 마인드맵으로 나타낼 수 있다.	
	하	문제해결과정에 따라 계획을 체계적으로 세우지 못하고 문제해결.	

6) 전략선택

영역		평가관점	창의적 평가요소
평가준거		5번 문제 마인드맵과 관련된 지식을 활용하여 까닭을 제시하며 과제를 해결할 수 있는가?	유창성, 융통성
점수체계	상	바둑이를 불에서 구하기 위해 3가지 이상의 방법을 내놓을 수 있다.	
	중	바둑이를 불에서 구하기 위해 2가지 이상의 방법을 내놓을 수 있다.	
	하	바둑이를 불에서 구하기 위해 1가지 이상의 방법을 내놓을 수 있다.	

7) 문제해결

영역		평가관점	창의적 평가요소
평가준거		문제해결의 전략을 종합 정리하여 그림으로 표현하고 설명할 수 있는가?	
점수체계	상	문제해결의 전략을 정리하여 그림으로 상세히 표현하고 과학적으로 타당하게 설명할 수 있다.	재구성력
	중	문제해결의 전략을 정리하여 그림으로 나타낼 수 있으나, 앞서 제시한 문제해결에서 빠진 내용이 있거나 과학적으로 타당하게 설명하기 어렵다.	
	하	문제해결의 전략을 정리하지 못하고 설명하기 어렵다.	

8) 상호평가

영역		평가관점	창의적 평가요소
평가준거		내가 생각하지 못했던 점을 찾아 친구의 문제해결과정을 칭찬할 수 있고, 과학적인 지식을 활용하여 과학적이지 못한 점을 찾을 수 있는가?	
점수체계	상	자신의 문제해결과정과 친구의 것을 비교하고 칭찬할 수 있으며 과학적인 지식을 활용하여 잘못된 점을 찾을 수 있다.	반성적 사고
	중	친구의 문제해결과정을 과학적인 지식을 활용하여 평가하지 않고 주관적으로 칭찬하거나 사실만을 나열한다.	
	하	평가활동에 적극적으로 참여하지 못한다.	

9) 최종결과종합, 10) 문제해결과정 평가

영역		평가관점	창의적 평가요소
평가준거		초기 문제의 조건, 계획, 과정 등을 기준으로 문제해결의 결과를 분석적으로 평가하여 새로운 문제점을 지적하고 해결점을 찾아낼 수 있는가?	
점수체계	상	문제해결의 결과를 초기의 문제진술과 비교하면서 분석적으로 평가하여, 새로운 문제점을 지적하고 해결점을 찾아낸다.	반성적 사고
	중	문제의 결과를 초기 문제진술과 직접 비교하지는 않았지만 결과에 대해 초기 문제와 관련하여 구체적인 문제점을 지적한다.	
	하	문제의 결과에 대해 성공 여부만을 평가하여 만족, 또는 불만을 표시한다.	

【114 학생용 활동지】

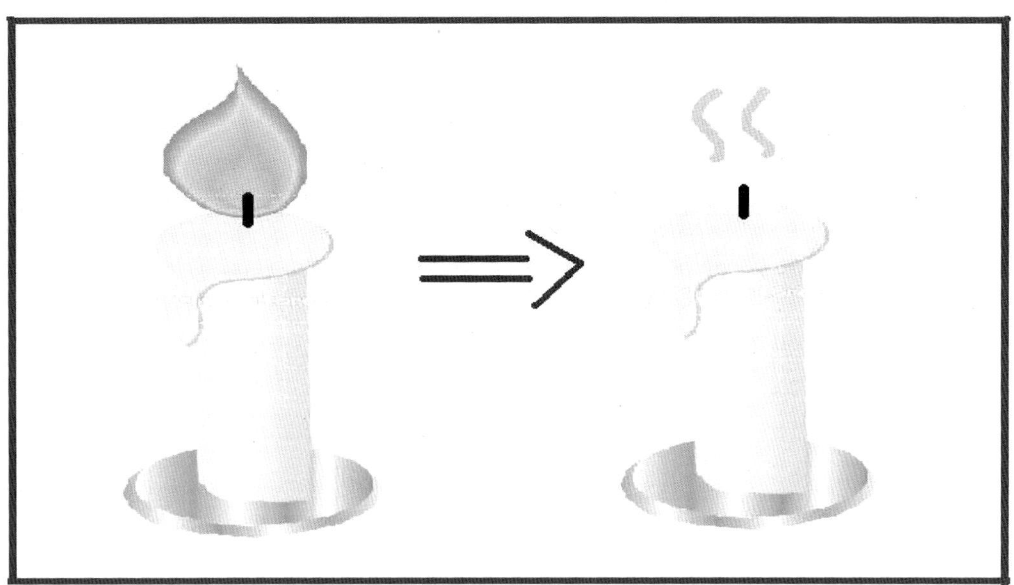

1. 위의 그림은 촛불의 모습이다. 어떻게 촛불의 초가 꺼졌을까요? 꺼진 이유를 여러 가지 생각해 봅시다.

2. 바둑이는 지금 어떤 상황에 처해 있나요? 처해 있는 상황을 구체적으로 생각하여 적어 봅시다.

3. 바둑이를 구하기 위해 이 상황을 해결하기 위한 방법으로는 어떤 것이 있을까요? 여러분이 바둑이의 주인이라 생각하고 해결방법을 써 보세요.

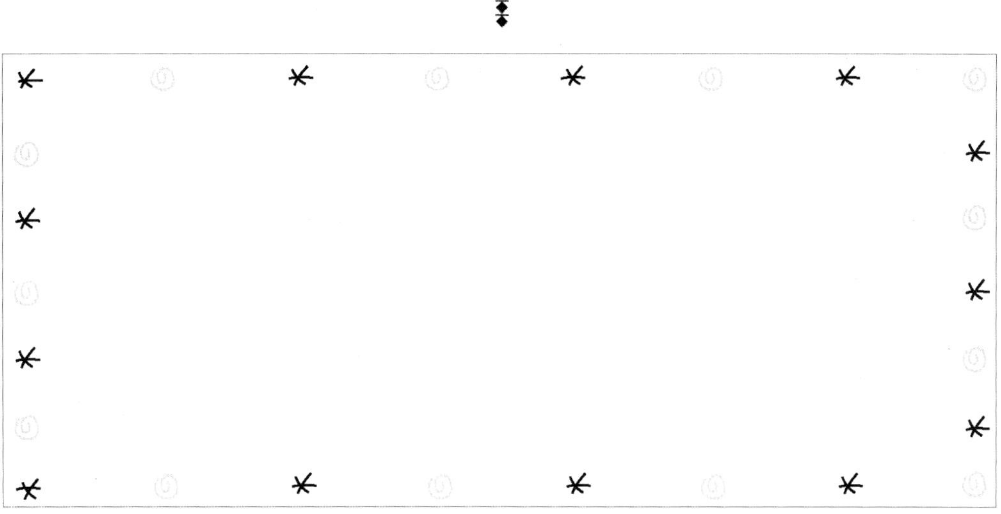

4. 3번의 방법 중 한 가지를 선택하여 문제를 해결하기 위해서는 이렇게 해야 할지 구체적인 계획을 세워 보세요.

5. 바둑이가 처한 그림을 보고 해결할 수 있는 방법을 찾아 이 상황에서 필요한 정보를 찾아 마인드맵으로 작성하여 봅시다.

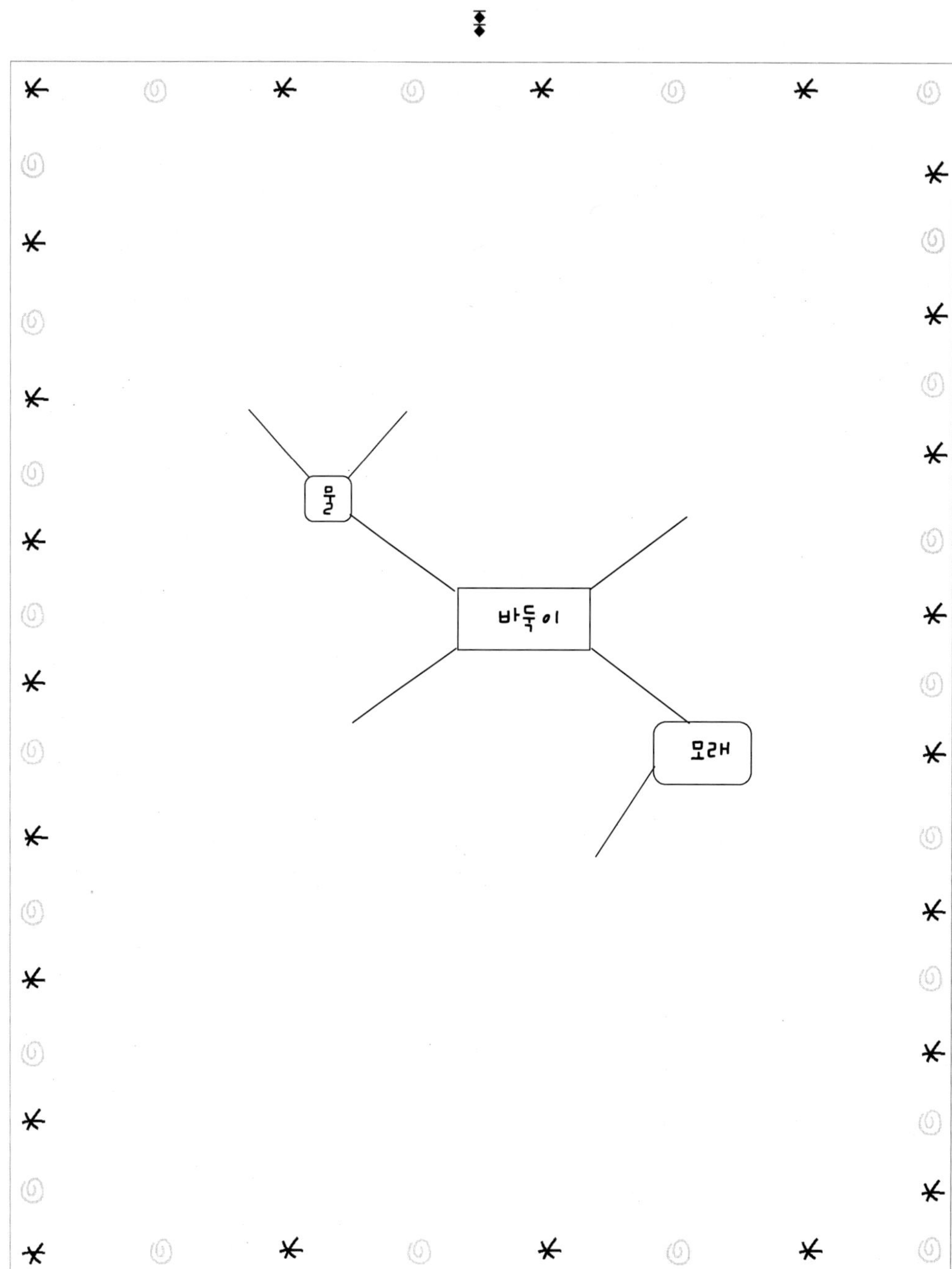

6. 5번의 마인드맵에서 정리된 것을 보고, 해결방법을 찾아봅시다.

필요한 도구	해결방법

7. 바둑이가 불길에서 탈출한 모습을 상상해 보자.

8. 불길에서 탈출한 바둑이의 모습을 모둠 친구에게 보여주고 가능한 해결책은 더 없는지 또 잘못된 해결책은 없는지 의견을 들어 봅시다.

친구 이름	더 가능한 해결책	불필요한 해결책

9. 8번 친구 의견을 들어 수정한 바둑이를 구할 방법으로 바둑이를 구해보자. 만약 친구 의견 중 수정하고 싶지 않은 부분이 있으면 그 까닭을 쓰세요. 또 학급 전체 의견도 들어 봅시다.

115 나만의 우주선을 설계해 봅시다

【115 교사용 안내서】

> 나만의 우주선을 설계해 봅시다.

1. 관련 단원명

5학년 2학기　7. 태양의 가족

2. 출제의도

자료의 내용은 자신이 우주선의 설계자가 되어서, 우주의 특성과 사람이 살 수 있는 환경을 고려하여 우주선을 완성해야 하는 과제를 해결하도록 구성되었다. 이 과정에서 우주의 특성을 보다 잘 이해하고, 산소와 물을 비롯한 인간생활에 필수불가결한 요소들의 중요성을 인식할 수 있게 하였다.

과학 수행평가문항의 다양한 평가 영역과 특징을 최대한 반영하여, 이 학습을 통해 과학지식의 적용력·과학적 태도·창의적 사고력·반성적 사고력·의사소통력이 평가되도록 하였다. 또한 우주에 대한 호기심 유발을 통해 지속적인 관심을 가질 수 있게 하였다.

3. 평가목표

(1) 주어진 상황을 이해하고 문제를 해결할 수 있는가?(과학지식의 적용력)

(2) 과학적으로 타당하면서도, 독특하고 유연한 생각을 할 수 있는가?(창의적 사고력)

(3) 자료를 수집하고 정리하며 종합할 수 있는가?(과학적 태도)

(4) 다른 친구에게 자신의 생각을 이해시키고 친구의 생각을 바르게 수용할 수 있는가?(의사소통력)

(5) 자신의 수행과정과 결과에 대해 돌이켜 생각할 수 있는가?(반성적 사고력)

4. 창의적 문제해결과정의 절차

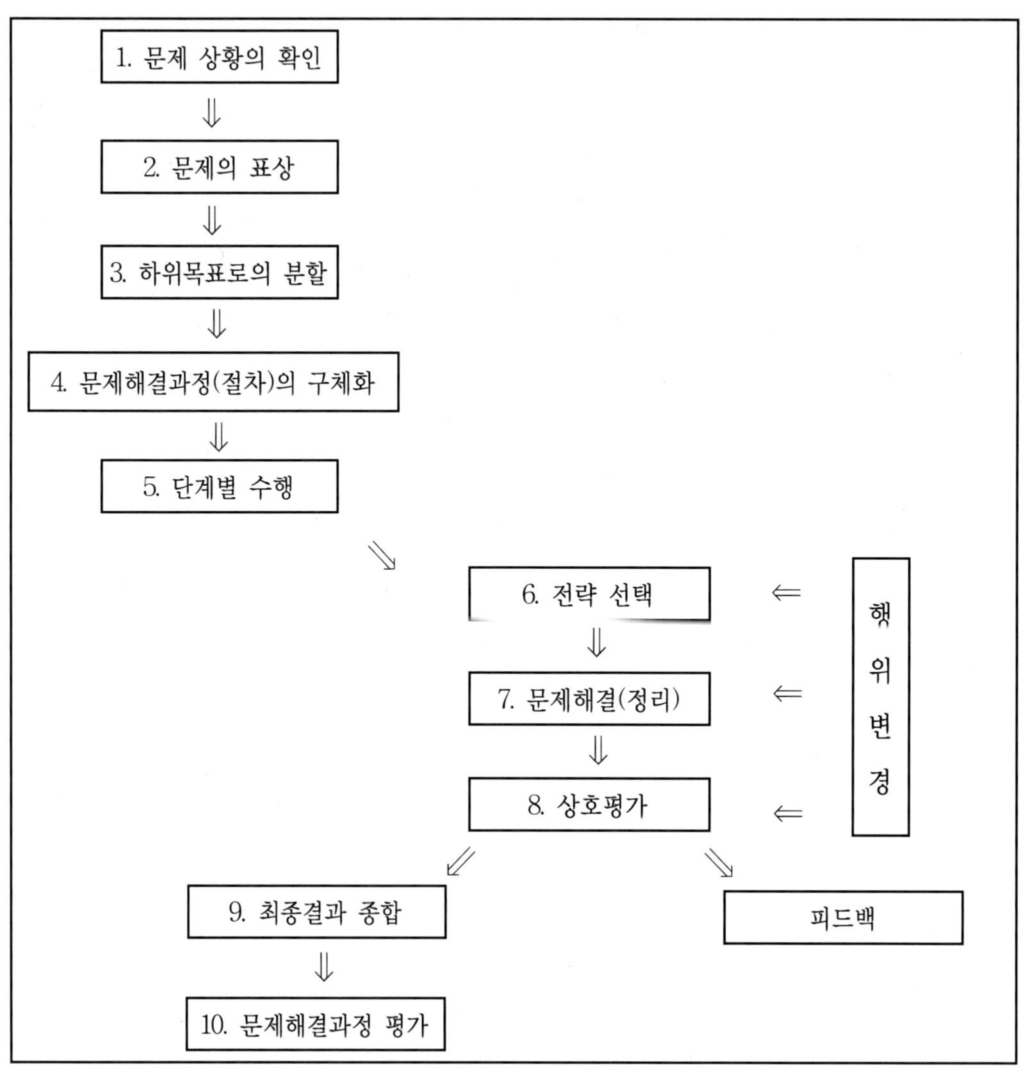

5. 평가내용과 척도표

1) 문제 상황의 확인

영역		평가관점	창의적 평가요소
평가준거		다른 행성과 지구와의 차이점을 잘 알고 있는가?	민감성, 유창성
점수체계	2	4가지 이상을 대답할 수 있다.	
	1	2-3가지를 대답할 수 있다.	
	0	1가지 이하를 대답할 수 있다.	
창의적 평가관점		유창성: 같은 내용이면 1가지로 처리한다.(예: '지구에서는 숨을 쉴 수 있다. 지구는 산소가 있다.'는 1가지로 처리한다.)	

2) 문제의 표상

영역		평가관점	창의적 평가요소
평가준거		문제점을 바르게 진술할 수 있는가?	민감성, 정교성
점수체계	2	사람의 생존과 관련된 문제점을 바르게 진술할 수 있다.(예: 물과 산소가 없고 사람이 살기 적절한 온도가 아니다.)	
	1	사람의 생존과 관련된 특성과 그렇지 않은 특성을 같이 진술한다.(예: 물이 없고 집이 없다.)	
	0	문제점을 제대로 파악하지 못한다. (예: 컴퓨터가 없다.)	

3) 하위목표로의 분할

영역		평가관점	창의적 평가요소
평가준거		〈2번〉에서 파악한 문제점을 해결하기 위하여 하위목표로 분할하여 나열할 수 있는가?	정교성, 독창성, 유창성
점수체계	2	필요한 기능을 분할하여 구체적으로 진술할 수 있다. (예: 산소공급 기능과 온도를 유지할 수 있는 기능, 대소변을 처리할 수 있는 기능 등)	
	1	필요한 기능을 분할하여 진술할 수 있으나 구체적이지 못하다. (예: 살아남을 수 있는 기능)	
	0	필요한 기능을 분할하지도 못하고 생존·생활과 관련짓지 못한다.(예: 컴퓨터 오락 기능)	
창의성 평가관점		독창성: 전체 학급의 10% 이내의 독특한 아이디어에 대해서 1점의 추가점수를 부여한다	

4) 문제해결과정의 구체화

영역		평가관점	창의적 평가요소
평가준거		각 하위목표의 해결방법을 구체적으로 진술할 수 있는가?	정교성, 독창성, 유창성
점수체계	2	〈3번〉의 내용에서 한 가지 기능을 선택하여 구체적으로 진술할 수 있다.	
	1	〈3번〉의 내용에서 한 가지 기능을 선택하였으나 진술이 구체적이지 못하다.	
	0	제대로 된 진술을 하지 못한다.	
비고		구체적 진술이란 나름대로의 원리를 가지고 기능을 설계하는 것을 말한다.	

5) 단계별 수행

영역		평가관점	창의적 평가요소
평가준거		구체화된 문제해결과정에 따라 정보를 찾아내어 영역별로 자료를 분류하여 문제를 해결할 수 있는가?	유창성, 민감성, 융통성
점수체계	2	3가지 이상의 기능으로 분류하여 마인드맵으로 나타낼 수 있다.	
	1	1-2가지의 기능으로 분류하여 마인드맵으로 나타낼 수 있다.	
	0	마인드맵으로 나타내지 못한다.	
창의성 평가관점		독창성: 전체 학급의 10% 이내의 독특한 아이디어에 대해서 1점의 추가점수를 부여한다. 유창성: 아이디어의 개수가 4가지 이상일 때에는 증가하는 개수마다 1점씩 추가점수를 부여한다.	

6) 전략선택

영역		평가관점	창의적 평가요소
평가준거		〈5번〉의 마인드맵과 관련된 지식을 활용하여 이유를 제시하며 과제를 해결할 수 있는가?	
점수체계	2	기능을 선택하며, 필요한 이유를 과학적으로 타당한 지식으로 뒷받침할 수 있다.	유창성, 융통성
	1	기능을 선택하며, 필요한 이유를 과학적으로 타당한 지식으로 뒷받침할 수 있으나 유창성이 다소 부족하다.	
	0	필요한 이유가 과학적이지 않고 주관적이다.	
창의적 평가관점		융통성: 상호 관련되지 않은 기능을 과학적 지식을 활용하여 하나의 기능으로 만들었을 때 3점의 추가점수를 부여한다.	

7) 문제해결

영역		평가관점	창의적 평가요소
평가준거		필요한 기능들을 정리하여 그림으로 표현하고 과학적으로 설명할 수 있는가?	
점수체계	2	필요한 기능들을 정리하여 그림으로 표현하고 과학적으로 설명할 수 있다.	재구성력
	1	필요한 기능들을 정리하여 그림으로 표현할 수 있으나 과학적인 설명이 불가하다.	
	0	필요한 기능들을 정리하여 그림으로 표현하지 못하고 설명하기 어렵다.	

8) 상호평가

영역		평가관점	창의적 평가요소
평가준거		내가 생각하지 못했던 점을 찾아 친구의 문제해결과정을 칭찬할 수 있고, 과학적 지식을 활용하여 과학적이지 못한 점을 찾을 수 있는가?	
점수체계	2	자신의 문제해결과정과 친구의 것을 비교하고 칭찬할 수 있으며 과학적인 지식을 활용하여 잘못된 점을 찾을 수 있다.	의사 소통력
	1	친구의 문제해결과정을 과학적인 지식을 활용하여 평가하지 않고 주관적으로 칭찬하거나 사실만을 나열한다.	
	0	평가활동에 적극적으로 참여하지 못한다.	

9) 최종결과종합, 10) 문제해결과정평가

영역		평가관점	창의적 평가요소
평가준거		초기 문제의 조건, 계획, 과정 등을 기준으로 문제해결의 결과를 분석적으로 평가하여 새로운 문제점을 지적하고 해결점을 찾아낼 수 있는가?	재구성력, 의사 소통력 (반성적 사고력)
점수체계	2	문제해결의 결과를 초기의 문제진술과 비교하면서 분석적으로 평가하여, 새로운 문제점을 지적하고 해결점을 찾아낸다.	
	1	문제의 결과를 초기 문제진술과 직접 비교하지는 않았지만 결과에 대해 초기 문제와 관련하여 구체적인 문제점을 지적한다.	
	0	문제의 결과에 대해 성공 여부만을 평가하여 만족, 또는 불만을 표시한다. 구체적인 지적을 하지 못하고 포괄적인 내용을 진술한다.	

【115 학생용 활동지】

1. 지구는 드넓은 우주의 일부분에 지나지 않습니다. 지구 밖의 우주와는 다른 지구만의 특성은 무엇이 있을까요? (최대한 많이 써주세요.)

2. 사람이 우주공간에서 살 수 없는 이유는 무엇일까요?

3. 요즘 많은 나라에서 우주를 탐사하기 위해 우주선을 개발하고 있습니다. 설계자들이 만들어야 되는 기능에는 어떤 것들이 있다고 생각하나요?

4. 〈3번〉의 기능 중 한 가지를 선택해서 구체적으로 설계해 보세요.

5. 우주의 특징을 잘 생각해서 우주선에 필요한 기능을 마인드맵으로 작성하여 보세요.

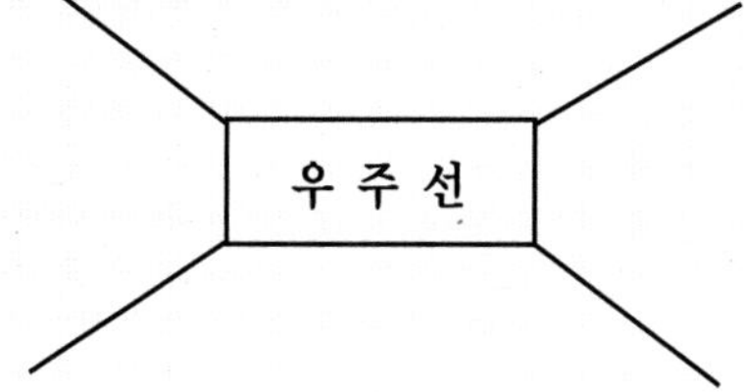

6. 〈5번〉의 마인드맵에서 정리된 것을 보고, 우주선이 필요로 하는 기능을 정리하여 보세요.

기능	필요한 이유

7. 자신이 생각하는 우주선의 완성된 모습을 그려 봅시다. 간단히 무슨 기능을 하는 부분인지 표시도 합니다.

8. 완성된 우주선의 모습을 친구들에게 보여주고 더 필요한 기능은 없는지 그리고 불필요한 기능은 없는지 의견을 물어 보세요.

친구 이름	더 필요한 기능	불필요한 기능

9. 〈8번〉의 친구 의견 중 수정하고 싶지 않은 부분이 있으면 그 이유를 쓰세요. 수정된 나의 우주선 모습을 그려 봅시다. 나의 우주선 모습을 학급게시판에 게시하고 학급 전체의 의견을 들어 봅시다.

수정하고 싶지 않은 의견	수정하고 싶지 않은 이유

【116 교사용 안내서】

1. 관련 단원명

5학년 1학기 3. 기온과 바람
6학년 2학기 3. 쾌적한 환경

2. 출제의도

본 자료는 교육과정 '5−1 기온과 바람'과 '6−2 쾌적한 환경' 단원의 내용을 학습한 후, 영재반에서 심화학습을 할 수 있도록 재구성한 것이다.

자료의 내용은 산성비의 심각성을 이해하고 산성비의 원인과 결과를 조명해 봄으로써 앞으로 우리가 해결해야 할 과제에 대해 생각해보게 하였다. 이 학습을 통하여 계속해서 산성비가 내릴 경우 이것이 우리에게 주는 피해를 추론해볼 수 있도록 하였고 더 나아가 인간과 환경의 관계를 이해할 수 있도록 하였다.

이 학습을 통하여 과학 수행평가문항의 다양한 평가 영역과 특징을 최대한 반영하여 평가 영역으로 과학지식의 적용력과 과학태도·과학탐구의 추론능력·창의적 사고력·반성적 사고력·의사소통력이 평가되도록 하였으며, 환경의 소중함을 알 수 있는 기회를 제공함으로써 지속적인 동기부여가 되도록 하였다.

3. 평가목표

(1) 주어진 상황을 이해하고 문제를 해결할 수 있는가?(과학지식의 적용력)

(2) 과학적으로 타당하면서도, 독특하고 유연한 생각을 할 수 있는가?(창의적 사고력)

(3) 자료를 수집하고 정리하며 종합할 수 있는가?(과학적 태도)

(4) 다른 친구에게 자신의 생각을 이해시키고 친구의 생각을 바르게 이해할 수 있는가?(의사소통력)

(5) 자신의 수행과정과 결과에 대해 돌이켜 생각할 수 있는가?(반성적 사고력)

4. 평가내용과 척도표

1) 문제 상황의 확인

영역		평가관점	창의적 평가요소
평가준거		산성비가 형성되는 원인을 알고 그 과정을 구체적으로 들어 설명할 수 있는가?	민감성, 유창성, 독창성
점수체계	상	7단계의 과정을 들어 설명할 수 있다.	
	중	5-6단계 과정을 들어 설명할 수 있다.	
	하	4단계 과정을 들어 설명할 수 있다.	
창의성 평가관점		유창성: 그림에서 주어진 단계의 설명을 그대로 이용한 것은 감점요인으로 한다. 단 인용했을 경우는 인정해준다. 독창성: 전체 학급의 10% 이내의 독특한 아이디어에 대해서 1점의 추가점수를 부여한다.	

2) 문제의 표상

영역		평가관점	창의적 평가요소
평가준거		여러 분야에 걸쳐 산성비가 미치는 영향을 정확히 인지하고 있는가?	
점수체계	상	식물, 식생, 토양, 인간에게 미치는 영향 등 4가지 이상 정확하게 인지하고 있다.	민감성 독창성 정교성
	중	산성비가 미치는 영향을 2-3가지 인지하고 있다.	
	하	산성비가 미치는 영향을 1가지 인지하고 있다.	
창의적 평가관점		독창성: 전체 학급의 10% 이내의 독특한 아이디어에 대해서 1점의 추가점수를 부여한다.	

3) 하위목표로의 분할

영역		평가관점	창의적 평가요소
평가준거		〈2〉번 문제에서 파악한 문제를 해결하기 위하여 하위목표로 분할하여 나열할 수 있는가?	
점수체계	상	산성비의 피해를 구체적인 과정으로 나타낼 수 있다.(예: 토양으로 산성비 흡수➡토양의 부식과 식물·동물이 산성비 흡수➡건강하지 않은 열매 맺음·동물의 산성비 흡수 시 먹이사슬로 표식 ➡사람이 섭취 등 5단계 이상으로 나타낼 수 있다.)	정교성 유창성
	중	몇몇 과정을 빠뜨리고 나타냈다.	
	하	과정이 생략되었다.	

4) 문제해결과정의 다양화

영역		평가관점	창의적 평가요소
평가준거		구체화된 문제해결과정에 따라 정보를 찾아내어 문제를 해결할 수 있는가?	
점수체계	상	산성비 피해를 최소화하기 위한 다양한 방법으로 조사하여 3가지 이상 나타낼 수 있다.	유창성 독창성 융통성
	중	1-2가지 나타낼 수 있다.	
	하	문제해결과정에 따라 계획을 체계적으로 세우지 못한다.	
창의적 평가관점		독창성: 전체 학급의 10% 이내의 독특한 아이디어에 대해서 1점의 추가점수를 부여한다. 유창성: 아이디어 개수가 4가지 이상일 때는 증가하는 개수마다 1점씩 추가점수를 부여한다.	

5) 문제해결과정의 구체화

영역		평가관점	창의적 평가요소
평가준거		문제를 해결하기 위한 올바른 해결책을 갖고 구체적으로 설명할 수 있는가?	독창성 유창성 융통성
점수체계	상	선택한 해결방법을 실천하기 위한 방안을 3가지 이상 설명할 수 있다.	
	중	선택한 해결방법을 실천하기 위한 방안을 2가지 설명할 수 있다.	
	하	선택한 해결방법을 실천하기 위한 방안을 1가지 설명할 수 있다.	
창의적 평가관점		독창성: 전체 학급의 10% 이내의 독특한 아이디어에 대해서 1점의 추가점수를 부여한다. 유창성: 아이디어 개수가 4가지 이상일 때는 증가하는 개수마다 1점씩 추가점수를 부여한다.	

6) 상호평가

영역		평가관점	창의적 평가요소
평가준거		내가 생각하지 못했던 점을 찾아 친구의 문제해결과정을 칭찬할 수 있고, 과학적인 지식을 활용하여 과학적이지 못한 점을 찾을 수 있는가?	의사 소통력
점수체계	상	자신의 문제해결과정과 친구의 것을 비교하고 칭찬할 수 있으며 과학적인 지식을 활용하여 잘못된 점을 찾을 수 있다.	
	중	친구의 문제해결과정을 과학적인 지식을 활용하여 평가하지 않고 주관적으로 칭찬하거나 사실만을 나열한다.	
	하	평가활동에 적극적으로 참여하지 못한다.	
창의적 평가관점		학습지에 의존하는 평가보다는 수업중의 관찰평가와 병행해야 한다.	

7) 최종결과종합, 8) 문제해결과정 평가

영역		평가관점	창의적 평가요소
평가준거		초기 문제의 조건, 계획, 과정 등을 기준으로 문제해결의 결과를 분석적으로 평가하여 새로운 문제점을 지적하고 해결점을 찾아낼 수 있는가?	의사 소통력 (반성적 사고)
점수체계	상	문제해결의 결과를 초기의 문제진술과 비교하면서 분석적으로 평가하여, 새로운 문제점을 지적하고 해결점을 찾아낸다.	
	중	문제의 결과를 초기 문제진술과 직접 비교하지는 않았지만 결과에 대해 초기 문제와 관련하여 구체적인 문제점을 지적한다.	
	하	문제의 결과에 대해 성공 여부만을 평가하여 만족, 또는 불만을 표시한다. 구체적인 지적을 하지 못하고 포괄적인 내용을 진술한다.	

【116 학생용 활동지】

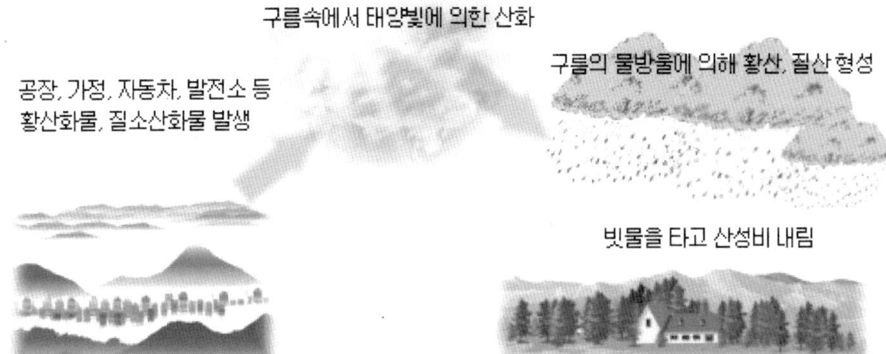

〈산성비의 형성과정〉

1. 위의 사진은 산성비의 형성과정을 간단하게 나타낸 것입니다. 위의 사진을 보면서 산성비의 원인을 생각하며 형성과정을 설명해 보세요.

2. 산성비가 내리면 어떤 일들이 일어날까요?(식물, 식생, 토양, 인간에게 미치는 영향 등)

3. 〈2〉번에서 생각한 문제들의 과정을 구체적으로 나타내 보세요.

4. 산성비의 피해를 최소화하기 위해서는 어떻게 해야 할까요? 여러 가지 해결방법을 써 보세요.

5. 〈4〉번의 방법 중 한 가지를 선택하여 문제를 해결하기 위해서는 어떻게 해야 할지 구체적인 계획을 세워 보세요.

6. 산성비의 피해를 줄이기 위해서 생각한 내용을 모둠 친구에게 보여주고 생각한 내용이 올바른지 그리고 또 다른 방법은 없는지 들어 보세요.

7. 〈7번〉 친구 의견을 들어 수정된 내용이 있으면 다시 정리해주세요. 만약 친구 의견 중 그렇지 않다고 생각하는 부분이 있으면 그 까닭을 쓰세요. 내가 생각한 방법을 학급게시판에 게시하고 학급 전체의 의견을 들어 봅시다.

【117 교사용 안내서】

1) 문제 상황의 확인

영역		평가관점	창의성 평가요소
평가준거		계절별로 일어나고 있는 현상을 생각하여 내가 할 수 있는 일들을 생각해낼 수 있는가?	민감성, 유창성 독창성
점수	2	각 계절별 4가지 이상을 답할 수 있다.	
	1	각 계절별 2-3가지를 답할 수 있다.	
	0	각 계절별 1가지 이하를 답할 수 있다.	

2) 문제의 표상

영역		평가관점	창의성 평가요소
평가준거		사계절이 사라져 달라진 모습을 사실에 근거하여 독특하게 상상해냈는가?	독창성, 정교성, 민감성
점수	2	사실에 근거하여 독특하게 상상해냈다.	
	1	사실과 너무 동떨어졌지만 독특하게 상상해냈다.	
	0	전혀 연관성 없는 답을 적었다.	

3) 하위목표로의 분할

영역		평가관점	창의성 평가요소
평가준거		〈2번〉문제에서 파악한 문제를 하위목표로 분할하여 구체적으로 더 많이 찾아낼 수 있는가?	유창성, 정교성
점수	2	2번 답에 연결지어 구체적으로 더 찾아냈는가?	
	1	찾아내긴 했으나 2번 답에 비해 구체적이지 못하다.	
	0	2번 답과 전혀 연관성 없는 답을 적었다.	

4) 문제해결과정의 구체화

영역	평가관점		창의성 평가요소
평가준거	〈2, 3번〉 문제에서 일어날 수 있는 현상에 적절한 대응방법을 구체적으로 진술할 수 있는가?		독창성, 정교성, 유창성
점수	2	구체적으로 4가지 이상 진술할 수 있다.	
	1	구체적으로 2-3가지 정도 진술할 수 있다.	
	0	구체적으로 1가지 이하 진술하거나 전혀 연관성 없는 답을 적었다.	

5) 단계별 수행

영역	평가관점		창의성 평가요소
평가준거	구체화된 적절한 대응방법에 따라 정보를 찾아내어 영역별로 자료를 분류하여 과제를 해결할 수 있는가?		유창성, 민감성, 융통성
점수	2	한 영역에 3가지 이상을 분류하여 마인드맵으로 나타낼 수 있다. (ex:음식-①,②,③)	
	1	영역별로 1-2가지 분류하여 마인드맵으로 나타낼 수 있다.	
	0	계획을 체계적으로 세우지 못하고 마인드맵으로 나타내지 못한다.	

6) 전략선택 (관련지식 투입)

영역	평가관점		창의성 평가요소
평가준거	〈5번〉 문제 마인드맵과 관련된 지식을 활용하여 이유를 제시하며 과제를 해결할 수 있는가?		유창성, 융통성
점수	2	적응된 모습을 변화와 관련지어 적절히 나타낼 수 있으며 그 이유가 과학적 타당한 지식으로 뒷받침할 수 있다.	
	1	과학적 타당한 지식으로 뒷받침할 수 는 있으나 다소 관련성이 부족하다.	
	0	적응된 모습을 나타낼 수는 있으나 이유가 과학적이지 않고 주관적이다.	

7) 문제해결 (정리)

영역		평가관점	창의성 평가요소
평가준거		변화된 모습(문제해결)을 종합 정리하여 그림으로 표현하고 설명할 수 있는가?	
점수	2	문제해결의 전략을 정리하여 그림으로 상세히 표현하고 과학적으로 타당하게 설명할 수 있다.	재구성력
	1	그림으로 나타낼 수 있으나, 앞서 제시한 문제해결에서 빠진 내용이 있거나 과학적으로 타당하게 설명되기 어렵다.	
	0	문제해결의 전략을 정리하지 못하고 설명하기 어렵다.	

8) 상호평가

영역		평가관점	창의성 평가요소
평가준거		내가 미처 생각하지 못했던 점을 찾아 서로 칭찬해주고, 과학적인 지식을 활용하여 과학적이지 못한 점을 찾을 수 있는가?	
점수	2	자신의 문제해결과정과 친구의 것을 비교하고 칭찬할 수 있으며 과학적인 지식을 활용하여 잘못된 점을 찾을 수 있다.	의사 소통력
	1	친구의 문제해결과정을 과학적인 지식을 활용하여 평가하지 않고 주관적으로 칭찬하거나 사실만을 나열한다.	
	0	평가활동에 적극적으로 참여하지 못한다.	

9) 최종결과종합, 10) 문제해결과정 평가

영역		평가관점	창의성 평가요소
평가준거		초기 문제의 조건, 계획, 과정 등을 기준으로 문제해결의 결과를 분석적으로 평가하여 새로운 문제점을 지적하고 해결점을 찾아낼 수 있는가?	
점수	2	문제해결의 결과를 초기의 문제진술과 비교하면서 분석적으로 평가하여, 새로운 문제점을 지적하고 해결점을 찾아낼 수 있다.	의사 소통력 (반성적 사고)
	1	문제의 결과를 초기 문제진술과 직접 비교하지는 않았지만 결과에 대해 초기 문제와 관련하여 구체적인 문제점을 지적할 수 있다.	
	0	문제의 결과에 대해 성공 여부만을 평가하여 만족, 또는 불만을 표시한다. 구체적인 지적을 하지 못하고 포괄적인 내용을 진술한다.	

*유창성: 아이디어의 개수마다 1점씩 추가

융통성: 상호 관련되지 않은 아이디어를 훌륭히 관련시켰을 때 2점씩 추가.

독창성: 전체 학급의 5% 이내의 학생이 같은 아이디어를 냈을 때 아이디어 하나당 2점씩 추가.

정교성, 민감성: 선정한 아이디어에 대해 실질적이고 실현가능한 살을 붙였을 때 1점씩 추가.

재구성력: 재구성하는 데 있어 한 영역도 엉뚱한 연결이 보이지 않으면 2점 추가.

의사소통력: 적극적으로 의사소통을 하며 자기의 의견을 잘 정리해 말할 줄 아는 학생에게 2점 추가.

【117 학생용 학습지】

1. 세계에서 우리나라만큼 사계절이 뚜렷이 구분되는 나라도 없습니다. 이 때문에 사람들의 생활상도 계절마다 다릅니다. 이처럼 다채로운 계절의 변화는 우리나라 사람

들이 세계 어느 곳에서나 뿌리 내리고 살 수 있도록 유연한 적응력을 길러줬습니다. 계절마다 내가 할 수 있는 일들을 적어 보세요. 가능한 많이 써주세요.

봄	
여름	
가을	
겨울	

2. 하지만 요즘 들어 여름은 길어지고 봄, 가을, 겨울이 짧아지며 뚜렷한 사계절의 구분이 사라지고 있습니다. 이러한 현상을 우리는 지구 환경오염에 의한 지구 온난화 현상이라고 합니다. 만약 우리나라도 사계절의 구분이 사라진다면 지구에 어떤 변화가 생길지 생각해 봅시다.

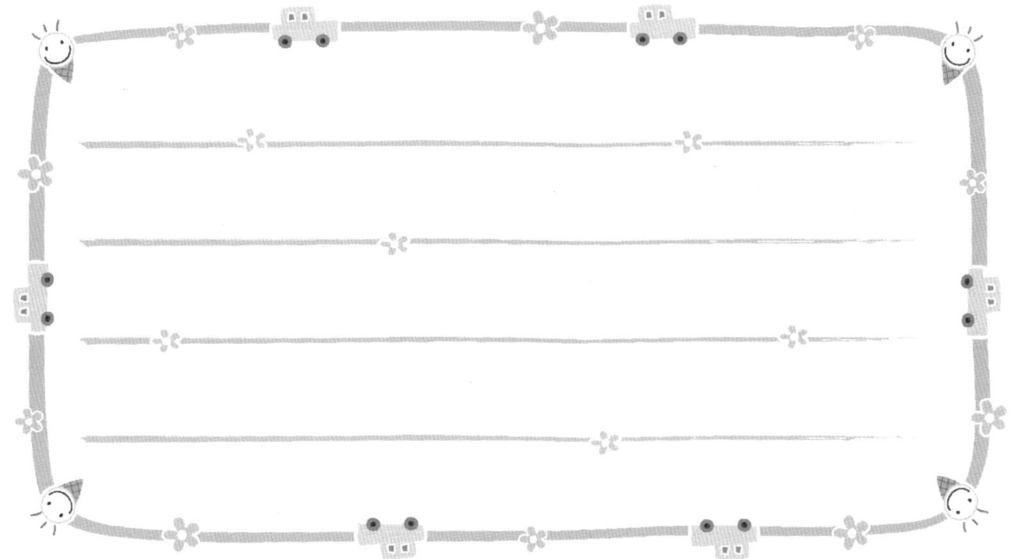

3. 2번 답을 따라서 추가적으로 일어날 수 있는 일들을 더 많이 적어 봅시다.

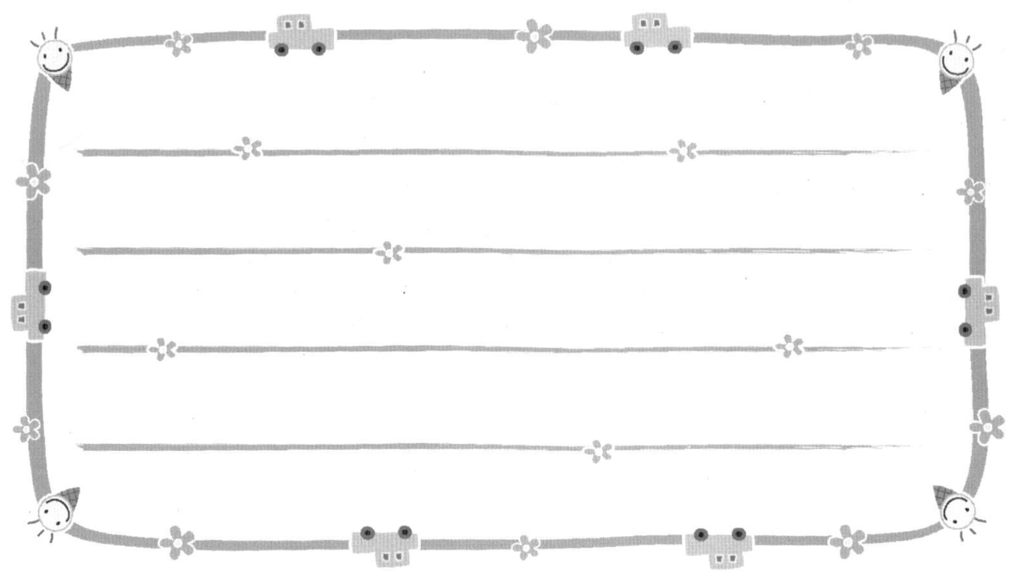

4. 우리가 이 기후의 변화에 적응해 살아가기 위해서 어떤 태도를 취해야 할까요?
2, 3번에서 적은 답을 참고하여 구체적으로 해결방법을 적어 봅시다.

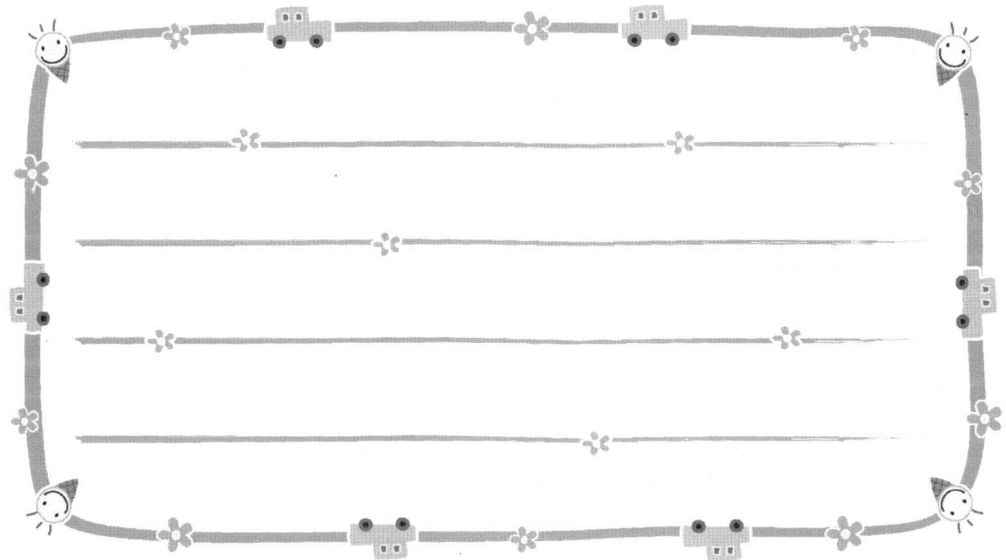

5. 사계절이 사라졌을 때 일어날 수 있는 일에 우리 삶이 어떻게 변화될 지를 예상하여 정보를 찾아 마인드맵으로 작성하여 보세요.

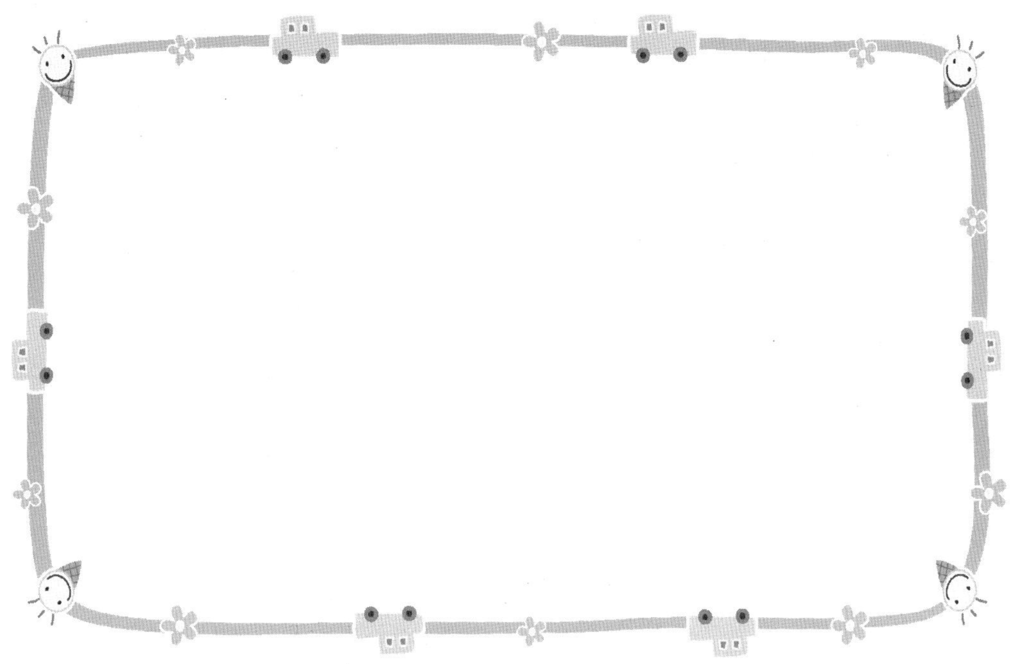

6. <5번>의 마인드맵에서 정리된 것을 보고, 정리하여 보세요. 그 까닭도 써 보세요.

변화된 분야	적응한 모습	이렇게 적응한 이유

7. 지금까지의 활동을 활용하여 사계절이 사라진 환경에 적응해서 살아가는 우리의 모습을 그림으로 그려 봅시다.

8. 위에서 그린 그림을 모둠 친구에게 보여주고 미처 생각해보지 못한 부분은 없는지 그리고 잘못 생각한 부분은 없는지 의견을 들어 보세요.

친구 이름	잘된 점	고쳐야 할 점

9. <8번> 친구 의견을 들어 수정한 적응모습을 다시 그려주세요. 만약 친구 의견 중 수정하고 싶지 않은 부분이 있으면 그 까닭을 쓰세요. 내가 생각한 적응모습을 학급게시판에 게시하고 학급 전체의 의견을 들어 봅시다.

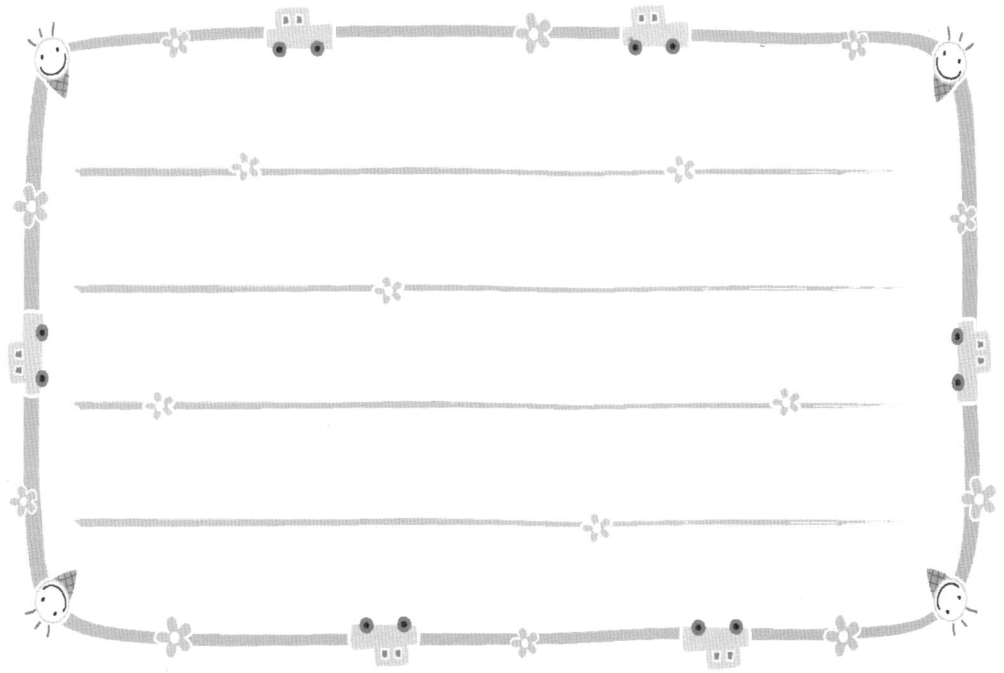

【118 교사용 안내서】

1. 관련 단원명

4학년 2학기 4. 화석을 찾아서

2. 출제의도

본 자료는 과학 교육과정 4학년 2학기 '화석을 찾아서' 단원의 내용을 학습한 후, 심화학습을 할 수 있도록 구성한 것이다.

자료의 내용은 가상인물인 꼬마박사 천돌이가 만든 타임머신을 타고 미래로 가, 그 미래에서 우리의 생활모습을 화석을 통해 찾아보는 활동을 할 수 있도록 구성하였다. 이 과정을 통해 화석이 만들어질 수 있는 조건과 과거를 알아볼 수 있는 척도로서 화석이 얼마나 유용한지를 학습할 수 있도록 하였다.

이 학습을 통해서 과학지식의 적용력, 과학태도—과학탐구의 추론능력, 창의적 사고력, 반성적 사고력, 의사소통력이 평가되도록 하였다.

3. 평가목표

(1) 주어진 상황을 이해하고, 문제를 해결할 수 있는가?(과학지식의 적용력)
(2) 자료를 수집하고 정리하며 종합할 수 있는가?(과학적 태도)

(3) 과학적으로 타당하면서도 독특하고 유연한 생각을 할 수 있는가?(창의적 사고력)

(4) 자신의 수행과정과 결과에 대해 돌이켜 생각할 수 있는가?(반성적 사고력)

(5) 다른 친구에게 자신의 생각을 이해시키고 친구의 생각을 바르게 이해할 수 있는 가?(의사소통력)

4. 창의적 문제해결과정의 절차

본 수업은 초등학교 4학년의 과학과정을 학습한 후 실시하는 것으로 구성되어 있으므로 학생의 수준을 고려하여 다음과 같은 문제해결과정의 절차로 제작하였다.

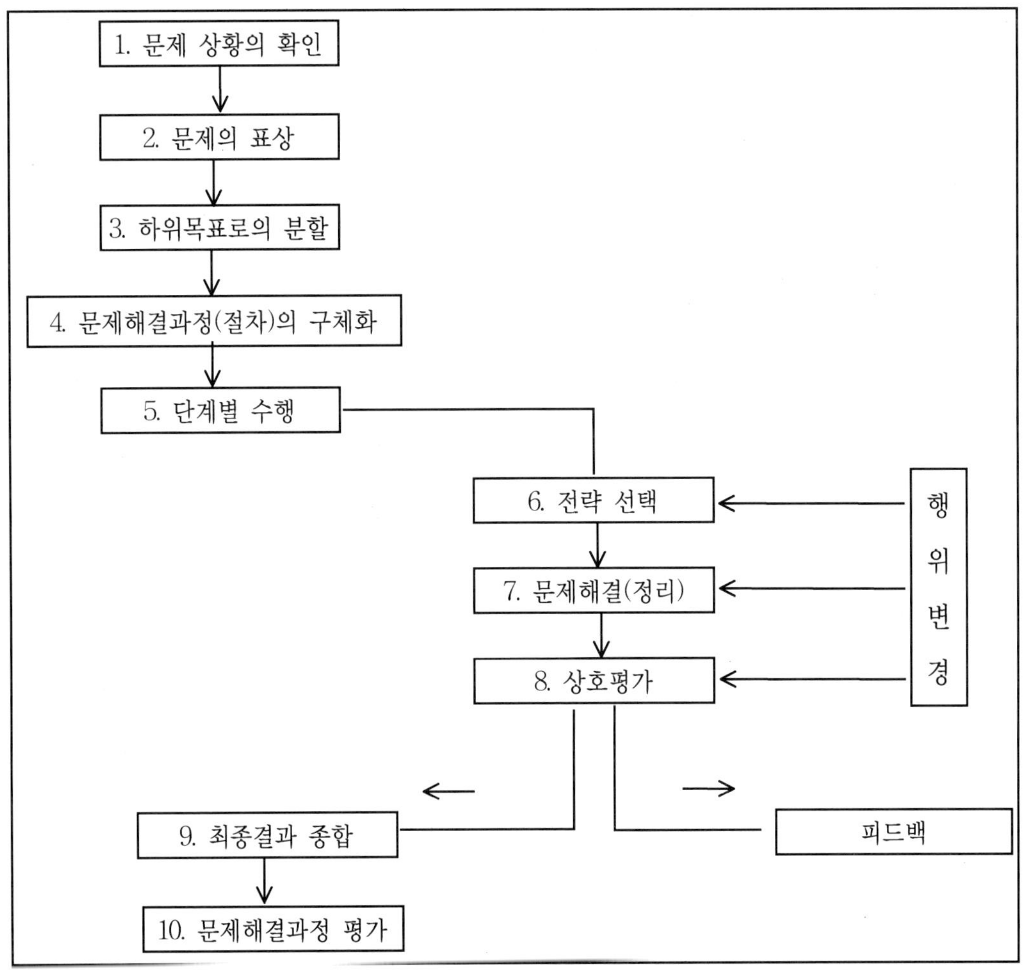

5. 평가내용과 척도표

1) 문제 상황의 확인

영 역		평 가 관 점	창의성 평가요소
평가준거		과학적으로 존재하고 있는 자료들을 보며 다양한 자유롭게 생각을 서술할 수 있는가?	유창성, 독창성, 민감성
점수체계	상	각 사진에서 4가지 이상의 영역에서 서술할 수 있다.	
	중	각 사진에서 2-3가지 영역에서 서술할 수 있다.	
	하	각 사진에서 1가지 이하의 영역에서 서술할 수 있다.	
창의성 평가관점		독창성: 전체 학급의 10% 이내의 독특한 아이디어에 대해서 1점의 추가점수를 부여한다.	

2) 문제의 표상

영 역		평 가 관 점	창의성 평가요소
평가준거		천돌이가 원하는 것을 정확하게 인지하고 발견하여 해결해야 할 문제를 바르게 서술할 수 있는가?	민감성, 유창성, 정교성
점수체계	상	천돌이가 원하는 것을 정확하게 인지하고 해결해야 할 문제를 바르게 서술할 수 있다.(예: 미래로 가서 생활모습이 담긴 화석을 찾아야 한다.)	
	중	천돌이가 원하는 것을 인지하고 있으나, 구체적으로 서술하지 못한다. (예: 생활모습이 담긴 자료를 찾는다.)	
	하	천돌이가 원하는 것을 전혀 인지하고 있지 못한다 (예: 천돌이는 미래로 갈 방법이 없다. 천돌이가 늙으면 손자들에게 물어봐야 한다.)	

3) 하위목표로의 분할

영 역		평 가 관 점	창의성 평가요소
평가준거		〈2번〉문제에서 파악한 문제를 해결하기 위하여 하위목표로 분할하여 나열할 수 있는가?	
점 수 체 계	상	천돌이가 미래로 가서 우리의 생활모습을 찾아보기 위하여 가야 할 장소를 분할하여 구체적으로 서술할 수 있다. -자료탐색과 실행이 모두 포함되어야 한다.(예: 화석이 만들어질 수 있는 환경적 조건, 있을만한 장소를 조사한 후, 선택한 장소를 찾아본다.)	독창성, 유창성, 정교성
	중	천돌이가 미래로 가서 우리의 생활모습을 찾아보기 위하여 가야 할 장소를 분할하여 서술할 수 있으나, 구체적이지 못하다. -자료탐색과 실행이 모두 포함되어 있으나 구체적이지 못하다.(예: 화석이 있을만한 장소를 탐색해보고 찾아본다.)	
	하	천돌이가 미래로 가서 우리의 생활모습을 찾아보기 위하여 가야 할 장소를 제대로 서술하지 못한다. -자료 조사를 실행과 연관시키지 못한다.(예: 이리저리 화석을 찾아다닌다.)	
창의성 평가관점		독창성: 전체 학급의 10% 이내의 독특한 아이디어에 대해서 1점의 추가점수를 부여한다.	

4) 문제해결과정의 구체화

영 역		평 가 관 점	창의성 평가요소
평가준거		각 하위목표의 해결방법을 구체적으로 서술할 수 있는가?	
점 수 체 계	상	〈3번〉의 질문에서 선택한 한 가지의 하위목표에 대한 구체적인 내용과 해결방법을 서술할 수 있다.(예: 화석은 오랫동안 흙 속에서 단단하게 굳어져야 하므로, 산, 특히 지층이 많은 곳에 찾아간다.)	정교성, 유창성, 독창성
	중	〈3번〉의 질문에서 선택한 한 가지의 하위목표에 대해 어느 정도 서술할 수는 있으나, 구체적이지 못하다.(예: 산에 찾아가면 화석이 많을 것이다.)	
	하	〈3번〉의 질문에서 선택한 한 가지의 하위목표에 대한 해결방법을 전혀 서술하지 못한다.	

5) 단계별 수행

영 역		평 가 관 점	창의성 평가요소
평가준거		구체화된 문제해결과정에 따라 정보를 제대로 찾아낼 수 있고, 찾아낸 자료를 정확히 분류할 수 있는가?	
점수체계	상	천돌이가 찾아낸 여러 가지 화석의 종류를 3가지 이상 정확히 제시할 수 있고, 이를 분류기준에 따라 제대로 분류할 수 있다. (예: 화석의 종류 - 애완동물의 뼈, 조개껍데기, 사람발자국 등)	유창성, 독창성, 민감성, 융통성
	중	천돌이가 찾아낸 여러 가지 화석의 종류를 3가지 이상 서술했으나 화석이 될 수 없는 종류가 포함되어 있거나, 화석의 종류를 1-2가지로 제시한다. 또는 분류기준에 따른 분류가 정확하지 않다.(예: 화석의 종류에 머리카락, 음식물쓰레기 등 썩어서 없어질 수 있는 종류가 들어간 경우)	
	하	문제해결과정에 따른 정보를 찾아낼 수 없고, 분류하지도 못한다.	
창의성 평가관점		독창성: 전체 학급의 10% 이내의 독특한 아이디어에 대해서 1점의 추가점수를 부여한다. 유창성: 아이디어의 개수가 4가지 이상일 경우에는 증가하는 개수마다 1점씩 추가점수를 부여한다.	

6) 전략선택

영 역		평 가 관 점	창의성 평가요소
평가준거		〈5번〉문제의 문제해결의 까닭을 제시하며 과제를 해결할 수 있는가?	
점수체계	상	〈5번〉문제에서 선택한 화석이 종류에 대해 선택한 까닭을 제시할 수 있으며, 그 까닭이 과학적으로 타당한 지식으로 구성되어 있다.(예: 조개껍데기 - 뼈는 단단하고 잘 썩지 않으므로 오랜 시간 땅에 묻혀 화석으로 굳어질 수 있다.)	유창성, 융통성
	중	〈5번〉문제에서 선택한 화석의 종류에 대해 선택한 까닭을 제시할 수 있고 타당하나, 유창성이 다소 부족하다.	
	하	〈5번〉문제에서 선택한 화석의 종류에 대해 선택한 까닭은 제시하기는 하나, 그 까닭이 타당하지 않다.(예: 조개껍데기 - 과거의 조개껍데기도 화석이 되었으니, 현재의 조개껍데기도 미래에는 화석이 될 것이다.)	
창의성 평가관점		융통성: 상호 관련되지 않은 아이디어를 과학적 지식을 활용하여 합리적으로 연관시켰을 때 3점 추가점수를 부여한다.	

7) 문제해결 (정리)

영 역		평 가 관 점	창의성 평가요소
평가준거		문제해결의 전략을 종합 정리하여 그림으로 표현하고 설명할 수 있는가?	
점수체계	상	문제해결의 전략을 종합 정리하여 그림으로 상세히 표현하고 과학적으로 타당하게 설명할 수 있다.	재구성력
	중	문제해결의 전략을 정리하여 그림으로 나타낼 수 있으나, 앞서 제시한 문제해결에서 빠진 내용이 있거나 과학적 설명이 제대로 첨가되지 않는다.	
	하	문제해결의 전략을 제대로 정리하지 못하고 설명하기도 어렵다.	

8) 상호평가

영 역		평 가 관 점	창의성 평가요소
평가준거		내가 생각하지 못했던 점을 찾아 친구의 문제해결과정을 칭찬할 수 있고, 과학적인 지식을 활용하여 과학적이지 못한 점을 찾을 수 있는가?	
점수체계	상	자신의 문제해결과정과 친구의 것을 비교하고 칭찬할 수 있으며, 과학적 지식을 활용하여 잘못된 점을 찾을 수 있다.	의사 소통력
	중	친구의 문제해결과정을 과학적 지식을 활용하여 평가하지 않고, 주관적으로 평가한다.	
	하	평가활동에 적극적으로 참여하지 못한다.	

9) 최종결과종합, 10) 문제해결과정 평가

영 역		평 가 관 점	창의성 평가요소
평가준거		초기 문제의 조건, 계획, 과정 등을 기준으로 문제해결의 결과를 분석적으로 평가하여 문제점을 지적하고 해결점을 찾아낼 수 있는가?	
점수체계	상	문제해결의 결과를 초기의 문제진술과 비교하면서 분석적으로 평가하여 문제점을 지적하고 해결점을 찾아낼 수 있다.	의사 소통력 (반성적 사고)
	중	문제해결의 결과를 초기의 문제진술과 직접 비교하지는 않았지만 결과에 대해 초기 문제와 관련하여 구체적인 문제점을 지적한다.	
	하	문제해결의 결과에 대해 성공 여부만을 평가하여 만족, 불만족을 표시한다. 구체적인 지적을 하지 못하고 포괄적인 내용을 진술한다.	

【118 학생용 활동지】

1. 다음 사진은 현재 존재하는 화석들의 모습입니다.

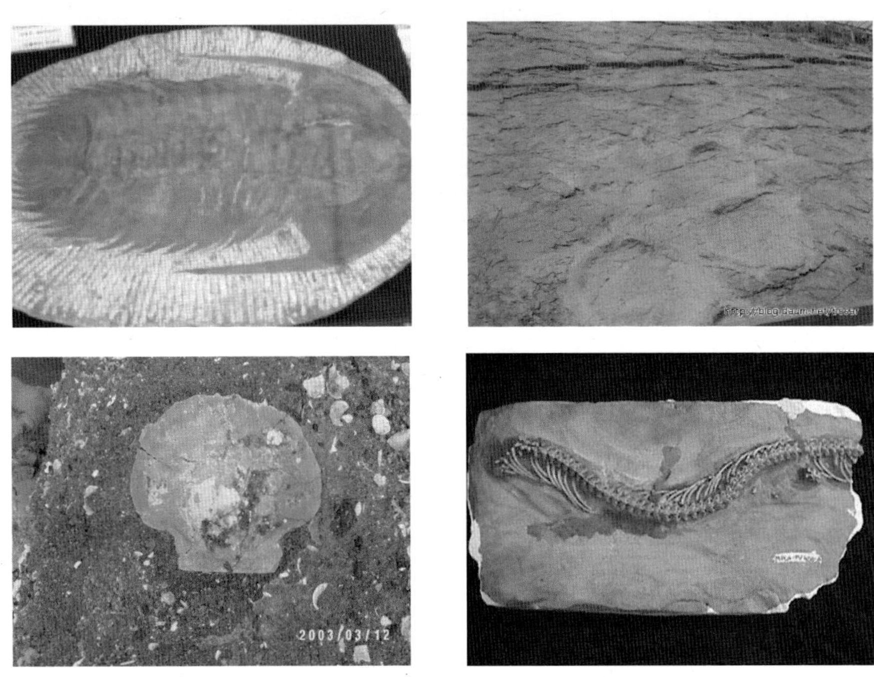

각각의 사진이 보여주는 화석 속의 생물들이 실제로 존재했던 옛날의 모습은 어떠했을까요? 각각에 대해 자신의 의견을 자유롭게 써 보세요.

2. 안녕하세요? 저는 꼬마박사 '천둥이' 라고 해요.
저는 미래의 후손들이 볼 수 있는 우리의 생활모습을 찾아보고
싶어요! 어떻게 하면 제가 우리의 생활모습을 찾을 수 있을까요?
찾을 수 있는 방법이 무엇이 있을지, 한 번 적어 보세요.

3. 여러분들의 의견에 따라 제가 이번에 멋진 발명품을 하나 만들어냈어요.

짜잔! 바로 타임머신이랍니다. 조선시대로 놀러가 보고 싶다구요? 안 돼요, 안 돼~ 말했잖아요! 저는 미래로 가고
싶다고! 이 타임머신은 이름 하여 미래호!! 미래로만 갈 수 있는 타임머신이랍니다. 이제 이 타임머신을 타고 미래로
가, 현재 우리의 생활모습이 담긴 화석들을 찾아볼 거예요. 구체적으로 어디로 가면 화석들을 찾을 수 있을까요?
여러분들! 저에게 힌트를 조금 주세요!

4. 여러분들의 힌트를 보고 이렇게 미래로 날아왔어요!

그런데 제가 도착한 이곳에서는 아직 우리의 생활모습이 나타난 화석들이 보이지가 않네요. 여기에 화석이 있긴 한걸까요? 구체적으로 제가 여기서 무엇을 해야 화석을 찾을 수 있을까요? 화석을 찾기 위해서 찾아가야 할 곳과 거기서 해야 할 것을 구체적으로 적어주세요.

5. 와! 정말 많은 것들이 이렇게 묻혀있었네요. 여러분들 덕분에 미래에서의 우리 모습을 찾게 되어 기쁜데요? 여러분들도 많은 모습이 찍혀져 있는 화석들 잘 보이시죠? 무슨 모양들이 있는지 한번 적어 보세요. 그리고 그냥 이렇게 두면 어지러우니까 한 장소에서 같이 볼 수 있었던 것끼리 한번 분류해 보세요.

우리가 볼 수 있었던 것

분류하기

6. 이렇게 분류하고 보니, 이제는 머리가 한층 맑아진 느낌!

　그런데 우리가 본 것들을 적고, 분류하고 나니 이상하게도 제가 좋아하는 딸기 모양은 찾아볼 수가 없었어요. 여러분들도 못 찾으신 것 있죠? 없었던 것들에겐 다 이유가 있답니다. 여러분들이 찾은 화석을 보고 이 화석들이 미래에도 남아있는 이유와, 없었던 것들이 없는 이유를 한번 적어 보세요.

찾을 수 있었던 화석	찾을 수 있었던 이유	찾을 수 없었던 화석	찾을 수 없었던 이유

7. 이젠 미래에서 우리의 생활모습 찾기 끝!

　그럼 우리가 볼 수 있었던 것만을 가지고, 우리의 방을 예쁘게 꾸며 볼까요?

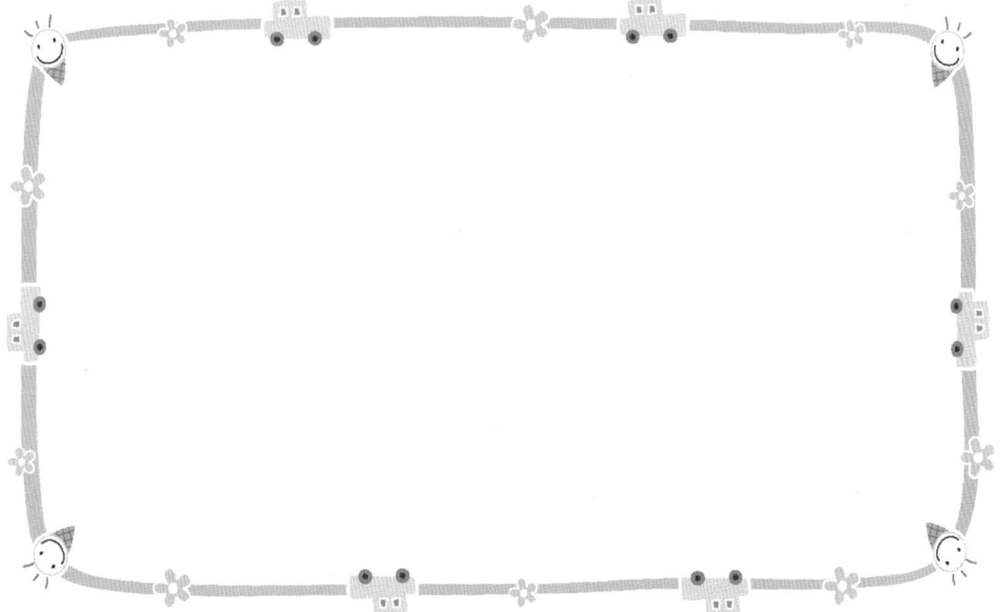

8. 여러분들 덕분에 저의 모든 궁금증을 해결하고, 현재로 돌아왔어요. 저와 함께 즐거운 여행되셨죠? 이제 친구들끼리 본 것들을 보여주고 의논해 보세요. 빠진 것도, 겹친 것도 있죠? 친구들끼리 이야기를 나누면서 서로서로 잘된 점과 고쳐야 할 점을 지적해주세요!

친구 이름	잘된 점	고쳐야 할 점

9. 이젠 천돌이가 여러분들과 헤어져야 할 시간이에요.

마지막으로 친구들과의 의논 후에 방을 다시 수정해보고, 학급게시판에 자신의 방을 자랑해 보세요. 학급 전체 친구들의 의견도 들어보구요! 천돌이도 꼭 구경하러 갈게요.

여러분, 안녕~

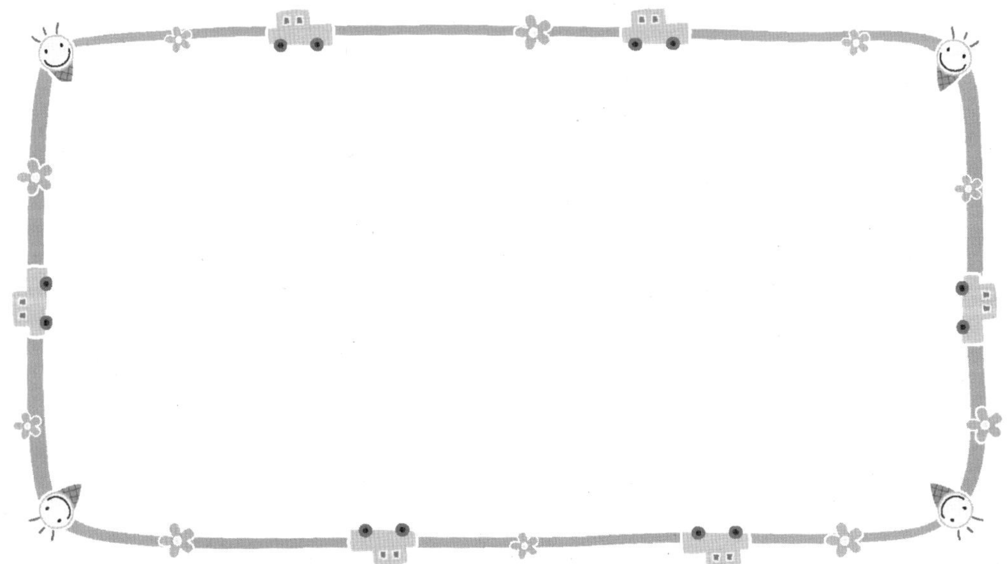

119 혜진이의 가족이 무사히 여행을 마칠 수 있게 해주세요.

【119 교사용 안내서】

1. 관련단원명

6학년 2학기 6. 연소와 소화

2. 출제의도

본 학습지는 교육과정 6−2 연소와 소화의 내용을 학습한 후 심화학습을 할 수 있도록 재구성한 것이다.

자료의 내용은 혜진이가 가족과 함께 산에 올라갔다가 작은 연기를 보고 그것의 원인을 파악하고 해결해가는 과정으로 구성하였다. 이 학습을 통해서 자연에서 일어날 수 있는 화재의 원인을 학습하고 그것을 해결하는 것이 원인에 따라 다르다는 것을 알 수 있게 구성하였다.

이 학습을 통해서 과학 수행평가문항의 다양한 평가 영역과 특징을 최대한 반영하여 평가 영역으로 과학지식의 적용력과 과학태도, 과학탐구의 추론 능력, 창의적 사고력, 반성적 사고력, 의사소통력이 평가되도록 하였으며, 환경의 소중함을 알 수 있는 기회가 되어 지속적인 동기부여가 되도록 하였다.

3. 평가목표

(1) 주어진 상황을 이해하고 문제를 해결할 수 있는가? (과학지식 응용력)

(2) 자료를 수집하고 그것을 정리하여 종합할 수 있는가? (과학적 태도)

(3) 과학적으로 타당하면서도 독특한 생각을 할 수 있는가? (창의적 사고)

(4) 다른 친구에게 자신의 생각을 이해시키고 친구들의 생각을 바르게 이해할 수 있는가? (의사소통력)

(5) 자신의 문제해결과정과 결과를 돌이켜 생각할 수 있는가? (반성적 사고)

4.창의적 문제해결과정의 절차

본 학습지는 다음의 문제해결과정의 절차로 제작하였다.

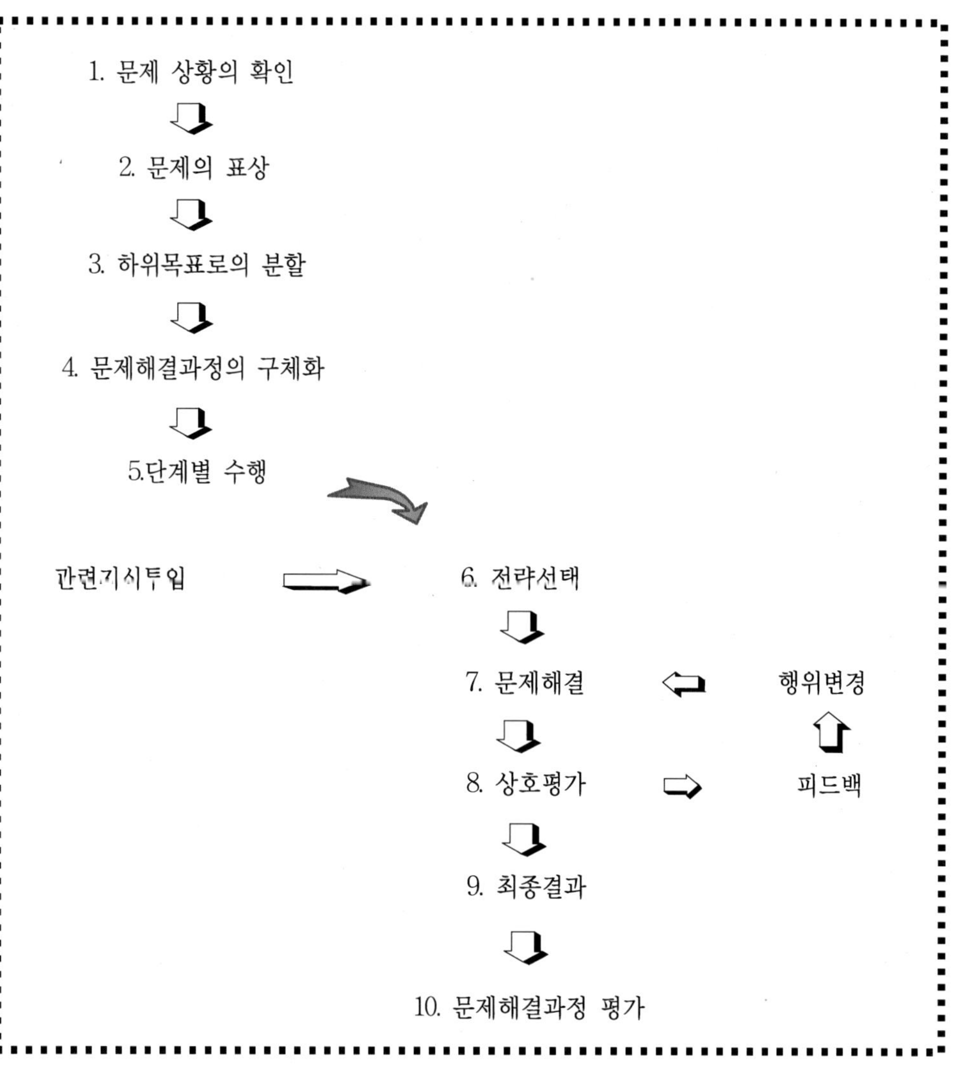

5. 평가내용과 척도표

1) 문제 상황의 확인

영역		평가관점	창의성 평가요소
평가준거		자연을 보고 과학적으로 일어나고 있는 현상을 다양하게 질문을 할 수 있는가?	민감성 독창성 유창성
점수체계	상	각 그림에서 4가지 이상의 질문을 할 수 있다.	
	중	각 그림에서 2-3가지 이상의 질문을 할 수 있다.	
	하	각 그림에서 1가지 이상의 질문을 할 수 있다.	
창의성 평가관점		독창성: 전체 학급의 10% 이내의 독특한 생각에 대해서 1점의 추가점수를 부여한다. 유창성: 같은 영역의 비슷한 질문은 한 질문으로 처리한다.	

2) 문제의 표상

영역		평가관점	창의성 평가요소
평가준거		혜진이가 처한 상황을 올바르게 이해하고 원인들을 찾아낼 수 있는가?	민감성 독창성 유창성
점수체계	상	혜진이가 처한 상황을 올바르게 이해하고 4가지 이상의 원인들을 찾아낼 수 있다.	
	중	혜진이가 처한 상황을 이해하거나 2-3가지의 원인들을 찾아낼 수 있다.	
	하	혜진이가 처한 상황을 전혀 파악하지 못하고 원인들을 찾아낼 수 없다.	
창의성 평가관점		독창성: 전체 학급의 10% 이내의 독특한 생각에 대해서 1점의 추가점수를 부여한다.	

3) 하위목표로의 분할

영역		평가관점	창의성 평가요소
평가준거		2번 문제에서 파악한 문제를 해결하기 위해서 하위목표로 분할할 수 있는가?	민감성 독창성
점수체계	상	혜진이가 산에서 무사히 내려올 수 있도록 문제를 구체적으로 나누어 진술할 수 있다.	
	중	산에서 무사히 내려올 수 있도록 문제를 분석은 하나 구체적이지 못하다.	
	하	산에서 무사히 내려올 수 있도록 문제를 구체적으로 나누어 진술하지 못하고 주변 환경을 사건과 연관시키지 못한다.	
창의성 평가관점		독창성: 전체 학급의 10% 이내의 독특한 생각에 대해서 1점의 추가점수를 부여한다.	

4) 문제해결과정 구체화

영역		평가관점	창의성 평가요소
평가준거		각 하위목표에 대해서 구체적으로 해결방법을 진술할 수 있는가?	
점 수 체 계	상	3번의 질문에서 한 가지 하위목표를 선택하여 해결해야 할 내용과 해결방법을 구체적으로 3가지 이상 진술할 수 있다.	민감성 독창성 정교성
	중	3번의 질문에서 한 가지 하위목표를 선택하여 해결해야 할 내용과 해결방법을 구체적으로 2가지 이하를 진술할 수 있다.	
	하	3번의 질문에서 한 가지 하위목표를 선택하여 해결해야 할 내용을 선택하지 못하고 해결방법을 진술하지 못한다.	
창의성 평가관점		독창성: 전체 학급의 10% 이내의 독특한 생각에 대해서 1점의 추가점수를 부여한다.	

5) 단계별 수행

영역		평가관점	창의성 평가요소
평가준거		구체화된 해결과정에 따라 정보를 찾아내어 영역별로 자료를 분류하여 문제를 해결할 수 있는가?	
점 수 체 계	상	혜진이가 처한 상황을 다양한 방법으로 조사하여 3가지 이상의 정보를 영역별로 분류하여 마인드맵으로 나타낼수 있다.	민감성 독창성 융통성
	중	혜진이가 처한 상황을 다양한 방법으로 조사하여 1-2가지의 정보를 영역별로 분류하여 마인드맵으로 나타낼수 있다.	
	하	문제해결과정에 따라 계획을 체계적으로 세우지 못하고 문제해결을 위한 정보를 마인드맵으로 나타내지 못한다.	
창의성 평가관점		독창성: 전체 학급의 10% 이내의 독특한 생각에 대해서 1점의 추가점수를 부여한다. 유창성: 아이디어 개수가 4가지 이상일 때는 개수마다 1점씩을 추가 부여한다.	

6) 전략선택(관련지식 투입)

영역		평가관점	창의성 평가요소
평가준거		5번 문제 마인드맵과 관련된 지식을 활용하여 까닭을 제시하며 과제를 해결할 수 있는가?	민감성 독창성 유창성
점수체계	상	혜진이의 문제 상황을 보고 필요한 것을 4가지 이상 적을 수 있다.(산에서 구할 수 있는 것이어야 한다.)	
	중	혜진이의 문제 상황을 보고 필요한 것을 2-3가지 이상 적을 수 있다.(산에서 구할 수 있는 것이어야 한다.)	
	하	혜진이의 문제 상황을 보고 필요한 것을 적지 못하거나 구할 수 없는 것을 적는다.	
창의성 평가관점		유창성: 산에서 구할 수 없는 것은 무효로 처리한다.	

7) 문제해결

영역		평가관점	창의성 평가요소
평가준거		문제해결을 종합적으로 정리하여 그림으로 표현할 수 있는가?	독창성
점수체계	상	문제해결의 전략을 정리하여 그림으로 상세히 표현하고 과학적으로 타당하게 설명할 수 있다.	
	중	문제해결의 전략을 정리하여 그림으로 표현할 수 있으나 앞에서 제시한 문제해결에서 빠진 내용이 있거나 과학적으로 타당하게 설명할 수 없다.	
	하	문제해결전략을 정리하지 못하고 과학적으로 설명하기 어렵다.	
창의성 평가관점		독창성: 전체 학급의 10% 이내의 독특한 생각에 대해서 1점의 추가점수를 부여한다.	

8) 상호평가

영역		평가관점	창의성 평가요소
평가준거		내가 생각하지 못했던 점을 찾은 친구의 문제해결과정을 칭찬할 수 있고 나의 과학적이지 못한 점을 찾아낼 수 있는가?	의사 소통력
점수체계	상	자신의 문제해결과정과 친구의 것을 비교하고 칭찬할 수 있으며 과학적인 지식을 활용하여 잘못된 점을 찾을 수 있다.	
	중	친구의 문제해결과정을 과학적인 지식을 활용하여 칭찬하지 않고 주관적으로 칭찬한다.	
	하	평가활동에 적극적으로 참여하지 못한다.	
창의성 평가관점			

9) 최종결과종합   10) 문제해결과정 평가

영역		평가관점	창의성 평가요소
평가준거		문제의 조건, 계획, 과정 등을 기준으로 문제해결의 결과를 분석적으로 평가하여 새로운 문제점을 지적하고 해결점을 찾아낼 수 있는가?	
점수체계	상	문제해결의 결과를 처음의 문제진술과 비교하면서 분석적으로 평가하여 새로운 문제점과 해결책을 찾아낸다.	반성적 사고
	중	문제해결의 결과를 처음의 문제진술과 비교하지는 않지만 결과에 대해서 새로운 문제점을 찾아낸다.	
	하	구체적인 지적을 하지 못하고 포괄적인 내용을 진술한다.	
창의성 평가관점			

※상·중·하는 각각 3·2·1점으로 한다.

유창성: 아이디어의 개수마다 개당 1점씩 부여한다.

독창성: 전체 학급의 10% 이내의 독특한 생각에 대해서 1점의 추가점수를 부여한다.

정교성: 아이디어에 대해 실현가능한 생각을 했을 때 1점 부여한다.

【119 학생용 활동지】

대한 초등학교 5학년인 혜진이의 가족은 이번 주말에 산으로 가족여행을 가기로 했다. 혜진이는 아빠와 엄마와 오빠와 시간을 보내는 것에 설렜다. 그리고 멋진 자연을 볼 수 있다는 생각에 날아갈 듯이 기뻤다.

여행 준비로 엄마는 도시락과 먹을 음식을 준비하시고 아빠와 오빠는 배낭을 챙기고 혜진이는 산에 올라가면 필요한 물건들을 챙기기로 하였다. 혜진이가 챙긴 준비물은 다음과 같다.

추운 날씨를 대비한 담요와 긴팔 옷, 올라가면서 마실 음료수를 담을 물통, 땀을 닦을 수건, 장갑, 모자, 멋진 풍경을 찍을 카메라, 어둠을 밝혀줄 손전등……

혜진이가 찍은 산의 모습

1. 혜진이는 가족과 함께 등산을 시작하였다. 오랜만의 가족여행이라서 무척 좋았다. 평소에는 느낄 수 없었던 자연을 느낄 수 있어서 더 좋았다. 위의 사진은 혜진이가 등산을 가서 찍은 사진이다. 사진을 보고 할 수 있는 질문은 무엇일까요? 사진을 보고 바로 대답할 수 있는 질문은 하지 않기로 선생님과 약속해요. 지금부터 질문을 해볼까요?

2. 산을 올라서 엄마가 준비하신 맛있는 점심을 먹고 잠시 쉬는 동안 혜진이 가족 앞에 사진의 광경이 보였어요. 혜진이 가족은 지금 어떤 상황에 처해 있나요? 혜진이가 이러한 상황에 처한 원인에는 어떤 것이 있을까요? 일어날 수 있는 원인에 대해 적어볼까요?

3. 이 상황을 해결하기 위한 방법으로는 어떤 것이 있을까요? 여러분이 혜진이라고 생각하고 해결방법을 써 보세요.

4. 3번의 방법들 중 한 가지를 선택하여 문제를 해결하기 위해 어떻게 해야 할지 구체적으로 계획을 세워 보세요.

5. 산의 풍경사진을 보면서 일어날 수 있는 일을 예상하여 혜진이가 처한 상황에서 필요한 정보를 마인드맵으로 작성해 보세요.

6. 5번을 보고 혜진에게 필요한 것을 적어 보세요. 그리고 그 까닭도 써 보세요.

7. 산에게 무사히 내려오도록 혜진이가 한 일을 그림으로 그려볼까요?

8. 혜진이가 해결한 상황의 그림을 친구들에게 보여주고 더 필요한 것은 없는지 그리고 어려운 점은 무엇인지 의견을 들어 보세요.

9. 친구들이 의견을 수렴하여 혜진이가 한 행동을 수정해 볼까요? 수정하고 싶지 않은 부분이 있다면 그 까닭을 쓰세요.

【120 교사용 안내서】

1) 문제 상황의 확인

영역		평가관점	창의성 평가요소
평가준거		과학적으로 생각하여 다양한 질문을 할 수 있는가?	민감성, 유창성, 독창성
점 수 체 계	상	4가지 이상의 질문을 할 수 있다.	
	중	2~3가지 질문을 할 수 있다.	
	하	1가지 이하의 질문을 할 수 있다.	
창의성 평가관점		독창성: 전체 학급의 5% 이내의 독특한 아이디어에 대해서 1점의 추가점수를 부여한다.	

2) 문제의 표상

영역		평가관점	창의성 평가요소
평가준거		문제를 정확히 인지하고 발견하여 해결해야 할 과제를 바르게 진술할 수 있는가?	민감성, 정교성
점수 체계	상	문제를 정확히 파악하고 구분할 수 있는 방법을 여러 가지 진술할 수 있다.	
	중	문제는 정확히 파악하고 있지만 구분할 수 있는 방법에 대해서 진술하지 못한다.	
	하	어떻게 구분해야 할지 전혀 파악하지 못한다.	

3) 하위목표로의 분할

영역		평가관점	창의성 평가요소
평가준거		(2)번에서 파악한 문제를 해결하기 위하여 여러 가지 기준을 제시할 수 있는가?	정교성, 독창성, 유창성
점수 체계	상	4가지 이상의 기준을 제시할 수 있다.	
	중	2~3가지 기준을 제시할 수 있다.	
	하	1가지 이하의 기준을 제시할 수 있다.	

4) 문제해결과정의 구체화

영역		평가관점	창의성 평가요소
평가준거		각 하위기준에 대하여 문제의 해결방법을 구체적으로 진술할 수 있는가?	정교성, 독창성, 유창성
점수 체계	상	(3)번의 기준 중에서 한 가지를 선택하여 문제해결방법을 3가지 이상 진술할 수 있다.	
	중	(3)번의 기준 중에서 한 가지를 선택하여 문제해결방법을 3가지 이하 진술할 수 있다.	
	하	(3)번의 기준 중에서 해결할 기준을 선택하지 못하고 구체적인 해결방법을 진술하지 못한다.	

5) 단계별 수행

영역		평가관점	창의성 평가요소
평가준거		구체화된 문제해결과정에 따라 정보를 찾아내어 영역별로 자료를 분류하여 문제를 해결할 수 있는가?	유창성, 민감성, 융통성
점수 체계	상	생물, 무생물을 분류하여 표로 나타낼 수 있다.(2개 이하 틀림)	
	중	생물, 무생물을 분류하여 표로 나타낼 수 있다.(2~5개 틀림)	
	하	문제해결과정에 따라 계획을 체계적으로 세우지 못하고 문제해결을 위한 정보를 표로 나타내지 못한다.(6개 이상 틀림)	

6) 전략선택 (관련지식 투입)

영역		평가관점	창의성 평가요소
평가준거		(5)번 표와 관련된 지식을 활용하여 까닭을 제시하며 과제를 해결할 수 있는가?	유창성, 융통성
점수 체계	상	과학적인 근거를 들어 까닭을 설명할 수 있고 타당한 지식으로 이유를 뒷받침할 수 있다.(학급의 10% 이내의 많은 수를 낸 학생에게 '상' 점수 부여)	
	중	과학적인 근거를 들어 까닭을 설명할 수 있으나 유창성이 다소 부족하다.(학급의 10% 이하의 수를 제시한 경우)	
	하	까닭이 과학적이지 않고 주관적이다.	

7) 문제해결 (정리)

영역		평가관점	창의성 평가요소
평가준거		문제해결의 전략을 종합 정리하여 그림으로 표현하고 설명할 수 있는가?	재구성력
점수 체계	상	문제해결의 전략을 정리하여 과학적으로 타당하게 설명할 수 있다.	
	중	문재 해결의 전략을 정리할 수 있으나, 앞서 제시한 문제해결에서 빠진 내용이 있거나 과학적으로 타당하게 설명하기 어렵다.	
	하	문제해결의 전략을 정리하지 못하고 설명하기 어렵다.	

8) 상호평가

영역		평가관점	창의성 평가요소
평가준거		내가 생각하지 못했던 점을 찾아 친구의 문제해결과정을 칭찬할 수 있고, 과학적인 지식을 활용하여 과학적이지 못한 점을 찾을 수 있는가?	의사 소통력
점수 체계	상	자신의 문제해결과정과 친구의 것을 비교하고 칭찬할 수 있으며 과학적인 지식을 활용하여 잘못된 점을 찾을 수 있다.	
	중	친구의 문제해결과정을 과학적인 지식을 활용하여 평가하지 않고 주관적으로 칭찬하거나 사실만을 나열한다.	
	하	평가활동에 적극적으로 참여하지 못한다.	

9) 최종결과종합, 10) 문제해결과정 평가

영역		평가관점	창의성 평가요소
평가준거		초기 문제의 조건, 계획, 과정 등을 기준으로 문제해결의 결과를 분석적으로 평가하여 새로운 문제점을 지적하고 해결점을 찾아낼 수 있는가?	의사 소통력 (반성적 사고)
점수 체계	상	문제해결의 결과를 초기의 문제진술과 비교하면서 분석적으로 평가하여, 새로운 문제점을 지적하고 해결점을 찾아낸다.	
	중	문제의 결과를 초기 문제진술과 직접 비교하지는 않았지만 결과에 대해 초기 문제와 관련하여 구체적인 문제점을 지적한다.	
	하	문제의 결과에 대해 성공 여부만을 평가하여 만족, 또는 불만을 표시한다. 구체적인 지적을 하지 못하고 포괄적인 내용을 진술한다.	

【120 학생용 활동지】

1. 위의 사진은 우리 주변에서 쉽게 볼 수 있는 것들입니다. 위의 사진을 보고 궁금한 것을 적어 봅시다.

2) 생물과 무생물 사진이 섞여 있습니다. 이들을 구분하려면 어떻게 해야 할까요?

____

____

____

____

3) 위의 사진들을 생물과 무생물로 구분하기 위한 기준에는 어떤 것들이 있을까요?

____

____

____

____

4) 3)번의 기준에 따라, 생물인 것과 생물이 아닌 것으로 분류하기 위해서는 어떻게 해야 할지 구체적인 계획을 세워 봅시다.

____

____

____

____

5) 생물이라고 생각되는 것과 생물이 아니라고 생각되는 것을 표로 작성하여 봅시다.

생물인 것	생물이 아닌 것

6) 5)번의 표에서 정리된 것을 보고, 그렇게 정리한 까닭을 써 봅시다.

____

____

____

7) 마지막으로, 생물은 무엇인가에 대한 자신의 의견을 정리하여 봅시다.

____

____

____

8) 자신의 의견을 학급 친구들에게 발표하고 더 필요한 것은 없는지 그리고 불필요한 것은 없는지 의견을 들어 봅시다.

____

____

____

9) 친구의 의견을 들어 수정한 표를 다시 그려주세요. 만약 친구의 의견 중 수정하고 싶지 않은 부분이 있다면 그 까닭을 쓰세요. 나의 생물/생물이 아닌 것 표를 학급 게시판에 게시하고 학급 전체의 의견을 들어 봅시다.

121 해수면이 상승하면 지구는 어떻게 변할까

【121 교사용 안내서】

1. 관련 단원명

4학년 1학기 7. 강과 바다

4학년 2학기 7. 모습을 바꾸는 물

5학년 1학기 3. 기온과 바람 8. 물의 여행

2. 출제의도

이 활동지는 초등과학교육과정 4학년 1학기 '강과 바다' 단원, 4학년 2학기 '모습을 바꾸는 물' 단원, 5학년 1학기 '기온과 바람', '물의 여행' 단원의 내용을 심화적으로 학습할 수 있도록 구성한 것이다.

자료이 내용은 학생들이 실생활에서 접할 수 있는 해수면 상승이라는 문제를 다루고 있다. 하지만 지금까지는 해수면 상승을 예방하기 위해서는 어떻게 해야 하고 그 피해는 어떻게 되는지에 대해 배워왔다. 이 심화학습을 통해 앞서 알고 있던 해수면 상승에 대한 지식을 환기할 수 있게 하였다. 또한 이런 과정을 통해서 물의 특성에 대해서도 이해하고, 해수면이 상승한 지구의 모습과 상승한 해수면을 낮출 수 있는 방법에 대해 추론해볼 수 있도록 하였다.

이러한 학습을 통해, 학생 역시 창의적 문제해결과정을 익히고 문제해결자가 목표와 현재상태 간의 불일치를 발견하여 불일치의 간격을 좁힘으로써 목표에 도달할 수 있도록 하였다. 이러한 과정을 통해 일반적인 영역의 지식과 기능기반, 동기적 요인, 특정 영역의 지식과 기능 기반을 토대로 확산적 사고와 수렴적 사고가 역동적으로 상호 작용하여 새로운 산출물 혹은 해결책을 만들어낼 수 있도록 하였다. 즉 평가 영역으로 과학지식의 적용력과 과학탐구의 추론 능력, 창의적 사고력, 반성적 사고력, 의사소통력이 평가되도록 하였으며, 이러한 활동에 대해서 앞으로도 지속적인 동기부여가 되도록 하였다.

3. 평가목표

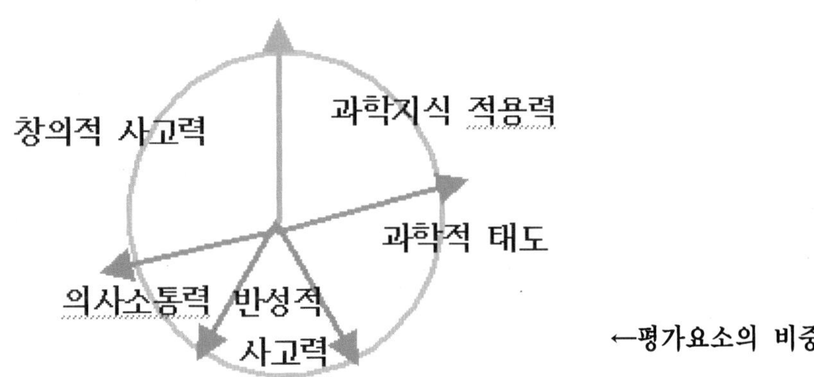

▷ 주어진 지식을 토대로 문제 상황을 이해하고 문제를 해결할 수 있는가?
　　→ 과학지식의 적용력

▷ 과학적으로 타당하고 유용하면서도, 독특하고, 유연한 생각을 독창적으로 정교하게 전개할 수 있는가?→ 창의적 사고력

▷ 자료를 분석, 수집하고 정리하여 종합할 수 있는가? → 과학적 태도

▷ 다른 친구에게 자신의 생각을 이해시키고 친구의 생각을 바르게 이해할 수 있는가?→ 의사소통력

▷ 자신의 수행과정과 결과에 대해 점검하고 돌이켜 생각할 수 있는가?
　　→ 반성적 사고력

4. 창의적 문제해결과정의 절차

본 수업은 초등학교 4학년을 대상으로 학생들이 5학년 과학과정을 속진학습한 후 실시하는 것으로 구성되어 있으므로 학생의 수준을 고려하여 다음과 같은 문제해결과정의 절차로 제작하였다.

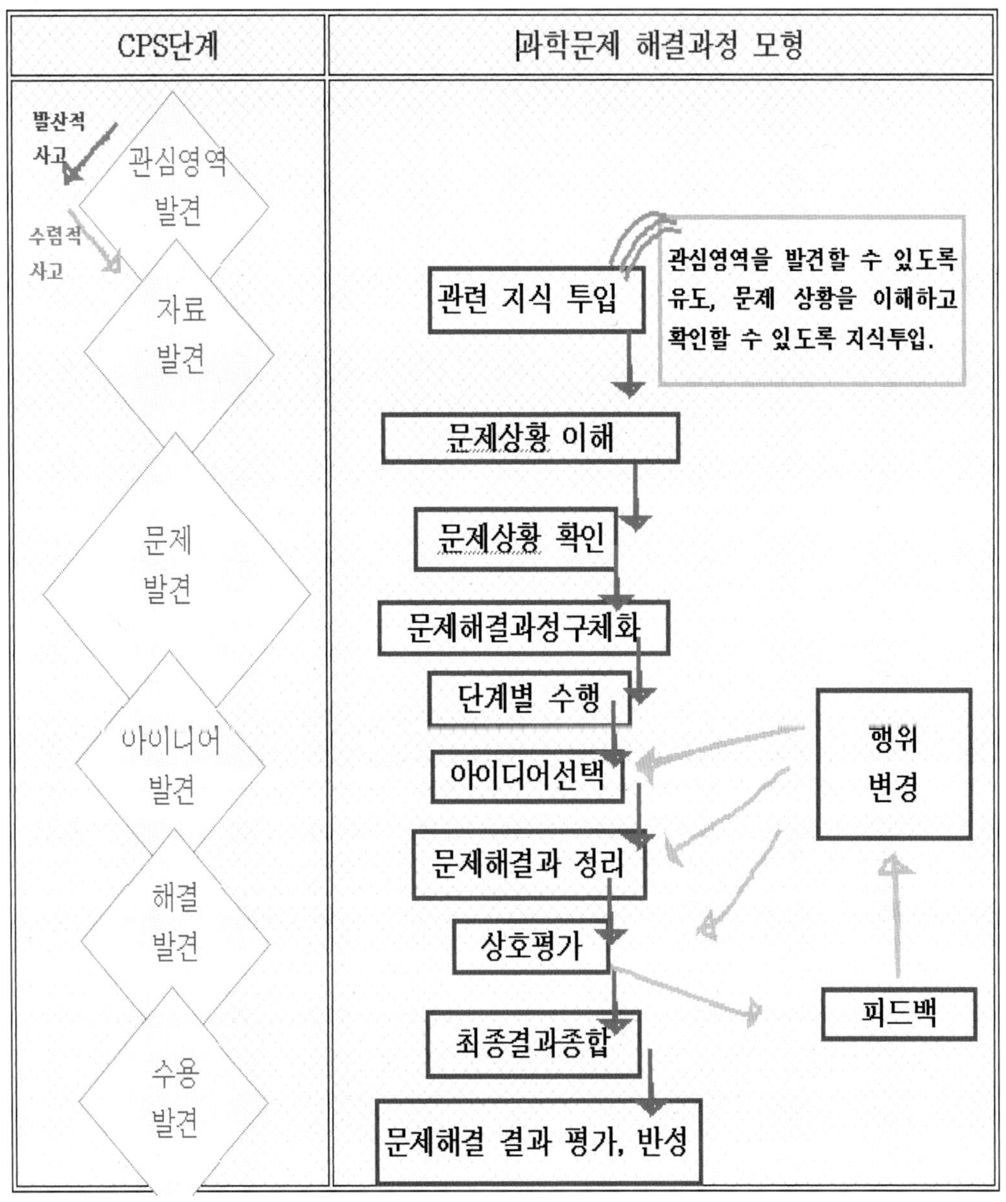

5. 평가내용과 척도표

1) 관련지식 투입

영역		평가관점	창의성 평가요소
평가준거		교사가 던진 질문의 의도를 이해하여 기사와 그래프를 분석하여 질문에 대답할 수 있는가?	
점수 체계	상	각 기사를 옳게 분류하고 그 이유에 대해 답을 할 수 있다.(2가지 영역 답을 만족)	정교성 유창성
	중	각 영역 중 1가지만 질문에 답을 할 수 있다.	
	하	각 영역에 대한 답을 할 수 없다.	
창의성 평가관점		정교성: 문제에 대해 얼마나 분석하고 재구성할 수 있는지 판단한다.(일시적으로라는 말은 태풍이라든지 호우로 갑자기 물이 불어서 해안선이 침수되는 상황을 말하는 것이고 오랜 시간이라는 말은 지구온난화와 같은 상황을 말하는 것이다. 그래프를 분석하면 지구온난화에 의해서 지구의 온도가 상승한다는 사실을 추론해낼 수 있다.)	

2) 문제 상황 이해

영역		평가관점	창의성 평가요소
평가준거		과학적으로 일어나고 있는 문제의 상황을 생각하여 다양한 질문을 할 수 있는가? 그리고 각 상황의 관계를 파악할 수 있는가?	
점수 체계	상	그림에서 4가지 이상의 영역에서 질문을 할 수 있으며 사진 순서를 모두 맞추었다.	정교성 유창성 독창성
	중	그림에서 2~3가지 영역에서 질문을 할 수 있거나 사진 순서를 1가지만 맞추었다.	
	하	그림에서 1가지 이하의 영역에서 질문을 할 수 있거나 사진순서를 아무것도 맞추지 못했다.	
창의성 평가관점		정교성: 문제의 사진을 유기적으로 민감성을 가지고 유기적으로 재구성하여 관계를 파악할 수 있다.	
		유창성: 같은 영역에서 비슷한 질문을 반복하는 것은 정답으로 처리하지 않고 하나로 처리한다. (예: '붉은색 부분은 무엇을 의미할까?', '빙산이 녹은 정도는?'은 같은 질문으로 처리한다)	
		독창성: 전체 학급의 10% 이내의 독특한 아이디어에 대해서는 1점의 추가점수를 부여한다.	

3) 문제 상황 확인

영역		평가관점	창의성 평가요소
평가준거		유키코가 처한 상황을 정확히 인지하고 발견하여 해결해야 할 과제를 바르게 진술하고 에이미에게 격려의 말을 적절하게 할 수 있는가?	정교성 (민감성) 유창성 융통성
점수체계	상	유키코가 처한 상황을 정확히 인지하고 발견하여 에이미에게 격려의 말을 적절하게 할 수 있다.(예: 사는 곳 일본이 해수면 상승으로 침수 위기에 있다, 에이미 나라의 침수 피해위기에 대해 이해할 수 있다, 해결하기 위해 원인을 파악하고 나라별로 해안선에 제방을 쌓는다.)	
	중	유키코가 처한 상황과 격려의 말 중 한 가지만 바르게 진술할 수 있다.	
	하	두 가지 경우 다 파악하지 못하였다.	
창의성 평가관점		융통성: 유키코의 상황을 에이미와의 상황에 적용시켜 판단할 수 있다.	

4) 문제해결과정 구체화

영역		평가관점	창의성 평가요소
평가준거		[3번]에서 파악한 문제 상황을 해결하기 위한 해결과정을 추론하여 나열할 수 있는가?	독창성 유창성 정교성
점수체계	상	유키코의 나라를 지키기 위한 문제의 해결방법을 상상력을 동원하여 추론한 후 3가지 이상 진술할 수 있다. 단 자료의 탐색과 실행이 모두 포함되어야 한다. (예; ①일본의 경우 땅속 깊이 있는 마그마를 이용해 해안선에 새로운 땅을 생성시킨다. ② 극지방 빙산, 빙하를 다시 생성시키는 방법을 개발한다. ③ 해안선을 따라 제방을 쌓는다. ④ 지금부터라도 지구온난화에 대비해야 한다. ⑤ 세계의 큰 호수를 침식시켜 바닷물을 흡수시킨다. 등 과학적 타당성도 중요하지만 상상력 역시 중요하게 생각하고 평가한다.)	
	중	유키코의 나라를 지키기 위한 문제의 해결방법을 2가지 진술할 수 있다.	
	하	유키코의 나라를 지키기 위한 문제의 해결방법을 1가지이하로 진술할 수 있다.	
창의성 평가관점		독창성: 전체 학급의 10% 이내의 독특한 아이디어에 대해서 1점의 추가점수를 부여한다.	

─추가 질문의 척도표

영역		평가관점	창의성 평가요소
평가준거		선택한 한 가지 해결방법을 구체적으로 진술할 수 있는가?	
점 수 체 계	상	본 질문에서 한 가지를 선택하여 해결방법을 구체적으로 계획을 세울 수 있다. 3가지 이상 하위단계를 말할 수 있다.(예: 지구온난화에 대비하는 방법들에 대해서 구체적으로 말할 수 있다.)	독창성 유창성
	중	해결방법을 한 가지 선택하지 못하거나 3가지 이하의 하위단계를 진술할 수 있다.	
	하	해결방법을 한 가지 선택하지 못하고 하위단계를 말할 수 없다.	

5) 단계별수행

영역		평가관점	창의성 평가요소
평가준거		구체화된 문제해결과정에 따라 정보를 찾아내어 영역별로 자료를 분할하여 단계별로 문제를 해결 할 수 있는가?	
점 수 체 계	상	유키코가 처한 상황을 다양한 방법으로 조사하여 3가지 이상의 정보를 영역별로 분류하여 나타낼 수 있다.	유창성 정교성 융통성
	중	유키코가 처한 상황을 1~2가지로 영역별로 분류하여 나타낼 수 있다.	
	하	영역별로 분류하여 나타내지 못한다.	
창의성 평가관점		유창성: 아이디어 개수가 4가지 이상일 때는 증가하는 개수마다 1점씩 추가점수를 부여한다.	

6) 전략적 아이디어 선택

영역		평가관점	창의성 평가요소
평가준거		5번문제의 활동을 토대로 활용하여 까닭을 제시하며 과제를 해결할 수 있는가?	
점 수 체 계	상	문제 간의 관련성을 파악하여 그 까닭을 적절하게 제시하였다.(예: 더 필요한 자료나 기사를 활용하여 자신이 선택한 문제해결방법의 타당성을 높였다.)	융통성 유창성
	중	문제 간의 관련성을 파악하여 그 까닭을 적절하게 제시하였다. ─점수체계산과는 유창성 여부로 판단한다.	

7) 문제해결과 정리

영역		평가관점	창의성 평가요소
평가준거		문제해결의 전략을 종합 정리하여 그림으로 표현하고 설명할 수 있는가?	민감성
점수체계	상	문제해결의 전략을 정리하여 그림으로 상세히 표현하고 과학적으로 타당하게 설명할 수 있다.	
	중	문제해결의 전략을 정리하여 그림으로 나타낼 수 있으나, 앞서 제시한 문제해결에서 빠진 내용이 있거나 과학적으로 타당하게 설명하기 어렵다.	
	하	문제의 핵심전략을 정리하지 못하고 설명하기 어렵다.	
창의성 평가관점		민감성: 문제의 해결을 위한 재구성력을 판단한다.	

8) 상호평가

영역		평가관점	창의성 평가요소
평가준거		내가 생각하지 못했던 점을 찾아 친구의 문제해결과정을 칭찬할 수 있고 과학적인 지식을 활용하여 과학적이지 못한 점을 찾을 수 있는가?	의사소통력
점수체계	상	자신의 문제해결과 친구의 것을 비교하여 칭찬할 수 있으며 잘못된 점을 찾을 수 있다.	
	중	주관적으로 칭찬하거나 이미 제시된 사실만을 나열하였다.	
	하	평가활동에 있어서 소극적이다.	

9) 최종 결과 종합, 문제해결 결과 평가, 반성

영역		평가관점	창의성 평가요소
평가준거		처음의 문제를 기준으로 문제해결결과를 분석적으로 비교 평가하여 새로운 문제점을 지적하고 해결점을 찾아낼 수 있는가?	반성적 사고
점수체계	상	처음의 문제를 기준으로 문제해결결과를 분석적으로 비교 평가하여 새로운 문제점을 지적하고 해결점을 찾아낼 수 있다.	
	중	처음의 문제를 기준으로 문제해결결과를 분석적으로 비교 평가하지는 않았지만 새로운 문제점을 지적하고 해결점을 찾아낼 수 있다.	
	하	구체적인 지적을 하지 못하고 포괄적인 내용을 진술한다.	

【118 학생용 활동지】

> 해수면이 상승하면 지구는 어떻게 변할까?

※다음 기사와 그래프를 읽고 물음에 답해 보세요.

해수면 상승으로 도로침수

[뉴시스 2004-07-05 14:30]

제7호 태풍 민들레 열대저기압으로 약화된 후 경남 마산시 남성동 일대는 해수면 상승으로 도로가 침수돼 주변상가 주민들이 노심초사하며 상가 앞을 서성거리고 있다. /이영환 기자

마르델플라타(아르헨티나)
금세기 말까지 해수면 6m 상승

[로이터 2006-03-24 14:11]

　지구온난화로 남·북극 빙하들이 예상보다 빨리 녹아 없어지면서 금세기 말까지 해수면이 최고 6m나 높아지고 마이애미와 방콕, 몰디브의 섬들이 물에 잠겨 사라질 것이라고 24일 발매된 미 과학잡지 《사이언스》가 기후학자들의 연구 결과를 인용해 경고했다. 사진은 지난 2002년 11월 21일 남극에서 떨어져 나온 길이 700m 크기의 빙산이 아르헨티나 마르델플라타 해변으로부터 약200km 정도 떨어진 대서양 해상을 떠다니는 모습.

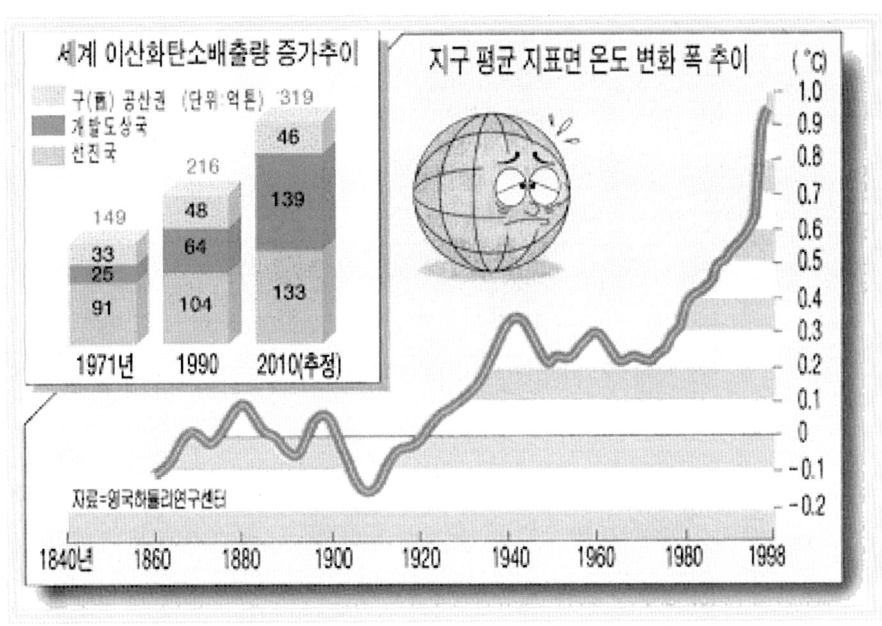
세계 이산화탄소배출량 증가추이
구(舊) 공산권 (단위:억톤) 319
개발도상국
선진국
46
216
48
139
149
33
25
64
91
104
133
1971년 1990 2010(추정)
자료=영국해들리연구센터
지구 평균 지표면 온도 변화 폭 추이 (℃)
1.0
0.9
0.8
0.7
0.6
0.5
0.4
0.3
0.2
0.1
0
-0.1
-0.2
1840년 1860 1880 1900 1920 1940 1960 1980 1998

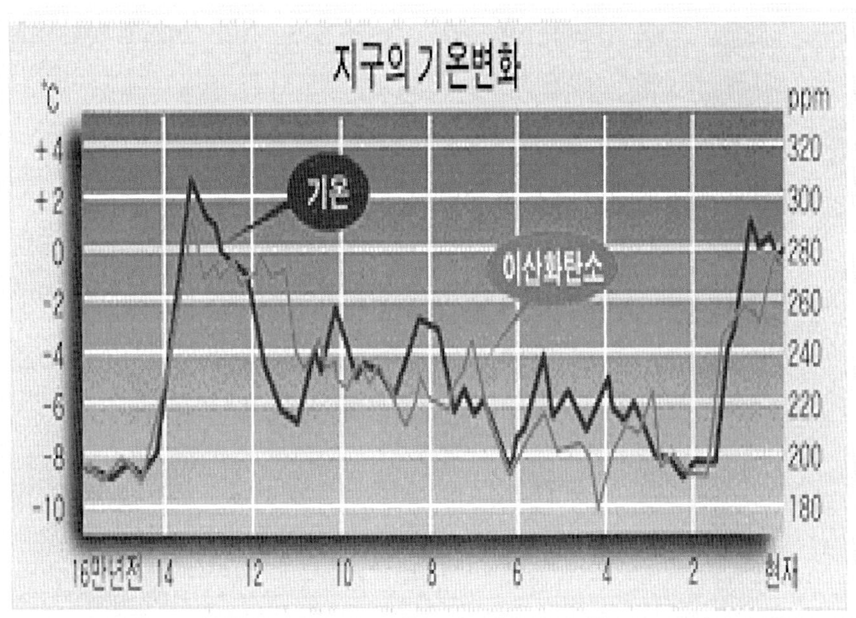
지구의 기온변화
℃
+4
+2
0
-2
-4
-6
-8
-10
기온
이산화탄소
ppm
320
300
280
260
240
220
200
180
16만년전 14 12 10 8 6 4 2 현재

1. 위의 기사와 그래프를 참고로 할 때 다음 각각 경우의 '해수면이 상승' 종류를 분류해 보고 그 이유는 무엇 때문일지 적어 보세요.

◆ 일시적으로 해수면이 상승한다.

◆ 오랜 시간이 지난 후 해수면이 상승한다.

※ 다음 사진을 잘 보세요.

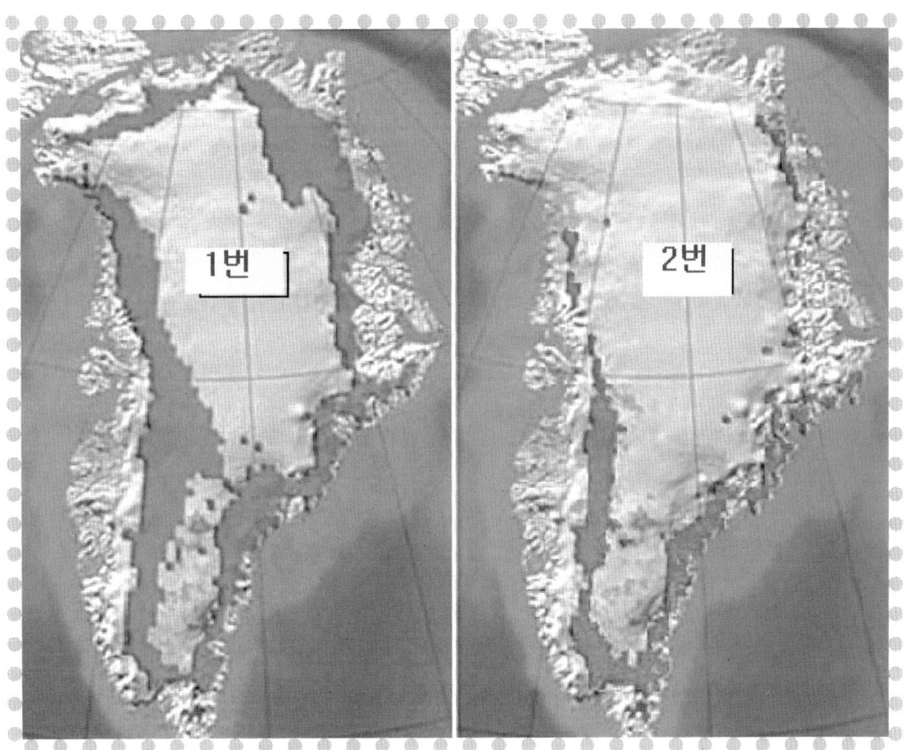

↑그린란드지도 (회색부분이 땅의 면적)

2. 사진을 보면서 할 수 있는 질문은 무엇일까요? 사진으로만 설명할 수 있는 것 외에 추리할 수 있는 내용을 토대로 하여요.

-첫 번째 사진의 순서를 적어주세요. 왜 그렇게 생각했나요?

-두 번째 사진의 순서를 적어주세요. 왜 그렇게 생각했나요?

안녕? 난 일본에 사는 유키코라고 해~

너희 나라와 가까운 일본에 대해서는 많이 들어봤지?? 일본과 한국은 가깝지만, 앞으로 몇 십 년 후에는 멀어질 수도 있어. 무슨 얘기냐구? 현재처럼 지구가 점점 따뜻해 져서 극지방의 빙하, 빙산이 녹는다면 해수면이 상승할 수밖에 없어. 그렇다면 한국보다 육지가 더 낮은 우리 일본은 가라앉게 돼. 물론 한국도 조금은 가라앉아. 그러면 점점 해안선이 육지 쪽으로 올라가기 때문에 일본과 한국은 지금보다 멀어지겠지.

그 뿐만이 아니야, 내가 사는 일본의 해안가는 가라앉아서 나의 고향도 사라직 될 거야.

나의 고향이 사라지지 않도록 너희가 많이 응원해줘!

3. 유키코의 상황은 어떤가요? 처해있는 상황을 구체적으로 생각해서 적어 보세요.

- 네덜란드에 사는 에이미도 유키코와 비슷한 상황이래요.

그래서 해수면 상승으로 에이미가 사는 곳도 가라앉아버릴 수도 있다는군요. 에이미에게 격려의 말을 적어보아요!

에이미

4. 유키코가 처한 상황을 해결하기 위한 방법에는 어떤 것들이 있을까요? 여러분이 유키코라고 생각하고 써 보세요.(해결방법에는 상상력을 동원해서 지금까지 알려지지 않은 방법이라도 좋아요! 환경보호 외에도 많이 있을 것 같아요. 예를 들어 새로운 기술을 개발하여 다시 빙산을 얼리는 것은 어떤가요?)

　-위에서 대답한 방법 중 한 가지를 선택하여 문제를 해결하기 위해서는 어떻게 해야 할지 구체적 계획을 세워보아요.

5. [1번]에서 제시된 사진을 토대로 앞으로 일어날 해수면 상승의 피해를 예상하여 보아요. 이 예상을 토대로 유키코가 처한 상황에서 필요한 정보를 찾아 자유롭게 작성하여 보세요.

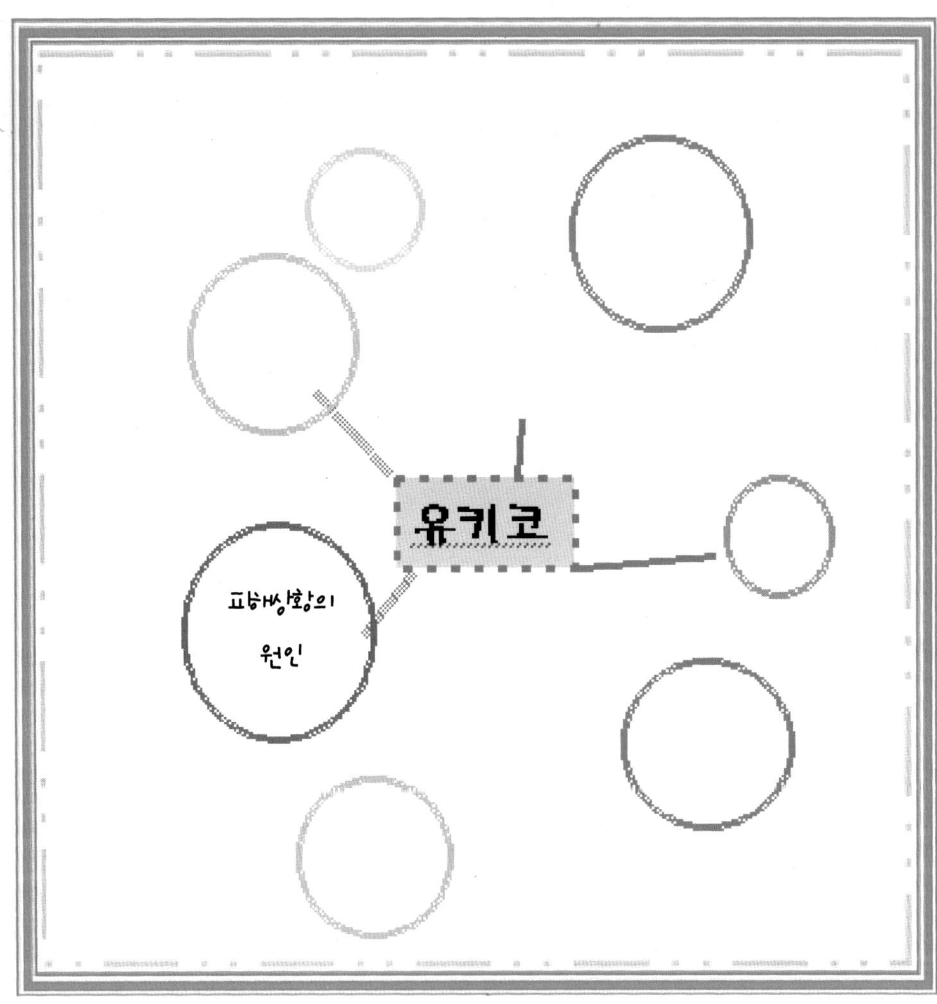

6. [5번]에서 자유롭게 생각한 것을 보고, [4번]의 해결방안에서 필요한 기술이나 자료를 정리하여 보세요.

7. 유키코가 사는 일본이 해수면 상승으로 입을 피해를 줄일 수 있는 방법을 구체적으로 설계하여 그려 보세요.

8. [7번]의 설계 그림을 친구 3명에게 보여주고, 친구들에게서 잘된 점과 고쳐야 할 점을 들어 보세요.

친구 이름	잘된 점	고쳐야 할 점

9. [8번] 친구 의견을 들어 그 중 자신이 원하는 수정할 점을 포함하여 다시 그려주세요.

－친구 의견 중 수정하고 싶지 않은 부분이 있으면 그 까닭을 써주세요.

【122 교사용 안내서】 – 평가내용과 척도표

1) 문제 상황에 대한 이해

영역		평가관점	창의력 평가요소
평가준거		과학적으로 일어나고 있는 현상을 제대로 이해하고 있는가?	민감성 유창성
점수체계	상	4가지 이상	
	중	2가지 이상	
	하	1가지 이하	

2) 문제의 표상

영역		평가관점	창의력 평가요소
평가준거		자전이 정지할 때 발생할 일들에 대해 바르게 진술할 수 있는가?	유연성 유창성 민감성
점수체계	상	발생할 일들에 대해 다양하고 정확하게 인지한다.	
	중	1~2가지 정도 진술한다.	
	하	제대로 인지하지 못한다.	

3) 문제해결과정

영역		평가관점	창의력 평가요소
평가준거		문제에 대한 적절한 해결책을 제시할 수 있는가?	독창성 유창성
점수체계	상	논리적이고 다양한 해결책을 3가지 이상 제시.	
	중	1~2가지 제시.	
	하	논리적이지 못함. 해결책 제시 못함.	
창의성 평가관점		독창성: 전체 학급의 10% 이내의 독창적인 아이디어에 대해 1점의 가산점 부여.	

4) 문제해결과정의 구체화

영역		평가관점	창의력 평가요소
평가준거		해결방법을 구체적으로 진술할 수 있는가?	정교성 유창성
점 수 체 계	상	구체적으로 3가지 이상.	
	중	구체적으로 2가지 이상.	
	하	구체적으로 1가지 이하.	

5) 단계별 수행

영역		평가관점	창의력 평가요소
평가준거		해결방법을 구체적으로 진술할 수 있는가?	정교성 융통성
점 수 체 계	상	여러 가지 정보를 영역별로 분류하여 마인드맵으로 나타낼 수 있다.	
	중	영역별로 1~2가지를 마인드맵으로 나타낸다.	
	하	마인드맵으로 나타내지 못한다.	

6) 정리

영역		평가관점	창의력 평가요소
평가준거		문제에 대한 인식과 해결전략을 올바르게 설명할 수 있는가?	재구성력
점 수 체 계	상	문제와 해결전략을 정리하고 과학적으로 타당하게 설명할 수 있다.	
	중	과학적인 설명이 부족하다.	
	하	정리를 제대로 하지 못하고 과학적이지 못하다.	

7) 상호평가

영역		평가관점	창의력 평가요소
평가준거		친구의 문제해결과정에서 내가 생각지 못했던 점을 찾아내고, 부족한 점을 보충할 수 있는가?	
점 수 체 계	상	자신과 친구의 문제해결과정을 비교하고 과학적 지식을 활용하여 잘못된 부분을 바로잡는다.	의사 소통력
	중	주관적이거나 사실만을 나열한다.	
	하	평가에 적극적이지 않다.	

8) 최종결과종합

영역		평가관점	창의력 평가요소
평가준거		문제해결의 결과를 분석적으로 평가하여 새로운 문제점을 지적하고 해결책을 찾아낼 수 있는가?	
점 수 체 계	상	문제점을 지적하고 해결책을 찾아낸다.	정교성 유창성
	중	문제점을 지적한다.	
	하	구체적인 지적을 하지 못하고 포괄적인 내용을 진술한다.	

【122 학생용 활동지】

〈지구의 위성사진〉

1. 지구는 스스로 도는 운동인 자전을 하고 있습니다. 자전으로 인한 효과에 대해 구체적으로 적어 보세요.

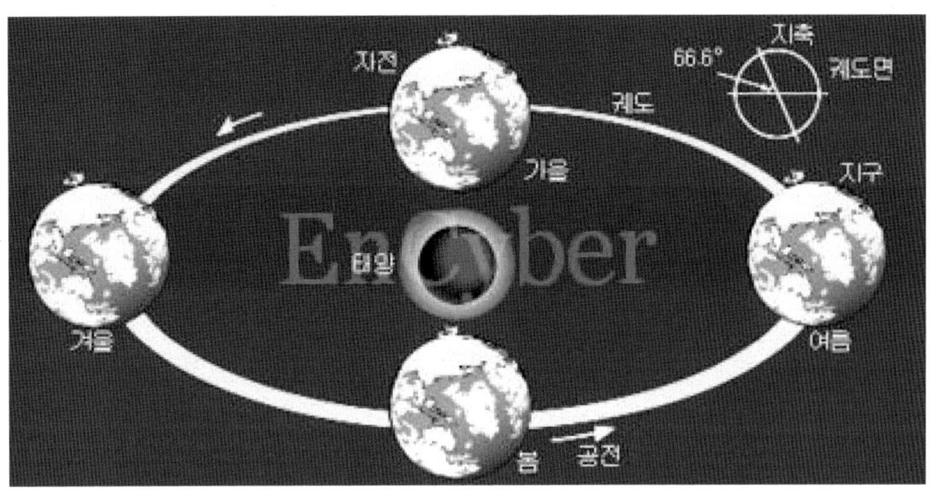

2. 위의 그림은 지구가 이동하는 모습입니다. 지구가 태양 주위를 돌면서 스스로 도는 것을 자전이라고 하는데, 지구가 자전을 하지 않는다면 어떤 일이 발생할까요? 가능한 많이 써주세요.

3. 지구가 자전을 멈춤으로 인하여 문제시된 상황을 해결할 수 있는 방법에 대해 써 보세요.

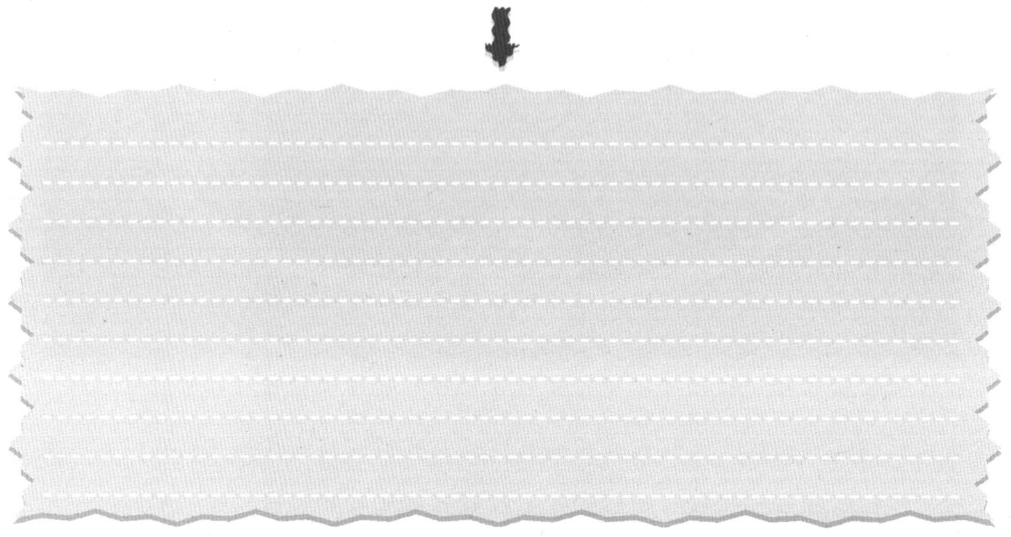

4. 3번의 방법 중 한 가지를 선택하여 문제를 해결하기 위해서는 어떻게 해야 할지 구체적인 계획을 세워 보세요.

5. 지구의 자전이 멈춤으로 인하여 일어날 수 있는 일을 예상하여 마인드맵으로 작성
해 보세요.

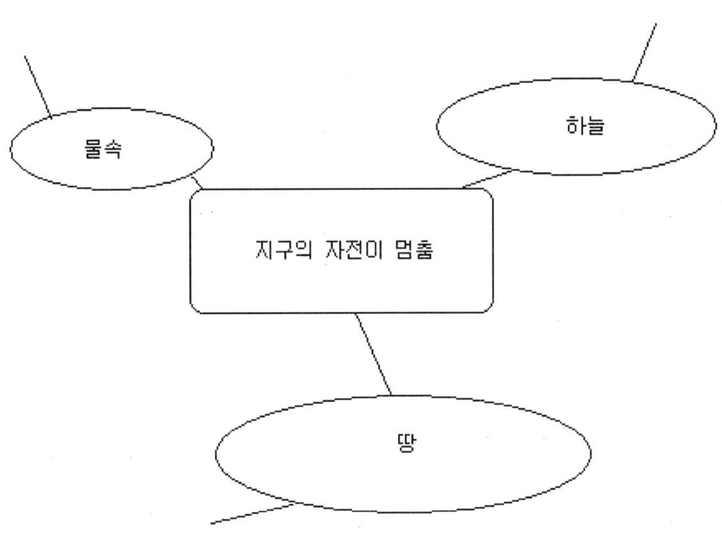

6. 4번, 5번의 내용을 정리해 보세요.

장소	문제점	해결책

7. 6번의 표를 친구들에게 보여주고 다른 문제점이 더 있는지 의견을 들어 봅시다.

친구 이름	문제점	해결책

8. 친구 의견을 참고하여 나의 의견을 총정리하세요. 만약 처음과 다른 부분이 있으면 수정한 이유도 함께 적으세요.

123 사라진 계절

【123 교사용 안내서】

1. 관련 단원명

5학년 2학기 1. 환경과 생물
6학년 1학기 5. 주변의 생물
6학년 2학기 4. 계절의 변화

2. 출제의도

본 자료는 교육과정 5−2 '환경과 생물' 단원, 6−1 '주변의 생물' 과 6−2 '쾌적한 환경' 단원의 내용을 학습한 후, 6학년 학생들의 심화학습을 할 수 있도록 재구성되었다.

자료의 내용은 여러 동물들이 제한된 계절 속에서 생활하면서 어떻게 하면 모든 동물들이 환경에 적응하면서 무사히 한 달 동안 지낼 수 있을지에 대한 과제를 해결하도록 구성하였다. 이 문제들을 통해서 계절에 따른 동물들의 생활 방식을 이해하고, 계절마다 생활 방식이 다른 여러 동물들이 환경에 어떻게 적응해 나갈지 추론할 수 있도록 하였다.

이 학습을 통해서, 학생들의 기본적인 과학적 지식 측정은 물론 새로운 문제 상황에서 어떠한 과학지식을 적용하고 어떠한 문제해결책을 가지는지에 대한 평가가 가능하게 하였다. 과학탐구의 추론 능력·창의적 사고력·반성적 사고력·의사소통력에 대한 평가와 더불어 다양한 동물들이 어울려 살기 위해서는 어떻게 해야 할지에 대해 생각할 수 있는 기회를 제공함으로써 과학 학습에 흥미를 유도하였다.

3. 평가목표

(1) 주어진 상황을 이해하고 문제를 해결할 수 있는가?(과학지식의 적용력)

(2) 과학적으로 타당하면서도, 독특하고 유연한 생각을 할 수 있는가?(창의적 사고력)

(3) 자료를 수집하고 정리하며 종합할 수 있는가?(과학적 태도)

(4) 다른 친구에게 자신의 생각을 이해시키고 친구의 생각을 바르게 이해할 수 있는가?(의사소통력)

(5) 자신의 수행과정과 결과에 대해 돌이켜 생각할 수 있는가?(반성적 사고력)

4. 평가내용과 척도표

1) 기본 과학지식의 측정

영역		평가관점
평가준거		수업시간에 배운 기본적인 과학적인 지식을 서술할 수 있는가?
점수체계	상	4계절을 가지는 이유와 각 계절의 특징을 모두 서술할 수 있다.
	중	1. 4계절을 가지는 이유는 서술하지 못하지만 3개 이상의 계절의 특징을 서술할 수 있다. 2. 4계절을 가지는 이유는 서술할 수 있고 2개 이상 계절의 특징을 서술할 수 있다.
	하	4계절을 가지는 이유를 서술할 수 없고 계절의 특징을 2개 이하만 서술할 수 있다.
평가관점		이번 영역은 창의성 영역 측정보다는 기본적 과학지식의 측정에 있다.

2) 문제의 표상

영역		평가관점	창의성 평가요소
평가준거		여러 동물들이 처한 상황을 정확히 이해하고 문제 상황을 바르게 서술할 수 있는가?	민감성
평가준거	상	동물들이 처한 상황을 정확히 이해하고 구체적으로 서술할 수 있다.	
	중	동물들이 처한 상황을 이해는 하지만 그 설명이 자세하지 않다.	
	하	동물들이 처한 상황을 전혀 이해하지 못한다.	

3) 문제해결과정의 구체화

영역		평가관점	창의성 평가요소
평가준거		문제해결을 위한 정보를 찾아내고 각 문제해결방법의 선택에 결과를 구체적으로 작성할 수 있는가?	
점수체계	상	문제해결을 위한 정보를 충분히 수집하였고, 마인드맵의 내용이 올바르게 구체적으로 작성되었다.	유창성, 민감성, 융통성
	중	문제해결을 위한 정보가 불충분하고, 마인드맵의 내용이 구체적이지 못하다.	
	하	문제해결을 위한 정보를 수집하지 못하였고, 마인드맵의 작성을 하지 못하였다.	

4) 문제해결

영역		평가관점	창의성 평가요소
평가준거		문제해결을 위한 방법을 선택하고 그 해결방법을 택한 이유를 설명할 수 있는가?	
점수체계	상	문제해결을 위한 방법이 과학적으로 타당하고 독창성이 있다.	유창성, 민감성, 융통성
	중	문제해결을 위한 방법이 구체적으로 서술되어 있지만 과학적으로 타당하게 설명하기 어렵다.	
	하	문제해결의 방법을 찾지 못하고 그 이유를 설명하지 못하였다.	

5) 문제 검토

영역		평가관점	창의성 평가요소
평가준거		문제해결방법을 적용한 후 발생할 수 있는 상황에 대해 서술할 수 있는가?	민감성, 재구성력
점수 체계	상	각 동물이 처한 상황을 과학적 지식에 맞게 구체적으로 서술하였다.	
	중	각 동물이 처한 상황을 구체적으로 서술하였지만 과학적 지식에 오류가 있고 7개 이상 채우지 못하였다.	
	하	각 동물이 처한 상황에 대해 이해가 부족하고 3개 이하의 영역만 서술하였다.	

6) 상호평가

영역		평가관점	창의성 평가요소
평가준거		내가 생각하지 못했던 점을 찾아 문제해결과정을 수정할 수 있고, 친구들과의 토론에 적극성을 가지는가?	의사소통력
평가 체계	상	자신의 문제해결과정을 친구의 것과 비교하고, 올바른 수정이 이루어졌다. 토론에 적극성을 가진다.	
	중	자신의 문제해결과정을 평가하지만, 올바른 수정이 이루어지지 못한다. 토론의 적극성이 없다.	
	하	자신의 문제해결과정을 평가하지 않고, 토론에 적극성이 없다.	

【123 학생용 활동지】

1. 위의 사진은 우리나라 4계절의 풍경을 나타낸 사진입니다. 여러분이 수업 시간에 배운 내용을 토대로 우리나라가 4계절을 가지는 이유와 각 계절의 특징을 가능한 많이 써주세요.

위의 그림에는 곰, 나비, 낙타, 메뚜기, 두루미, 매미, 개구리, 원숭이, 모기, 뱀이 있어요. 이들은 다 같이 여행을 떠나기로 했어요. 기나긴 여행 끝에 이들이 다다른 곳은 다름 아닌 〈이상한 나라 앨리스〉…… 이상한 나라 앨리스에 들어가는 문을 통과한 이들은 한 가지 놀라운 사실을 알게 되었어요. 이곳에 한 번 들어온 이상 이들은 한 달 동안 이곳에서 생활해야 한다는 거예요. 더욱 놀라운 것은 이곳의 계절은 봄, 여름, 가을, 겨울 중 2가지 밖에 존재할 수 없다는 거예요. 다행히도 이들 동물들에게는 두 가지 계절을 고를 수 있고 어떤 계절을 먼저 보낼지에 대한 선택권이 주어졌어요. 이들 계절은 보름이 지나면 변화하게 됩니다. 이처럼 놀라운 이야기에 이 동물들은 한 달을 어떻게 무사히 지낼 수 있을까요? 여러분 걱정되지 않아요?

2. 동물들은 놀라운 이야기를 들었죠? 그 이야기들이 놀라운 이유는 무엇인지 구체적으로 생각해서 적어 보세요.

3. 여러분이 이들 동물의 입장이 되어 각 계절을 선택하였을 때 일어날 수 있는 일을 예상하여 필요한 정보를 찾아 마인드맵으로 작성하여 보세요.

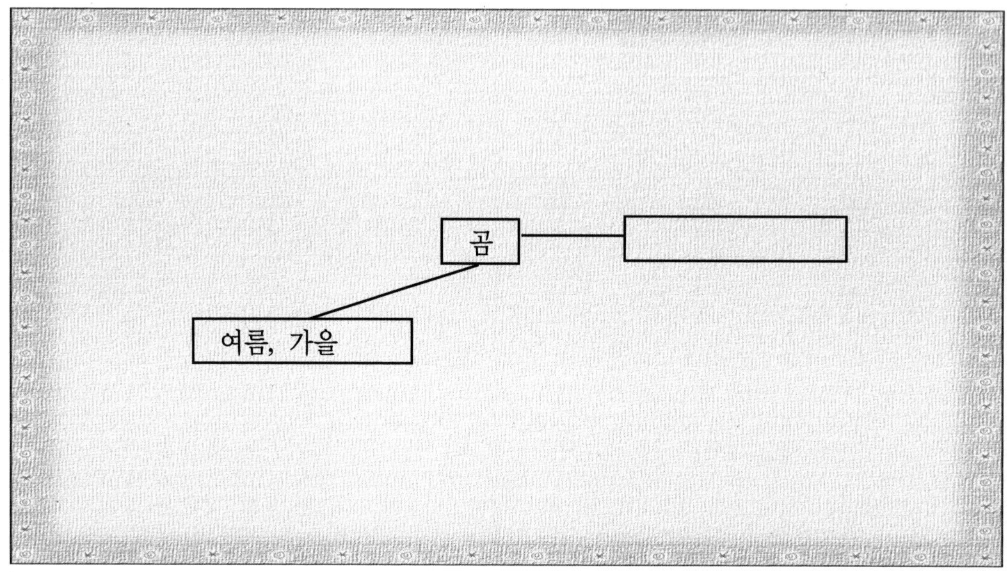

4. 어떤 순서로 두 계절을 선택하여야 이들 동물들이 한 달 동안 최대한 무사히 지낼 수 있을까요? 두 계절을 선택한 이유를 구체적으로 적어 보세요.

5. 두 계절에서 이들 동물들이 어떻게 적응하고 있을지 생각해 봅시다. 충분히 생각한 다음에 각 동물들이 그들이 처한 환경에 대하여 어떻게 적응하고 있을지 아래에 적어 봅시다.

동물 이름	어떻게 적응하고 있을까요?
곰	
나비	
낙타	
메뚜기	
두루미	
매미	
개구리	
원숭이	
모기	
뱀	

6. <5번>의 내용을 친구들의 의견과 비교해 봅시다. 만약 수정할 부분이 있다면 수정합니다. 그리고 이들 동물들이 한 달 후에 무사히 <이상한 나라 앨리스>를 빠져나올 수 있을지 학급 친구들과 토론해 봅시다.

【124 교사용 안내서】

1. 관련 단원명

4학년 1학기 4. 강낭콩
4학년 1학기 6. 식물의 뿌리
5학년 2학기 1. 환경과 생물

2. 출제의도

본 자료는 교육과정 4−1 '강낭콩' 단원과 4−1 '식물의 뿌리' 단원과 5−2 '환경과 생물' 단원의 내용을 학습한 후, 영재반에서 심화학습을 할 수 있도록 재구성한 것이다.

자료의 내용은 하은이가 키우던 식물을 돌보지 못한 2주 동안 식물이 죽거나 줄기가 휘는 상황을 해결하는 데 도움을 주는 것을 과제로 설정하였다. 이 학습을 통해서 식물이 자라는데 필요한 요인과 그것이 식물에 어떤 영향을 주는지, 식물의 어떤 곳이 그 필요한 요인을 식물에 도움이 될 수 있게 하는지 등을 생각해보고 익히게 하였다.

이 학습을 통해서, 과학 수행평가문항의 다양한 평가 영역과 특징을 최대한 반영하여 평가 영역으로 과학지식의 적용력과 과학태도·과학탐구의 추론 능력·창의적 사고력·반성적 사고력·의사소통력이 평가되도록 하였으며, 식물에 대해 더 자세히 알게 됨으로써 식물에 더 관심을 가지고 좋아할 수 있도록 하였다.

3. 평가목표

(1) 자신의 생각을 창의적이고, 알맞게 잘 말하는가?(창의적 사고력)

(2) 주어진 상황을 이해하고 문제를 해결할 수 있는가?(과학지식의 적용력)

(3) 과학적으로 타당하면서도, 독특하고 유연한 생각을 할 수 있는가?(창의적 사고력)

(4) 다른 친구에게 자신의 생각을 이해시키고 친구의 생각을 바르게 이해할 수 있는가?(의사소통력)

(5) 자신의 경험을 지루하지 않으면서도 조리 있게 잘 말하는가?(의사전달력)

4. 창의적 문제해결과정의 절차

본 수업은 초등학교 4학년이 5학년 과학과정을 속진학습한 후 실시하는 것으로 구성되어 있으므로 학생의 수준을 고려하여 다음과 같은 문제해결과정의 절차로 제작하였다.

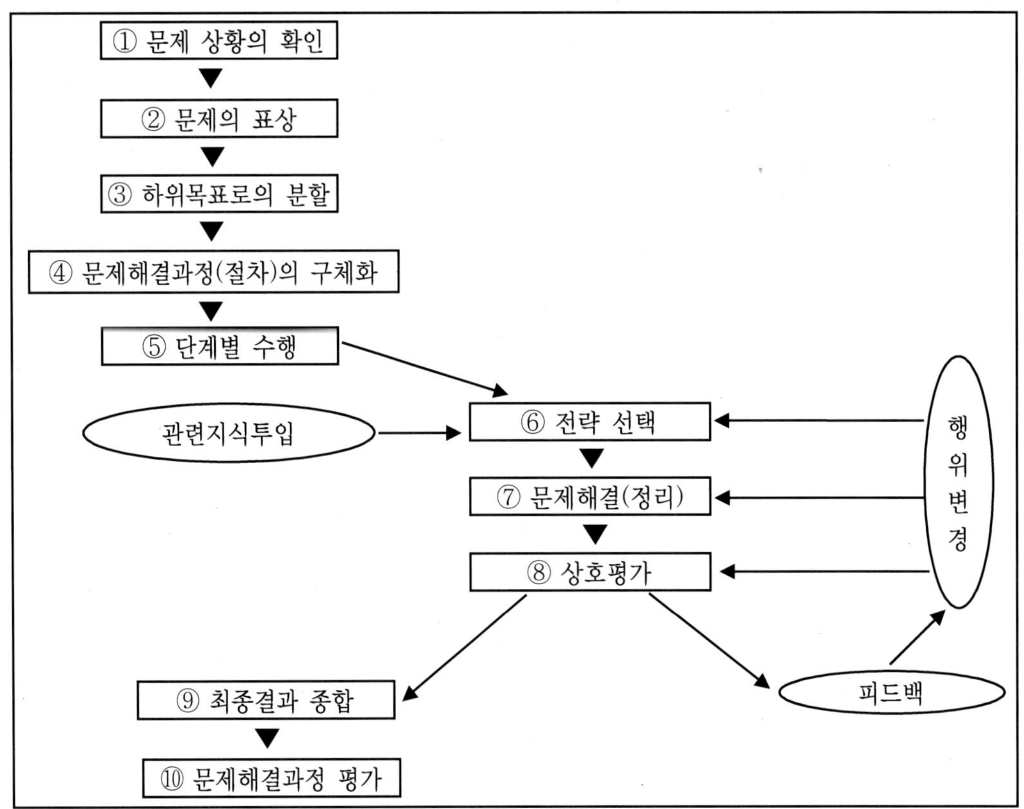

5. 평가내용과 척도표

1) 문제 상황의 확인

영 역		평 가 관 점	창의성 평가요소
평가준거		과학적으로 일어나고 있는 현상을 생각하여 그 생각을 잘 표현할 수 있는가?	독창성, 유창성
점수 체계	상	눈 감고 문제를 잘 실천하며 생각도 잘 표현한다.	
	중	문제를 잘 실천하지 않으나 생각은 어느 정도 표현한다. 눈감고 문제를 잘 실천하나 생각을 잘 표현하지 못한다.	
	하	문제를 잘 실천하지 않고 생각도 잘 표현하지 못한다.	
창의성 평가관점		독창성: 전체 학급의 10% 이내의 독특한 생각표현에 대해서 1점의 추가점수를 부여한다.	

2) 문제의 표상

영 역		평 가 관 점	창의성 평가요소
평가준거		식물들에 어떠한 문제가 있는지 정확히 인지하고 발견하는가?	민감성, 정교성
점수 체계	상	식물들에 어떠한 문제가 있는지 3가지 경우 모두 정확히 인지하고 발견한다.	
	중	2가지 문제만 인지하고 발견한다.	
	하	1가지 이하의 문제만 인지하고 발견한다.	

3) 하위목표로의 분할

영 역		평 가 관 점	창의성 평가요소
평가준거		식물들에게 문제가 발생한 이유와 방법을 하위목표로 분할하여 나열할 수 있는가?	정교성
점수 체계	상	식물들에게 문제가 발생한 이유와 방법을 하위목표로 분할하여 구체적으로 잘 나열할 수 있다.	
	중	식물들에게 문제가 발생한 이유와 방법을 하위목표로 분할하여 나열할 수는 있으나 잘하지는 못한다.	
	하	식물들에게 문제가 발생한 이유와 방법을 하위목표로 분할하여 나열하지 못한다.	

4) 문제해결과정의 구체화

영 역		평 가 관 점	창의성 평가요소
평가준거		해결방법을 구체적으로 진술할 수 있는가?	유창성
점수체계	상	해결방법을 아주 구체적이고 체계적으로 진술할 수 있다.	
	중	해결방법을 진술할 수는 있으나 구체적이거나 체계적이지는 못하다.	
	하	해결방법을 진술할 수 없다.	

5) 단계별 수행

영 역		평 가 관 점	창의성 평가요소
평가준거		구체화된 문제들에서 정보를 찾아내어 영역별로 자료를 분류하여 문제를 해결할 수 있는가?	유창성, 민감성, 융통성
점수체계	상	문제가 있는 식물을 보고 식물이 자라는 데 필요한 3가지 요인을 영역별로 분류하여 마인드맵으로 나타낼 수 있다.	
	중	문제가 있는 식물을 보고 식물이 자라는 데 필요한 1~2가지 요인을 영역별로 분류하여 마인드맵으로 나타낼 수 있다.	
	하	문제가 있는 식물을 보고 식물이 자라는 데 필요한 요인을 영역별로 분류하여 마인드맵으로 나타낼 수 없다.	

6) 전략 선택(관련지식 투입), 7) 문제해결(정리)

영 역		평 가 관 점	창의성 평가요소
평가준거		〈6번〉문제 마인드맵과 관련된 지식과 원래 알고 있는 관련지식을 통하여 과제를 해결할 수 있는가?	유창성, 융통성
점수체계	상	식물이 자라는 데 필요한 요인과 그것이 식물에 어떤 영향을 주는지, 식물의 어떤 곳이 그 필요한 요인을 식물에 도움이 될 수 있게 하는지를 다 잘 설명할 수 있다.	
	중	식물이 자라는 데 필요한 요인과 그것이 식물에 어떤 영향을 주는지, 식물의 어떤 곳이 그 필요한 요인을 식물에 도움이 될 수 있게 하는지 중 1~2가지만 설명할 수 있다.	
	하	식물이 자라는 데 필요한 요인과 그것이 식물에 어떤 영향을 주는지, 식물의 어떤 곳이 그 필요한 요인을 식물에 도움이 될 수 있게 하는지를 하나도 설명하지 못한다.	

8) 상호평가

영 역		평 가 관 점	창의성 평가요소
평가준거		내가 생각한 답이 친구들의 답과 같은지, 다른지 확인해보고 잘못된 생각을 올바로 찾아 고칠 수 있는가?	
점수 체계	상	내가 생각한 답이 친구들의 답과 같은지, 다른지 확인해보고 잘못된 생각을 올바로 찾아 고칠 수 있다.(앞 문제의 답이 틀린 아이) 내가 생각한 답이 친구들의 답과 같은지, 다른지 확인해본다.(앞 문제의 답이 맞는 아이)	의사소통력
	중	내가 생각한 답이 친구들의 답과 같은지, 다른지 확인해보나 잘못된 생각을 올바로 찾아 고치지 않는다.(앞 문제의 답이 틀린 아이)	
	하	내가 생각한 답이 친구들의 답과 같은지, 다른지 확인해보지도 않고 잘못된 생각을 올바로 찾아 고치지도 않는다.(앞 문제의 답이 틀린 아이)	

9) 최종결과종합, 10) 문제해결과정평가

영 역		평 가 관 점	창의성 평가요소
평가준거		초기 문제의 조건, 계획, 과정 등을 기준으로 문제해결의 결과를 분석적으로 평가하여 새로운 문제점을 지적하고 해결점을 찾아내며 자신의 경험과 연관지어 조리 있게 잘 말할 수 있는가?	의사 전달능력, 유창성, 반성적 사고
점수 체계	상	문제해결의 결과를 자신의 경험과 연관지어 분석적으로 문제점을 지적하고 해결점을 찾아내며 조리 있게 발표할 수 있다.	
	중	문제해결의 결과를 자신의 경험과 연관지어 분석적으로 문제점을 지적하고 해결점을 찾아낼 수는 있으나 조리 있게 발표할 수는 없다.	
	하	문제해결의 결과를 자신의 경험과 연관지어 분석적으로, 문제점을 지적하고 해결점을 찾아내지 못하고 조리 있게 발표하지도 못한다.	

【124 학생용 활동지】

1. 눈을 감고 자신이 직접 씨앗이 되어 땅속에서 싹이 트고 자라는 모습을 다음의
지문을 읽고 상상해보고 느낌을 적어 보세요.

여러분이 하나의 씨앗이라고 상상하세요.

여러분의 둥그란 씨앗, 즉 몸이 마른 땅속에서 자고 있다고 느껴 보세요.

이제 비가 오기 시작하고 주변의 땅이 촉촉하게 됩니다.

자신이 습기를 마신다고 느껴 보세요.

자신이 자라기 시작합니다.

씨앗 껍질 속에서 몸이 자라고 있음을 느껴 보세요.

뿌리가 자라고 있습니다.

그것이 자라서 자신의 껍질, 즉 피부를 누른다고 느껴 보세요.

껍질이 갈라집니다. 여러분의 뿌리가 어둡고 축축한 땅속으로 밀고 나간다고 느껴 보세요.

여러분은 아직도 자라고 있습니다.

이제 단단하게 말린 떡잎이 위로 밀고 나아갑니다.

소리를 주의 깊게 들어 보세요.

새로운 냄새를 맡아 보세요.

주변의 땅을 느끼세요.

이 새로운 세계에서 주위를 둘러보세요.

태양과 공기에 닿아 느껴 보세요.

스스로 태양을 향해 뻗어 나간다고 느껴 보세요.

떡잎이 열리게 하세요.

그리고 준비가 되었다고 느끼면, 스스로의 마음을 이 교실로 다시 가져오고 눈을 뜨세요.

2. 위의 사진을 보고 각 식물들에 무슨 문제가 있는지 보이는 대로 적어 보세요.

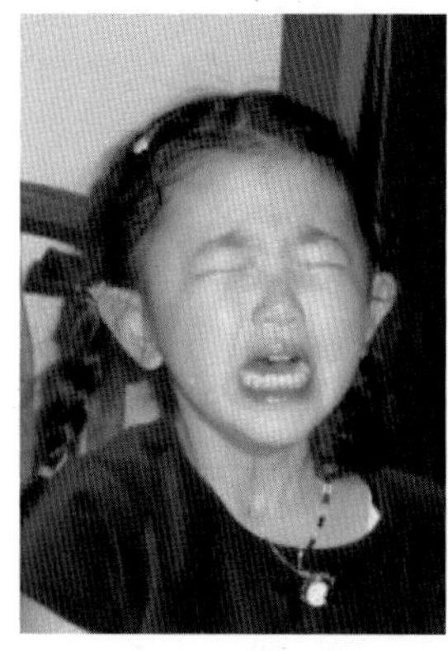

3. 하은이가 더 이상 슬퍼하지 않도록 여러분이 그 이유를 가르쳐주세요.

4. 휘어진 줄기를 다시 곧게 자라게 하는 방법을 써 보세요.

5. 휘어버린 줄기를 해결하기 위해서는 어떻게 해야 할지 구체적인 계획을 세워 보세요.

6. 하은이의 '문제가 생긴 식물'의 경우를 참고로 식물이 자라는 데는 어떤 것이 필요한지 마인드맵으로 작성하여 보세요.

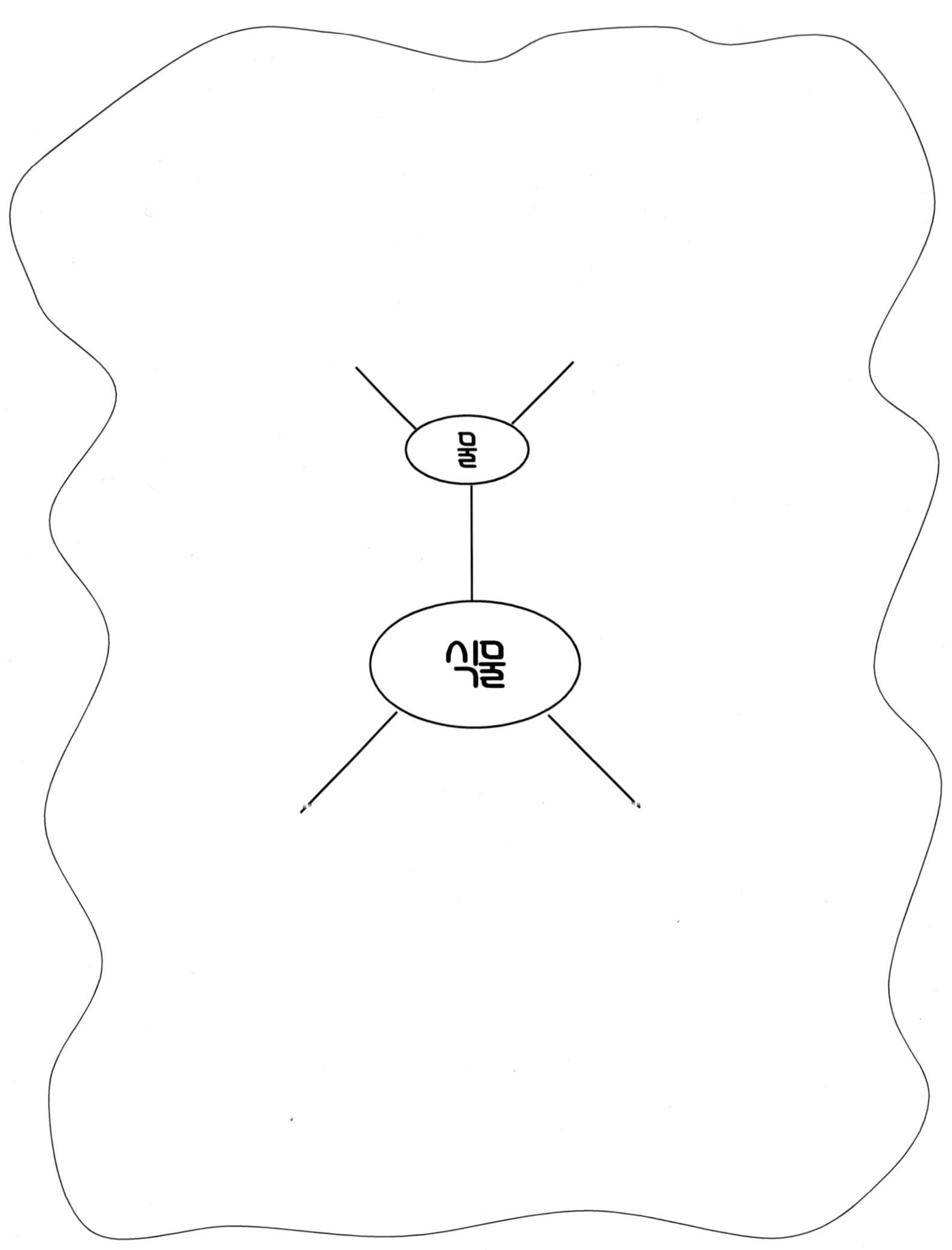

7. <6번>의 마인드맵에서 쓴 것을 보고, 식물이 자라는 데 필요한 요인과 그것이 식물에 어떤 영향을 주는지, 식물의 어떤 곳이 그 필요한 요인을 식물에 도움이 될 수 있게 하는지 정리해 보세요.

식물이 자라는 데 필요한 요인	식물에 주는 영향	필요한 식물기관

8. 친구들과 함께 <7번>을 비교해보고 틀린 부분이 있으면 고쳐 봅시다

식물이 자라는 데 필요한 요인	식물에 주는 영향	필요한 식물기관

9. 지금까지 학습한 내용을 참고하여 예전에 자신이 식물을 길렀을 때 발생했던 문제점, 문제 발생 이유, 해결책 등을 생각하여 밑에 쓰고 친구들에게 발표해 봅시다.

에 너 지

【125 교사용 안내서】

『평가내용과 척도표』

1) 문제 상황의 주제에 대한 이해

영역		평 가 관 점	창의성 평가요소
평가준거		주제에 대한 전반적인 이해가 이루어지고 있는가?	유창성, 민감성
점 수 체 계	상	에너지의 개념을 이해하고 있고, 그 종류에 관해 구체적으로 나열할 수 있다.	
	중	에너지의 개념이나 종류에 대해 한 가지만 바르게 진술할 수 있다.	
	하	에너지의 개념과 종류 모두에 대해 제대로 파악하지 못하고 있다.	
창의성 평가관점		유창성: 에너지의 개념과 종류에 대해 얼마나 체계적으로 알고 서술할 수 있는가를 평가한다.	

2) 문제의 표상

영역		평 가 관 점	창의성 평가요소
평가준거		석탄, 석유의 대화상황을 정확히 이해하고 해결해야 할 과제를 바르게 알고 있는가?	정교성, 민감성
점 수 체 계	상	석탄과 석유의 대화내용을 정확히 알고 해결해야 할 과제를 바르게 알고 있다. (예-석탄과 석유는 고갈위기에 처해있고 이를 해결하기 위해 대체할 수 있는 에너지가 필요하다)	
	중	석탄과 석유의 대화내용에 대한 이해나 해결해야 할 과제 둘 중 하나를 바르게 진술할 수 있다.(예-석탄과 석유는 고갈위기에 처해있다 또는 화석연료를 대체할 에너지가 필요하다)	
	하	석탄과 석유가 이야기하고자 하는 바가 무엇인지 정확히 알지 못하고 해결해야 할 과제도 무엇인지 이해하지 못했다.(예-석탄과 석유는 우리 생활에 유용하다)	
창의성 평가관점		민감성: 주어진 대화상황을 얼마나 정확히 파악하고 그에 따른 해결책을 파악해냈는지를 평가한다.	

3) 문제해결점에 대한 이해

영역		평 가 관 점	창의성 평가요소
평가준거		문제를 얼마나 잘 이해하고 그에 대한 해결책을 세울 수 있는가?	유창성, 민감성
점 수 체 계	상	〈2번〉의 대화를 읽고 문제점을 정확히 파악한 후 그에 대한 해결책을 찾아낸다.	
	중	〈2번〉의 대화를 읽고 문제점은 파악했지만 해결책을 구체적으로 제시하지 못한다.	
	하	〈2번〉의 대화내용에서 문제점을 찾아내지 못하거나 전혀 관계없는 해결책을 제시한다.	

4) 문제해결과정의 구체화

영역		평 가 관 점	창의성 평가요소
평가준거		문제에서 요구한 해결점에 대한 구체적인 서술을 할 수 있는가?	독창성, 정교성, 유창성
점 수 체 계	상	〈2번〉의 대화를 통해 제시한 문제해결점에 대해 5가지 이상의 구체적이고 체계적인 서술을 할 수 있다. (예－대체에너지에 대한 간단한 정의와 그 종류를 나열할 수 있다)	
	중	〈2번〉의 대화를 통해 제시한 문제해결점에 대해 3－4가지 구체적이고 체계적인 서술을 할 수 있다.	
	하	〈2번〉의 대화를 통해 제시한 문제해결점에 대해 1－2가지 정도의 서술만 할 수 있다.	
창의성 평가관점		독창성: 문제에서 요구하는 대체에너지에 대해 남들이 생각하지 못하는 얼마나 다양한 종류를 서술할 수 있는가를 평가한다. 쓰히지민 니무 현실과 등떨이진 주징은 평가요소에시 제외시긴다.	

5) 전략선택

영역		평 가 관 점	창의성 평가요소
평가준거		각 대체에너지에 대한 장점과 단점을 얼마나 잘 파악했는가?	유창성, 민감성
점 수 체 계	상	각각의 대체에너지에 대한 장점과 단점을 2가지 이상씩 정확히 파악하고 있다.	
	중	각각의 대체에너지에 대한 장점과 단점을 1－2가지 정확히 파악하고 있다.	
	하	대체에너지에 대한 장점과 단점에 대한 잘못된 이해를 하고 있거나 아예 적지 못했다.	

6) 문제해결

영역		평 가 관 점	창의성 평가요소
평가준거		〈5번〉 문제해결과정을 종합 정리하여 그림이나 글로 설명할 수 있는가?	
점수체계	상	대체에너지를 이용하는 미래에 우리의 생활모습을 글이나 그림으로 잘 묘사하였다.	독창성, 재구성력
	중	대체에너지를 이용한다는 것은 묘사되었지만 사실적이고 정확히 잘 묘사되지는 못했다.	
	하	대체에너지의 이용과는 전혀 무관한 그림을 그렸거나 글을 썼다.	
창의적 평가관점		재구성력: 대체에너지에 관해 정리한 것을 글과 그림으로 얼마나 잘 표현했는가를 평가한다. 독창성: 어떤 독특한 아이디어로 미래의 우리 생활을 잘 표현했는가를 평가한다.	

7) 상호평가

영역		평 가 관 점	창의성 평가요소
평가준거		내가 미처 생각하지 못했던 점을 다른 친구와의 비교를 통해 찾아내고 칭찬할 점은 서로 칭찬해주고, 평가를 통해 과학적이지 못한 점은 다시 작성할 수 있는가?	
점수체계	상	자신의 문제해결과정과 다른 사람의 것을 정확히 비교, 분석하며 칭찬할 수도 있고 과학적 지식을 이용해 잘못된 점을 찾아낼 수도 있다.	의사소통력
	중	다른 사람의 문제해결과정을 과학적으로 평가하지 않고 주관적이고 감정적으로 평가한다.	
	하	평가활동에 적극적으로 참여하지 못한다.	
창의성 평가관점		의사소통력: 다른 사람과의 상호작용을 통해 자신의 문제해결과정에 대해서도 돌아볼 수 있는 기회를 가지는가를 평가한다.	

【125 학생용 학습지】

〈발전소의 모습〉

1. 위의 사진은 에너지 발전소의 모습입니다. 에너지라는 말을 듣고 떠오르는 생각을 마인드맵으로 작성해 보세요. 이를 바탕으로 에너지를 정의하고 여러분이 알고 있는 에너지의 종류에 대해 적어 보세요.

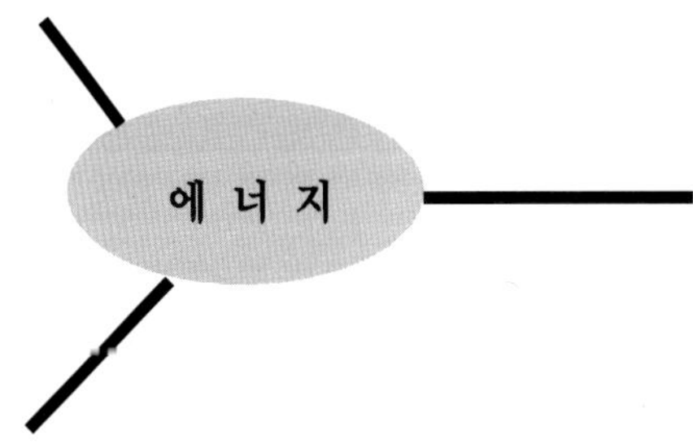

♠에너지란?

♠에너지종류는?

2. 석탄: 애들아, 안녕? 난 석탄이라고 해. 난 수억 년 전에 살던 식물들이 땅속에
묻혀서 퇴적암이 된 뒤에 오랜 시간을 지나오면서 지열과 지압을 받아
변질된 화석연료란다.

석유: 안녕? 내 이름은 석유라고 해.
나도 수억 년 전에 살던 식물들과 동물들이 죽은 뒤에 묻힌 것이 진흙과
모래와 섞여 아주 오랜 시간이 지나는 동안 굳어지고 변질되어 생겼단다.
나 역시 석탄과 마찬가지로 세계적인 에너지원으로서 누구보다 중요한 역할을
해왔어. 20세기에 가장 많이 쓰인 에너지로는 당연 내가 으뜸일걸?

석탄: 석유야, 니 자랑 좀 그만하고 이제 우리 얘길 하도록 하자.

석유: 그래, 그래. 미안해.
사실 오늘 우린 너희들에게 부탁할 게 있어서 이렇게 찾아온 거란다.

석탄: 우린 지난 시간 동안 너무나 많은 일들을 해왔단다.
보일러 난방을 할 때도 이용되었고, 난 아주 오래 전부터 연료나 공업의
원료로 쓰이면서 많은 사람들에게 도움을 줬지.

석유: 너희들 부모님의 자동차가 움직일 수 있도록 하는 휘발유가 바로 나란다.
또 지금 너희들이 즐겨 사용하는 많은 물건의 원료로 이용되고 있지. 너희들이
사용하는 키보드, 마우스는 플라스틱으로 만들어졌지?
그 플라스틱도 모두 석유에서 나온 물질을 가공해서 만들어 진거야.

석탄: 아직도 많은 사람들이 우릴 필요로 하지만 이미 너무나 많이 써버려서
우리가 일을 할 수 있는 시간은 얼마 남지 않았어.

석유: 그래서 우리는 우리를 대신할 수 있는 다른 친구들을 찾으려고 이렇게
온 것이야.

3. 석탄과 석유를 위해서 우리가 해야 할 일은 무엇일까요?

4. 석탄과 석유가 찾는 친구들에 대해 설명해 보세요.

5. <4>번에서 찾은 친구들에 대한 구체적인 설명을 해 보세요.
(예-장점과 단점 등을 적습니다.)

에너지 이름	장점	단점

6. <5>번을 바탕으로 미래에 우리의 생활모습을 그림이나 글로 표현해
보세요.

7. 다른 친구들과 비교해보고 더 필요한 것이나 미처 생각하지 못했던 것을 정리해 보세요.

2. 과학적 탐구과정 모형을 활용한 수행평가도구

【201 교사용 안내서】

과학 창의력 문제해결력과 창의성 평가 척도표

영역		문제해결력 평가관점	점수	창의성 평가요소	점수
문제 정의 하기	다양한 문제 제안하기	문제 상황을 보고 다양한 문제를 탐색하여 제시하였다.	3	유창성 독창성	
		문제를 탐색하여 제시하였으나 다양하지 못하였다.	2		
		문제 상황을 탐색하지 못하였다.	1		
	적절한 탐구문제 선택하기	제시한 문제 중에서 자신의 문제로 명확히 제시하였다.	3	정교성	
		자신의 문제로 제시하였으나 명확하지 못하였다.	2		
		자신의 해결 문제로 제시하지 못하였다.	1		
문제 해결 하기	해결책 생각하기	문제의 원인을 생각하면서 다양하게 문제해결방법을 제시하였다.	3	유창성 독창성 융통성	
		문제해결방법을 제시하였으나 다양하지 못하였다.	2		
		문제해결방법을 제시하지 못하였다	1		
	실험계획 세우기	제시한 해결책 중 선택한 문제를 해결하기 위해 가설설정, 실험방법 등 실험계획을 제시하였다.	3	정교성 융통성	
		문제를 선택하였으나 가설설정과 실험방법이 미흡하였다.	2		
		문제의 신택과 실험세획을 세우시 못하었나.	1		
	해결방법 확인하기	자신의 해결책을 되돌아보면서 잘된 점과 개선점을 찾아 제시하였다.	3	정교성 융통성	
		잘된 점과 개선점 중 한 가지를 찾아 제시하였다.	2		
		잘된 점과 개선점 모두 찾아 제시하지 못하였다.	1		

*유창성: 아이디어의 개수마다 1점씩 추가.

융통성: 상호 관련되지 않은 아이디어를 관련시켰을 때 2점씩 추가.

독창성: 전체학급의 10% 이내의 학생이 같은 아이디어를 냈을 때 아이디어 하나당 2점씩 추가.

정교성: 선정된 아이디어에 대한 실질적이고 실현가능한 살을 붙였을 때 3점씩 추가.

【201 학생용 활동지】

남목이는 식목일을 맞이하여 가족들과 함께 꽃집에 가서 화분을 10개 사서 집에서 기르기로 하였다. 부모님께서는 나에게 이 중에서 5그루를 직접 길러보라고 하셨다. 나는 우선 식물의 이름도 모르는 상태여서 어떻게 식물을 키울 수 있을지 고민스러웠다.

내가 키워야 하는 식물이 아래의 사진에 있는 식물이다.

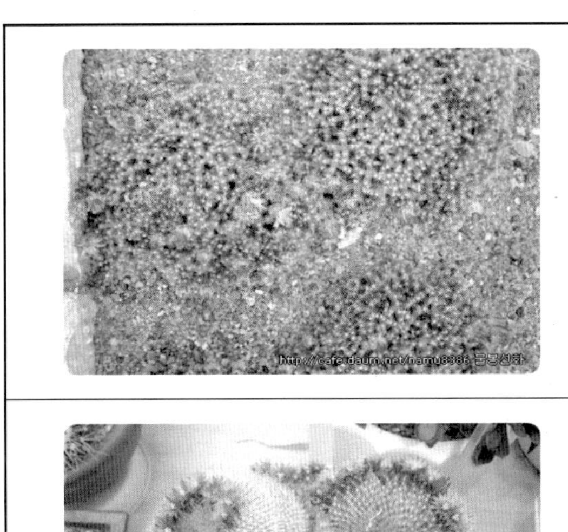

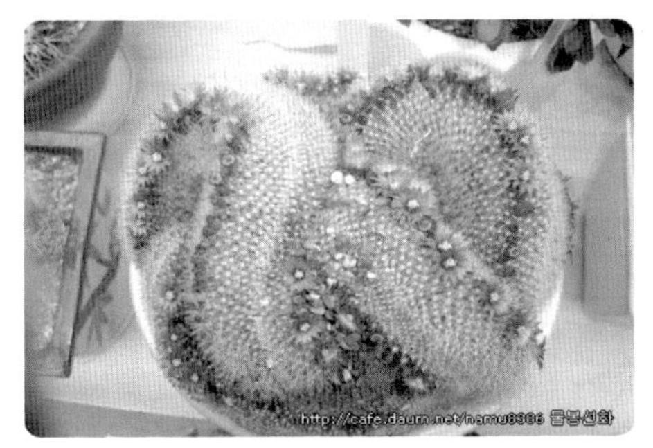

1. 남목이는 지금 어떤 문제를 해결해야 합니다. 어떤 어려움에 처해있는지 자기의 생각을 아래에 적어 보세요.

____

____

____

2. 이 상황을 해결하기 위해서 남목이는 무슨 일들을 해야 할까요? 자기의 생각을 아래에 적어 보세요.

____

____

3. 2번에서 생각한 일들을 하기 위해서는 구체적으로 어떻게 해야 할까요? 자기의 여러 가지 생각을 아래에 자세히 적어 보세요.

____

____

4. 지금부터는 앞에서 여러분이 생각했던 여러 방법들 중 주어진 자료로부터 필요한 정보를 얻어내는 방법을 함께 해보도록 하겠습니다.

선인장이 살 수 있는 환경을 만들어 주는 데 도움이 될만한 내용을 주어진 자료에서 찾아 마인드맵을 완성해 보세요.

____

____

모둠의 친구들과 이야기를 나눈 후에 우리 모둠의 마인드맵을 완성해 봅시다. 모둠의 친구들은 어떤 자료가 필요하다고 생각하고 있었나요? 나의 생각과 다른 점이 있다면 구체적으로 비교하여 적어 봅시다.

우리 모둠에서 살펴보기로 한 것은 무엇인지 나의 생각과 다른 친구들의 생각을 합하여 다음 마인드맵을 완성하세요.

____

____

5. 여러분의 모둠에서 알아보기로 한 것에 대해, 자료를 자세하게 살펴보면서 선인장의 특징을 정리해 봅시다.

____

____

6. 5번에서 정리한 결과들과 이 식물이 생활하기에 적당한 환경들을 연관지어서, 선인장이 잘 자랄 수 있는 환경을 어떻게 만들어주어야 할지 생각해 봅시다.

____

____

7. 자신이 만들어준 환경에 대해 만족스럽지 못하다면 그렇게 생각한 이유를 아래에 써 봅시다. 그리고 좀 더 나은 환경을 주려면 어떤 점을 보완해야 할지도 생각해 봅시다.

____

____

* 평가자의 의도: 학생들에게 식물에 대한 관심과 애정을 가질 수 있도록 하였으며, 직접 자신의 탐구한 지식을 토대로 식물을 잘 기를 수 있게 하는 데 이 평가의 목적이 있다.

이런 활동을 통하여 평소에 그냥 지나친 식물도 그 이름과 특징을 직접 찾아서 알게 함으로써 자연에 대한 소중함과 고마움을 직접 체득할 수 있는 기회가 될 것이라고 생각한다.

불꽃의 모양

【2-2 교사용 안내서】

과학 창의적 문제해결력과 창의성 평가 척도표

영역		문제해결력 평가관점	점수	창의성 평가요소	점수
문제 정의 하기	다양한 문제 제안하기	문제 상황을 보고 다양한 문제를 탐색하여 제시하였다.	2	유창성 독창성	
		문제를 탐색하여 제시하였으나 다양하지 못하다.	1		
		문제 상황을 탐색하지 못하였다.	0		
	적절한 탐구문제 선택하기	제시한 문제 중에서 자신의 문제로 명확하게 제시하였다.	2	정교성	
		자신의 문제로 제시하였으나 명확하지 못하다.	1		
		자신의 해결 문제로 제시하지 못하였다.	0		
문제 해결 하기	해결책 생각하기	문제의 원인을 생각하면서 다양하게 해결방법을 제시하였다.	2	유창성 독창성 융통성	
		문제해결방법을 제시하였으나 다양하지 못하다.	1		
		문제해결방법을 제시하지 못하였다.	0		
	실험계획 세우기	제시한 해결책 중 선택한 문제를 해결하기 위해 가설설정하여 실험계획을 제시하였다.	2	정교성 융통성	
		문제를 선택하였으나 가설설정과 실험방법이 미흡하였다.	1		
		문제를 선택하여 가설설정을 하지 못하였다.	0		
	해결방법 확인하기	자신의 해결책을 되돌아보면서 잘된 점과 개선점을 찾아 제시하였다.	2	정교성 융통성	
		잘된 점과 개선점 중 한 가지를 찾아 제시하였다.	1		
		잘된 점과 개선점을 제시하지 못하였다.	0		

【202 학생용 활동지】

벼락이 치면서 정전이 되었다. 촛불을 켜기 위해 양초를 찾으니 아래 사진과 같이 다양한 모양의 양초가 있었다. 어둠을 밝히기 위해 모든 양초에 불을 붙인 후 불꽃의 여러 가지 모양을 관찰하였다.

[다양한 불꽃의 양초] [그림 양초] [무지개 양초] [하트 양초]

1. 위의 글을 읽고 궁금한 것을 적어 보세요.

2. 위의 궁금한 점 중에서 하나를 골라 자신의 해결 문제로 정하여 봅시다.

3. 문제가 생긴 원인을 생각하면서 자신이 택한 문제를 해결하기 위한 방법을 모두 써 보시오

4. 위의 방법들 중 하나를 선택하여 구체적인 해결방안을 세워 봅시다.

5. 자신이 생각한 해결방안의 잘된 점과 개선해야 할 점을 써 봅시다.

【203 교사용 안내서】

1. 출제의도 및 해설

우리는 생활에서 얼음을 많이 이용하고 접하게 된다. 이와 비슷하게 생긴 물질로 드라이아이스가 있는데 실제로 드라이아이스는 우리 생활과 아주 친숙한 물질이다. 매일 보는 TV의 멋진 안개 연출 장면에서나 슈퍼에서 맛있는 아이스크림을 사먹기 위해 냉장고를 열 때, 시원한 청량음료를 마실 때도 우리는 드라이아이스를 만나고 있다.

이 문제는 우리 생활 속에서 쉽게 만날 수 있는 드라이아이스를 비슷한 모양으로 냉각제의 용도로도 같이 쓰이고 있는 얼음과 비교해봄으로써 자세하게 물질의 상태와 에너지에 관한 개념과 지식을 평가할 수 있고, 나아가 얼음과 드라이아이스의 차이점을 증명할 수 있는 실험을 설계함으로써 독창적인 아이디어의 생산, 실험설계능력과 설계의 정교성까지 평가할 수 있다.

2. 예상 정답

얼음과 드라이아이스의 공통점과 차이점은 다음과 같다. 그 외에도 다양한 답들이 나올 수 있을 것이다.

	얼 음	드라이아이스
공통점	· 고체 · 냉각제로 쓰인다. · 융해가 일어날 때 분자운동이 활발해진다. · 0℃ 이하에서는 기화한다.	· 고체 · 냉각제로 쓰인다. · 기화가 일어날 때 분자운동이 활발해진다. · 기화한다.
차이점	· 물의 고체상태 · 0℃ 이상에서는 융해된다. · 녹는점 0℃ · 융해할 때 부피가 줄어든다. · 액체상태가 있다. · 투명하게 만들 수 있다.	· 이산화탄소의 고체상태 · 기화한다. · 녹는점이 물보다 낮다. · 기화할 때 부피가 늘어난다. · 액체상태가 없다. · 투명하게 만들 수 없다.

　　얼음과 드라이아이스의 차이점 중 한 가지를 정하여 이를 증명할 수 방법들을 최대한 다양하게 찾고 이들 방법 중 한 가지로 독창적인 실험계획을 세운다.

3. 채점 기준

영역		평가관점	점수	창의성 평가요소	점수
문제 정의 하기	다양한 문제 접근	얼음과 드라이아이스 공통점과 차이점을 8가지 이상 다양하게 찾았다.	8	유창성 융통성 독창성	추가점수를 포함하여 50점 만점 처리한다.
		얼음과 드라이아이스 공통점과 차이점을 6-7가지 찾았다.	6		
		얼음과 드라이아이스 공통점과 차이점이 5개 이하이다.	4		
	적절한 탐구문제 선택하기	탐구문제를 정확하게 인식하고 탐구 수준 있는 문제를 명확히 제시하였다.	8	독창성	
		문제를 명확히 제시하였으나 탐구수준이 낮다.	6		
		문제를 제시하지 못한다.	4		
문제 해결 하기	해결책 생각하기	문제를 생각하며 다양한 문제해결방법을 제시하였다.	8	유창성 융통성	
		문제해결방법을 제시하였으나 다양하지 못하다.	6		
		문제해결방법을 제시하지 못한다.	4		
	실험계획 세우기	선택한 문제를 해결하기 위해 가설설정, 실험방법이 타당하고 정교하다.	8	독창성 정교성	
		문제해결에 필요한 가설설정과 실험방법이 미흡하다.	6		
		실험계획을 세우지 못하거나 문제와 동떨어진 실험계획을 세웠다.	4		
	해결방법 확인하기	자신의 해결책을 반추하며 잘된 점과 개선점을 찾아 제시하였다.	10	융통성 정교성	
		잘된 점과 개선점 중 한 가지를 찾아 제시하였다.	8		
		잘된 점과 개선 점을 찾지 못했다.	6		

4. 추가점수

유창성	독창성	정교성
·얼음과 드라이아이스의 공통점과 차이점을 찾은 개수가 8개 이상이면 개수마다 1점씩 추가.	·찾아낸 얼음과 드라이아이스의 공통점과 차이점이 전체 학생의 5% 이내의 학생만 응답한 내용일 경우 하나당 1점씩 추가. ·문제해결 제시 방법이 전체 학생의 5% 이내의 학생만 제시한 내용일 경우 2점 추가.	·실험의 설계가 가설설정, 준비물, 조건통제, 실험방법, 실험방법을 구현한 그림을 모두 포함하고 있으면 2점 추가.

【203 학생용 활동지】

영희의 생일이 되어 생일 축하 파티가 열렸습니다. 어머니께서는 날씨가 더워 시원한 아이스크림케익을 준비했다고 하셨습니다. 설레는 마음으로 케익 상자를 열어보니 아이스크림 옆에 얼음과 비슷하게 생긴 것이 주머니에 들어있었습니다. 영희가 손을 대려고 하니 어머니께서 그것은 '드라이아이스'라고 하며 손을 대면 안 된다고 하셨습니다.

1. 왜 어머니께서는 영희에게 드라이아이스에 손을 대지 말라고 하셨을까요? 얼음과 드라이아이스의 공통점과 차이점을 아는 대로 모두 적어 봅시다.

2. 얼음과 드라이아이스의 차이점 중에서 가장 탐구해보고 싶은 한 가지를 정하여 봅시다.

3. 자신이 탐구문제로 정한 얼음과 드라이아이스의 차이점을 증명할 수 있는 방법들을 모두 적어 봅시다.

4. 위의 방법들 중 하나를 선택하여 얼음과 드라이아이스의 차이점을 알아보기 위한 실험계획을 세워 봅시다.

5. 자신이 생각한 방법의 잘된 점과 개선할 점을 써 봅시다.

204 생태계의 평형

【204 교사용 안내서 】

〈출제의도〉

오늘날 세계 각국은 식물을 국가의 중요한 자원으로 인식하여 고부가가치를 지닌 상품으로 만들어 내고 있다. 본 문제는 미래에 더욱 귀중한 자원으로서의 역할을 생각하며 그 식물자원의 보존대책에 많은 투자와 노력을 기울이고 있다. 특히 생물 중 식물자원이 급속히 멸종되어 가고 있다는 문제가 크게 대두되면서 희귀식물의 보존은 세계 각국의 주요 관심사로 인식되고 있음에도 우리나라의 경우 식물자원의 가치를 크게 인식하지 않았던 것이 사실이다.

이 주제에서는 생태계에서 중요한 위치를 차지하고 있는 식물에 대해 자세히 알아보고 학생들로 하여금 자신의 독창성을 발휘할 수 있는 능력을 평가하기 위한 것이다.

<과학 창의적 문제해결력과 창의성 평가 척도표>

영역		문제해결력 평가관점	점수	창의성 평가요소	총점
문제 정의 하기	다양한 문제 제안하기	문제 상황을 보고 다양한 문제를 탐색하여 제시하였다.	2	유창성 독창성	
		문제를 탐색하여 제시하였으나 다양하지 못하였다.	1		
		문제 상황을 탐색하지 못하였다.	0		
	적절한 탐구문제 선택하기	관련되어 알고 있는 다른 사례를 자신의 문제로 명확히 제시하였다.	2	정교성	
		관련되어 알고 있는 다른 사례를 제시하였으나 명확하지 못하였다.	1		
		관련되어 알고 있는 다른 사례를 제시하지 못하였다.	0		
문제 해결 하기	해결책 생각하기	문제의 원인을 생각하면서 다양하게 문제해결방법을 제시하였다.	2	유창성 독창성 융통성	
		문제해결방법을 제시하였으나 다양하지 못하였다.	1		
		문제해결방법을 제시하지 못하였다.	0		
	실험계획 세우기	제시한 해결책 중 선택한 문제를 해결하기 위해 가설설정, 실험방법 등 실험계획을 제시하였다.	2	정교성 융통성	
		문제를 선택하였으나 가설설정과 실험방법이 미흡하였다.	1		
		문제의 선택과 실험계획을 세우지 못하였다.	0		
	해결방법 확인하기	생태계에 어떤 변화를 줄 것인지를 잘 예상하며, 그 이유까지도 제시하였다.	2	정교성 융통성	
		생태계에 어떤 변화를 줄 것인지를 잘 예상하나, 그 이유는 제시하지 못하였다.	1		
		생태계에 어떤 변화를 줄 것인지의 예상과 그 이유를 모두 제시하지 못하였다.	0		
평가자의 총평					

※채점체계:* 대상으로 하는 문항이 평가준거의 내용을 적절히 갖추고 있다고 판단되면: 2점
　　　　　*평가준거의 내용을 갖추고는 있으나 충분치 못하다고 판단될 경우: 1점
　　　　　*평가준거의 내용을 갖추고 있지 않은 경우: 0점
　　　　　*유창성: 아이디어의 개수마다 1점씩 추가
　　　　　*융통성(유창성): 상호 관련되지 않은 아이디어를 관련시켰을 때 2점씩 추가
　　　　　*독창성: 전체 학급의 5% 이내의 학생이 같은 아이디어를 냈을 때 아이디어 하나당 2점씩 추가
　　　　　*정교성: 선정된 아이디어에 대해 실질적이고 실현가능한 살을 붙였을 때 1점씩 추가

【204 학생용 활동지】

*다음 내용은 미국의 한 고장에서 있었던 일입니다.

> 미국 애리조나 주 카이바브 고원에서는 사슴과 이리, 퓨마 따위가 서로 균형을 이루면서 안정된 생태계를 유지하고 있었어요. 그런데 이 고장 사람들은 사슴을 보호하기 위해서 들소·영양·퓨마를 없애달라고 주 정부에 요청했습니다. 주 정부에서는 이 요구를 받아들여 포수를 시켜 사슴을 잡아먹는 동물을 죽였습니다. 이윽고 사슴은 크게 늘어났죠. 그 고장 사람들은 좋아했지요. 그런데 갑자기 불어난 사슴 떼가 풀을 모조리 뜯어먹는 바람에 그 지역은 얼마 지나지 않아 황폐해졌습니다. 사슴은 먹이를 구할 수 없어서 곧 떼죽음을 당했습니다.

1. 위 이야기의 문제가 되고 있는 내용은 무엇입니까?

2. 위와 관련되어 알고 있는 다른 사례를 제시하여 봅시다.

3. 생태계의 조화와 균형의 중요성에 비추어 볼 때 위 문제를 해결하기 위한 방법을 다양하게 제시하여 봅시다.

4. 식물의 기원은 모든 다른 생물들과 마찬가지로 원시바다에서 시작되었다고 합니다. 현재 지구상에는 35만여 종의 식물이 살고 있는데, 이들을 어떻게 분류하고 있는지 조사하여 봅시다.

5. 지구생태계에서 식물은 생산자의 역할을 합니다. 그러나 인구의 증가와 개발에 밀려 식물의 종이 줄어들 뿐만 아니라 멸종되는 식물도 증가하고 있습니다. 이는 생태계에 어떤 변화를 줄 것이라 예상되며, 그 이유는 무엇일까요?

【205 교사용 안내서】

〈과학 창의적 문제해결력과 창의성 평가 척도표〉

영역		문제해결력 평가관점	점수	창의성 평가요소	점수
문제 정의 하기	다양한 문제 제안하기	화성에서 얻어야 할 정보를 다양하게 제시하였다.	2	유창성 독창성	
		화성에서 얻어야 할 정보를 제시하였으나 다양하지 못하였다.	1		
		화성에서 얻어야 할 정보를 제시하지 못하였다.	0		
	적절한 탐구문제 선택하기	화성에서 정보를 얻기 위해 필요한 기구를 명확하게 제시하였다.	2	정교성	
		화성에서 정보를 얻기 위해 필요한 기구를 제시하였으나, 명확하지 못하였다.	1		
		화성에서 정보를 얻기 위해 필요한 기구를 제시하지 못하였다.	0		
문제 해결 하기	해결책 생각하기	화성 탐사선이 얻은 정보를 처리하는 방법과 지구로 보내는 방법을 다양하게 제시하였다.	2	유창성 독창성 융통성	
		화성 탐사선이 얻은 정보를 처리하는 방법과 지구로 보내는 방법을 제시하였으나 다양하지 못하였다.	1		
		화성 탐사선이 얻은 정보를 처리하는 방법과 지구로 보내는 방법을 제시하지 못하였다.	0		
	실험계획 세우기	고안한 화성 탐사선 그림에 화성의 환경을 감각하고 지구와 통신을 하는 방법을 명확하게 잘 나타내었다.	2	정교성 독창성 융통성	
		고안한 화성 탐사선 그림에 화성의 환경을 감각하고 지구와 통신을 하는 방법이 나타나긴 했으나 명확하지 않았다.	1		
		고안한 화성 탐사선 그림에 화성의 환경을 감각하고 지구와 통신을 하는 방법이 잘 나타나지 않았다.	0		
	해결방법 확인하기	자신이 고안한 화성 탐사선을 살펴보면서 잘된 점과 개선점을 찾아 제시하였다.	2	정교성 융통성	
		자신이 고안한 화성 탐사선을 살펴보면서 잘된 점과 개선점 중 한 가지만 찾아 제시하였다.	1		
		자신이 고안한 화성 탐사선을 살펴보면서 잘된 점과 개선점을 찾지 못하였다.	0		

*유창성: 아이디어의 개수마다 1점씩 추가
융통성(유연성): 상호 관련되지 않은 아이디어를 관련시켰을 때 2점씩 추가
독창성: 전체 학급의 10% 이내의 학생이 같은 아이디어를 냈을 때 아이디어 하나에 2점씩 추가
정교성: 선정한 아이디어에 대해 실질적이고 실현가능한 살을 붙였을 때 1점씩 추가

【205 학생용 활동지 】

1997년에 있었던 일입니다. 화성 탐사선 패스파인더와 탐사 로봇 소저너에는 인간이 환경의 변화에 반응하듯이 감각기관(센서)이 붙은 여러 가지 자동 조절장치가 되어 있어서, 화성에서 얻어진 각종 정보를 지구로 보내는 일을 했습니다. 그 당시에는 패스파인더와 소저너가 굉장한 관심을 받았답니다. 그러나 과학자들은 인간의 감각기관과 다른 패스파인더의 센서들이 수집한 정보가 무엇을 뜻하는지 해석하느라 골머리를 앓게 되었다고 합니다.

이제 여러분의 새로운 임무는 패스파인더와 소저너보다 뛰어난 탐사선을 만드는 것이랍니다. 아래 문제를 차례로 해결하다보면, 여러분의 멋진 화성 탐사선이 완성되어 있을 거예요.

<패스파인더>   <로봇 소저너>   <센서 처리 장치>   <명령 처리 장치>

1. 화성에서 얻어야 할 정보를 모두 적어 봅시다.

2. 이러한 정보를 얻으려면 어떤 기구들이 필요할까요? 각 정보를 얻기 위해 필요한 기구를 제시하여 봅시다.

3. 화성 탐사선은 얻은 정보를 어떻게 처리하여 어떤 방법으로 지구로 보낼까요?

4. 여러분이 만든 탐사선이 화성의 환경을 감각하고 지구와 통신을 하는 방법이 잘 나타나도록 그림으로 그려 봅시다.

5. 여러분이 고안한 화성 탐사선의 잘된 점과 개선해야 할 점을 써 봅시다.

【206 교사용 안내서】

과학 창의적 문제해결력과 창의성 평가 척도표

영역		문제해결력 평가관점	점수	창의성 평가요소
문제 정의하기	다양한 문제 제안하기	문제 상황을 보고 다양한 원리를 탐색하여 제시하였다.	상	유창성 융통성
		문제를 탐색하여 제시하였으나 다양한 원리는 제시하지 못하였다.	중	
		문제 상황을 탐색하지 못하였다.	하	
	적절한 탐구문제 선택하기	제시한 문제 중에서 자신의 문제로 명확히 제시하였다.	상	정교성 독창성
		자신의 문제로 제시하였으나 명확하지 못하였다.	중	
		자신의 해결 문제로 제시하지 못하였다.	하	
문제 해결하기	해결책 생각하기	문제의 원인을 생각하면서 다양하게 문제해결방법을 제시하였다.	상	유창성 융통성 독창성
		문제해결방법을 제시하였으나 다양하지 못하였다.	중	
		문제해결방법을 제시하지 못하였다.	하	
	실험계획 세우기	제시한 해결책 중 선택한 문제를 해결하기 위해 가설설정, 실험방법 등 실험계획을 제시하였다.	상	정교성 재구조화
		문제를 선택하였으나 가설설정과 실험방법이 미흡하였다.	중	
		문제의 선택과 실험계획을 세우지 못하였다.	하	
	해결방법 확인하기	자신의 해결책을 뒤돌아보면서 잘된 점과 개선점을 찾아 제시하였다.	상	정교성 융통성
		잘된 점과 개선점 중 한 가지를 찾아 제시하였다.	중	
		잘된 점과 개선점 모두 찾아 제시하지 못하였다.	하	

【206 학생용 활동지】

  희철이는 축구를 아주 좋아합니다. 얼마 전 독일 월드컵 경기 기간 동안 거의 밤을 새다시피 할 정도로 축구를 보았습니다. 이처럼 안방에서 세계 곳곳의 상황을 시시각각으로 볼 수 있고 다른 나라에 멀리 떨어져있는 가족에게 전화를 한다든지, 내일의 날씨뿐만 아니라 한 달 뒤의 날씨까지도 알 수 있는 것은 인공위성 때문이란 걸 알았습니다. 그럼 이런 인공위성은 어떻게 지구로 떨어지지 않고 지구 주위를 맴도는 것일까요?

〈2006년 독일 월드컵 생중계 장면〉

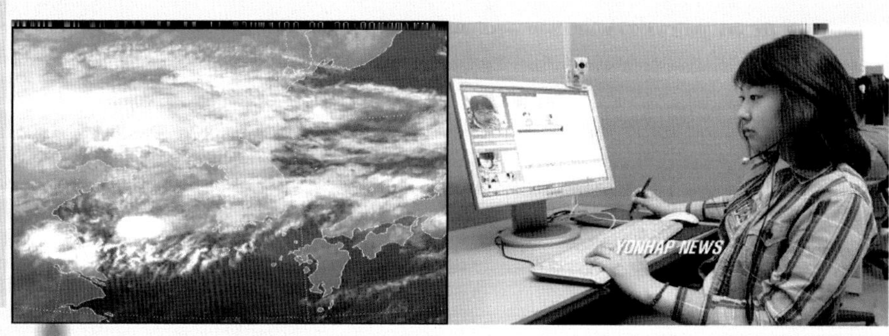

〈일기예보 사진〉　　　　〈외국에 있는 가족과의 통화〉

1. 위의 그림을 보고 이것이 왜 가능한지 생각나는 대로 그 원리를 적어 보세요.

2. 위에서 생각한 원리 중에서 하나를 골라 자신이 해결해 볼 수 있는 문제를 정해 보세요.

3. 자신이 정한 문제를 해결하기 위한 실험방법을 모두 써 보세요.

4. 위의 실험방법들 중 하나를 선택하여 해결하기 위한 실험계획을 세워 봅시다.

5. 친구들에게 자신의 실험계획을 발표해보고 잘된 점과 개선해야 할 점을 써 봅시다.

207 숲 주변의 식물들

【207 교사용 안내서】

1. 출제의도 및 해설

숲은 다층의 구조를 가지고 있으며, 산지 또는 평지에 분포하는 삼림식생으로 잠재 자연 식생을 대표하는 식생형이다. 또한 숲은 비교적 규모가 큰 생태계로 숲이 발달하고 있는 지리적 위치, 지형적, 토지적 조건, 그리고 종조성의 차이에 의하여 다양한 숲의 형태가 발달하며, 어떤 입지의 주어진 모든 환경 조건의 표현이 숲 형태이다. 이러한 숲은 천이에서는 숲도 하나의 생명체로서 스스로 성장해 가며 숲이 모두 똑 같은 상태가 아니라 인간 간섭 등 여러 가지 환경의 조건에 따라 식물의 군락이 다르게 발달함을 알 수 있게 한다. 아이들이 쉽게 찾아갈 수 있는 동네 주변에 있는 숲도 좋으나 생태계가 잘 보존된 오래된 숲을 관찰하여 숲이 우리에게 주는 이로운 영향을 생각하고 환경보존의 방법을 탐구할 수 있다.

<과학 창의적 문제해결력과 창의성 평가 척도표>

영역		문제해결력 평가관점	점수	창의성 평가요소	점수
문제 정의 하기	다양한 문제 제안하기	문제 상황을 보고 다양한 문제를 탐색하여 제시하였다.	2	유창성 독창성	
		문제를 탐색하여 제시하였으나 다양하지 못하였다.	1		
		문제 상황을 탐색하지 못하였다.	0		
	적절한 탐구문제 선택하기	제시한 문제 중에서 탐구문제를 명확히 제시하였다.	2	정교성	
		자신의 문제로 제시하였으나 명확하지 못하였다.	1		
		해결 문제를 제시하지 못하였다.	0		
문제 해결 하기	해결책 생각하기	문제의 원인을 생각하면서 다양하게 문제해결방법을 제시하였다.	2	유창성 독창성 융통성	◎
		문제해결방법을 제시하였으나 다양하지 못하였다.	1		
		문제해결방법을 제시하지 못하였다.	0		
	실험계획 세우기	제시한 해결책 중 선택한 문제를 해결하기 위해 가설설정, 실험방법 등 실험계획을 제시하였다.	2	정교성 융통성	
		문제를 선택하였으나 가설설정과 실험방법이 미흡하였다.	1		
		문제의 선택과 실험계획을 세우지 못하였다.	0		
	해결방법 확인하기	자신의 해결책을 되돌아보면서 잘된 점과 개선점을 찾아 제시하였다.	2	정교성 융통성	
		잘된 점과 개선점 중 한 가지를 찾아 제시하였다.	1		
		잘된 점과 개선점 모두 찾아 제시하지 못하였다.	0		

◎ 유창성: 아이디어 개수마다 1점씩 추가
융통성: 상호 관련되지 않은 아이디어를 관련시켰을 때 2점씩 추가
독창성: 전체 학급의 5% 이내의 학생이 같은 아이디어를 냈을 때 아이디어 하나당 2점씩 추가
정교성: 선정한 아이디어에 대해 실질적이고 실현가능한 살을 붙였을 때 1점씩 추가

【207 학생용 활동지】

==숲 가장자리의 식물의 모습==

지우는 가족과 함께 동네 뒷산에 가꾸어 놓은 텃밭에 가게 되었다. 숲길을 따라 걷다가 동생이 가지고 온 공이 튕겨서 숲 속으로 들어가 버렸다. 공을 줍기 위해 숲 속으로 들어가려고 하였으나 가시와 덩굴이 엉겨 있어 들어 갈 수가 없었다. 깊은 숲 속에서는 잘 볼 수 없었던 가시식물과 덩굴식물들이 숲 가장자리에는 많이 자라고 있었다.

1. 위의 사진과 글을 보고 궁금한 것을 적어 보세요.

2. 위의 궁금한 점 중에서 하나를 골라 해결 문제로 정하여 봅시다.

3. 문제가 생긴 원인을 생각하면서 자신이 택한 문제를 해결하기 위한 방법을 모두 쓰시오.

4. 위의 방법들 중 하나를 선택하여 해결하기 위한 실험계획을 세워 봅시다.

5. 자신이 생각한 방법의 잘된 점과 고쳐야 할 점을 써 봅시다.

208 물의 오염

【208 교사용 안내서】

1. 출제의도 및 해설

물이란 우리가 살아가는 데 공기 다음으로 필요한 것이며 모든 생명이 살아가는 데 필요한 요소이기도 하다. 공기처럼 늘 우리 주변에 있어서 우리는 물의 중요성과 필요성을 잊어가면서 살아가고 있다.

그리고 물은 우리 체내에 70%를 차지하며 지구에서는 98%의 비율을 차지한다 (하지만 사용할 수 있는 물은 2%도 안 된다).

물은 우리의 '식(食)' 중에서 제일 기초가 되는 것이다. 하지만 물은 공기처럼 무한 자원이 아니다. 위의 말처럼 우리 지구의 98%가 물로 이루어졌지만 여기서 사람이 먹고 생활할 수 있는 것은 2~3%도 안 된다.

이 문제에서는 물속에 함유되어 있는 여러 가지 성분 중에서 우리 몸에 해를 끼치는 성분을 알고, 수돗물의 정수처리과정을 알아야 문제를 해결할 수 있을 것이다.

예를 들면 수돗물에 유독한 트리할로메탄, 불화물, 살충제 잔유물, 그리고 상당량의 석면이 함께 포함되어있을 경우, 이러한 오염물질들이 복합적으로 작용해서 건강에 어떤 식으로 영향을 미칠까? 수돗물에 오염물질이 복합적으로 포함되어 있다면 이들의 유해효과는 배로 증가할 가능성도 배제할 수 없다.

과학자들은 건강에 해롭지 않은 범위에 관하여 농도설정을 하고 있다. 이것은 수중 오염물질이 특정수준, 예를 들면 백만분의 1 정도, 이하일 경우에 한해서 유해효과가 없다는 것을 공식적으로 문서화하자는 의미일 것이다. 물론 어느 누구도 이러한 수치가 안전한지 알 수 없다. 유해하지 않은 수준은 어느 정도이며, 누가 보증하겠는가?

따라서 소위 오염안전수치를 무작정 받아들이기보다는 우리가 마시는 물에서 가능한 한 가장 낮은 수치로 오염물질을 낮추려는 적극적인 자세가 필요하다.

2. 단계별 채점체계

영역		문제해결력 평가관점	점수	창의성 평가요소	점수
문제정의하기	다양한 문제 제안하기	문제 상황을 보고 다양한 문제를 탐색하여 제시하였다.(5가지 이상)	2	유창성 독창성	
		문제를 탐색하여 제시하였으나 다양하지 못하였다.(3-4가지)	1		
		문제 상황을 탐색하지 못하였다. (1-2가지)	0		
	적절한 탐구문제 선택하기	제시한 문제 중에서 자신의 문제를 명확히 제시하였다.	2	정교성	
		자신의 문제로 제시하였으나 명확하지 못하였다.	1		
		자신의 해결 문제로 제시하지 못하였다.	0		
문제해결하기	해결책 생각하기	문제의 원인을 생각하면서 다양하게 문제해결방법을 제시하였다. (3가지 이상)	2	유창성 독창성 융통성	·
		문제해결방법을 제시하였으나 다양하지 못하였다. (1-2가지)	1		
		문제해결방법을 제시하지 못하였다.	0		
	실험계획 세우기	제시한 해결책 중 선택한 문제를 해결하기 위해 가설설정, 실험방법 등 실험계획을 제시하였다.	2	정교성 융통성	
		문제를 선택하였으나 가설설정과 실험방법이 미흡하였다.	1		
		문제이 선택과 실험계획을 세우지 못하였다.	0		
	해결방법 확인하기	자신의 해결책을 되돌아보면서 잘된 점과 개선점을 찾아 제시하였다.	2	정교성 융통성	
		잘된 점과 개선점 중 한 가지를 찾아 제시하였다.	1		
		잘된 점과 개선점 둘 다 제시하지 못하였다.	0		

※ 유창성: 아이디어의 개수마다 1점씩 추가
　융통성: 상호 관련되지 않은 아이디어를 관련시켰을 때 2점 추가
　독창성: 전체 학급 학생의 10% 이내의 아이디어를 냈을 때 아이디어 하나당 2점 추가
　정교성: 선정한 아이디어가 실질적이고 실현가능한 살을 붙였을 때 1점씩 추가

3. 예상 답안 예

1) 위의 글을 읽고 해결하고 싶은 문제를 모두 적어 봅시다.

─물에 들어있는 성분들은 무엇일까?

─수돗물과 지하수(생수)는 어떻게 다를까?

─물이 생물에게 미치는 영향은?

─수돗물은 어떤 과정을 거쳐 만들어질까?

─수돗물에 들어있는 유해 성분은 무엇일까?

─수돗물에 들어있는 유해 성분을 없애기 위한 방법은 무엇일까?

─안심하고 마실 수 있는 물을 만드는 방법은 무엇일까?

─사람들은 물을 어떤 상태로 마시고 있나(음료수 종류, 음식……)?

【208 학생용 활동지】

> 정화는 신문에서 전국의 정수장 10곳 가운데 1곳 가량이 수돗물에서 설사·두통을 일으키는 원인인 대장균이 검출되거나 탁도 등이 수질기준을 충족시키지 못한 것으로 조사돼 정부가 장담해온 수돗물의 안전성에 심각한 허점이 드러났다는 기사를 보았다. 물에는 우리 몸속에 필요한 각종 성분이 골고루 함유되어 있지만 이런 기사를 보고 그냥 수돗물을 마실 수 없을 것 같았다.

1. 위의 글을 읽고 해결하고 싶은 문제를 모두 적어 봅시다.

2. 해결하고 싶은 문제들 중에서 하나를 골라 자신의 해결 문제로 정해 봅시다.

3. 문제가 생긴 원인을 생각하면서 자신이 선택한 문제를 해결하기 위한 방법을 모두 써 봅시다.

4. 문제해결을 위한 실험계획을 세워 봅시다.

5. 자신이 생각한 실험방법의 잘된 점과 개선해야 할 점을 써 봅시다.

【209 교사용 안내자료】

1. 관련 단원

5학년 2학기 4. 화산과 암석

2. 출제의도

본 자료는 과학과 교육과정의 5학년 2학기 '화산과 암석' 단원에서 학습한 내용을 바탕으로 생활 주변의 산과 암석 등이 화산활동을 거치면서 어떠한 변화를 보이게 되는지 알아보기 위해 형성평가의 성격으로 제작된 수행평가문항입니다.

5학년 2학기 '화산과 암석' 단원은 화산활동에 의해 지표가 변화되며, 암석이 형성됨을 알아보고, 화산활동이 우리 생활에 미치는 영향을 알아보도록 하는 데 주안점을 두고 있습니다. 이를 위해 화산활동으로 생성된 암석 표본을 직접 관찰해보고, 화산 폭발 모형실험을 통해 화산 분출 시 생성되는 물질과 지표의 변화를 눈으로 확인하도록 하고 있습니다.

이러한 수업활동을 통해 알게 된 지식을 일상생활에서 활용하여 화산과 화산이 아닌 산을 구분하고 비교해보고, 화산과 화산이 아닌 산의 모양이 다른 이유도 스스로 찾을 수 있는지, 또한 화산활동으로 만들어진 암석을 관찰하고, 그 특징을 다른 암석과 비교할 수 있는지를 평가하고자 합니다.

즉 주어진 상황을 보고 다양한 문제를 탐색하고 제시할 수 있는 유창성과 민감성을 알아보고, 자신만의 문제로 제시할 수 있는 정교성, 자신이 택한 문제를 해결하기 위한 다양한 방법을 고안하고 그 해결책을 제시할 수 있는 창의적 사고력과 독창성, 정교성이 평가되도록 구성하였습니다.

3. 평가목표

(1) 주어진 상황을 이해하고 문제를 해결할 수 있는가?(과학지식의 적용력)

(2) 과학적으로 타당하면서도, 창의적이며 유연한 생각을 할 수 있는가?(창의적 사고력)

(3) 자신의 수행과정과 결과에 대해 돌이켜 생각할 수 있는가?(반성적 사고력)

〈과학 창의적 문제해결력과 창의성 평가 척도표〉

영역		문제해결력 평가관점	점수	창의성 평가요소
문제정의하기	다양한 문제 제안하기	문제 상황을 보고 다양한 문제를 탐색하여 제시하였다.	2	유창성 민감성
		문제를 탐색하여 제시하였으나 다양하지 못하였다.	1	
		문제 상황을 탐색하지 못하였다.	0	
	적절한 탐구문제 선택하기	제시한 문제 중에서 자신의 문제로 명확히 제시하였다.	2	정교성
		자신의 문제로 제시하였으나 명확하지 못하였다.	1	
		자신의 해결 문제로 제시하지 못하였다.	0	
문제해결하기	해결책 생각하기	문제의 원인을 생각하면서 다양하게 문제해결방법을 제시하였다.	2	유창성 독창성 융통성
		문제해결방법을 제시하였으나 다양하지 못하였다.	1	
		문제해결방법을 제시하지 못하였다.	0	
	실험계획 세우기	제시한 해결책 중 선택한 문제를 해결하기 위해 가설설정, 실험방법 등 실험계획을 제시하였다.	2	정교성 융통성
		문제를 선택하였으나 가설설정과 실험방법이 미흡하였다.	1	
		문제의 선택과 실험계획을 세우지 못하였다.	0	
	해결방법 확인하기	자신의 해결책을 되돌아보면서 잘된 점과 개선점을 찾아 제시하였다.	2	정교성 융통성
		잘된 점과 개선점 중 한 가지를 찾아 제시하였다.	1	
		잘된 점과 개선점 모두 찾아 제시하지 못하였다.	0	

♣ 유창성: 아이디어 개수마다 1점씩 추가
  융통성(유연성): 상호 관련되지 않은 아이디어를 관련시켰을 때 2점 추가
  독창성: 전체 학급의 5% 이내의 학생이 같은 아이디어를 냈을 때 아이디어 하나당 2점씩 추가
  정교성: 선정한 아이디어에 대해 실질적이고 실현가능한 살을 붙였을 때 1점씩 추가

<예상답안>

아주 옛날에 제주도에는 어떤 일이……

〈금정산 정경〉

〈한라산 백록담 정경〉

광희는 부산 금정산 근처에 살고 있다. 주말이면 가족들과 등산을 자주 즐기곤 한다.
이번 여름방학에는 아빠의 특별 휴가 덕택에 제주도에 가게 되었는데, 한라산을 등반하면서
금정산과 많이 다른 모습에 신기하기도 하고 놀라기도 하였다. 산 정상에는 백록담이라는 호
수가 있고, 주변에는 짙은 빛깔의 돌들이 많이 있었다.

1. 위의 글과 그림을 보고 궁금한 것을 적어 보세요.

　- 금정산과 한라산의 전체적인 모습과 주변 환경은 어떻게 왜 다른가?

　- 한라산 정상에는 왜 호수가 있을까?

　- 금정산은 산봉우리가 많이 연결되어 있는데, 한라산은 왜 산봉우리가 하나일까?

　- 한라산에 있는 돌과 금정산에 있는 돌은 어떻게 다른가?

2. 위의 궁금한 점 중에서 하나를 골라 자신의 해결 문제로 정하여 봅시다.

　— 금정산과 한라산의 전체적인 모습과 주변 환경은 어떻게 왜 다른가?

3. 문제가 생긴 원인을 생각하면서 자신이 택한 문제를 해결하기 위한 방법을 모두 써 보시오.

　— 금정산과 한라산의 지형도 탐색하기
　— 금정산과 한라산의 역사적 기록 조사하기
　— 우리나라의 화산 지형 조사하기

4. 위의 방법들 중 하나를 선택하여 해결하기 위한 실험계획을 세워 봅시다.

　1. 화산의 특징 및 화산 지형 이해하기(문헌 및 관련 자료 활용)
　2. 화산활동 후 달라진 지형의 모습 살펴보기 — 모형 화산 폭발 실험하기
　3. 화산활동으로 생성되는 암석 및 화산쇄설물 살펴보기
　4. 우리나라의 화산 및 화산 지형 알아보기
　5. 금정산과 제주도의 한라산 비교하기

5. 자신이 생각한 방법의 잘된 점과 개선해야 할 점을 써 봅시다.

【209 학생용 활동지】

아주 옛날에 제주도에는 어떤 일이……

〈금정산 정경〉

〈한라산 백록담 정경〉

광희는 부산 금정산 근처에 살고 있다. 주말이면 가족들과 등산을 자주 즐기곤 한다.
이번 여름방학에는 아빠의 특별 휴가 덕택에 제주도에 가게 되었는데, 한라산을 등반하면서
금정산과 많이 다른 모습에 신기하기도 하고 놀라기도 하였다. 산 정상에는 백록담이라는 호
수가 있고, 주변에는 짙은 빛깔의 돌들이 많이 있었다.

1. 위의 글과 그림을 보고 궁금한 것을 적어 보세요.

2. 위의 궁금한 점 중에서 하나를 골라 자신의 해결 문제로 정하여 봅시다.

3. 문제가 생긴 원인을 생각하면서 자신이 택한 문제를 해결하기 위한 방법을 모두 써 보시오.

4. 위의 방법들 중 하나를 선택하여 해결하기 위한 실험계획을 세워 봅시다.

5. 자신이 생각한 방법의 잘된 점과 개선해야 할 점을 써 봅시다.

210 싹트지 않는 열매

【210 교사용 안내자료】

1. 출제의도

과학의 발달로 인간이 편리해지는 만큼 어느 한 쪽의 생명체는 신음하고 있다. 나날이 심각해지는 환경문제를 인식하고 이를 해결하기 위한 방법을 과학적인 사고 속에서 찾을 수 있으며 생태계에 대한 관심을 유도하기 위한 문제이다. 서술한 답이 과학적 원리에 근거한 것인지, 조리 있게 전개되어 설득력이 있는지, 융통성 있게 사고하고 독창적이고 발산적인 아이디어를 풍부하게 만들어냈는지를 중심으로 평가한다.

2. 예상 정답

(1) 식물의 번식 방법 중에는 씨앗이 발아하기 위해서 반드시 먼저 동물의 소화관을 통과해야 하는 경우가 있다.

(2) 동물의 소화액이 원래 상태에서는 물이 흡수되지 못하게 하는 씨앗 껍질을 분해한다.

(3) 이 열매를 먹던 어떤 동물이 환경오염이나 사람들에 의해 멸종하게 되었을 것이다.

(4) 인위적인 방법으로 열매의 껍질을 동물처럼 분해하여 나무를 양식할 수도 있지만 경비나 노력, 성공하기 위한 연구 노력 등 현실성이 적다.

(5) 열매를 먹던 동물을 찾아내어 동물을 보호, 육성해야 하는데 이를 위해 사람들의 유입에 의한 환경오염을 막아야 한다.

〈평가내용과 척도표〉

▶ 모든 항목에서 과학적으로 타당하면서 기발하고 독창적인 아이디어를 제시한 답안에 대해 창의적 사고에 대해 가산점 2점 추가.

1) 문제 상황의 확인, 문제 발견하기

평가준거	상	중	하
학생은 처한 상황 속에서 그들이 해결해야 할 문제를 발견하고 바르게 진술할 수 있는가?	주어진 문제 상황(과제)과 문제해결이 어려운 점을 파악하여 문제 상황 속에서 진술한다. ※씨앗이 발아하지 않는다는 점과 동물이 줄어들고 있다는 내용이 모두 포함되어야 함. 예) 씨앗이 발아하지 않아 나무가 멸종될 위험이 있다는 것과 동물들이 줄어들고 있다.	주어진 문제 상황(과제)을 피상적으로 파악하여 진술한다. ※ 씨앗이 발아하지 않는다는 점과 동물이 줄어들고 있다는 내용 중 한 개만을 언급한다. 예1) 동물이 줄어들고 있다. 예2) 열매가 없어지고 있다.	문제를 바르게 파악하지 못하거나, 바르게 진술하지 못한다. ※ 씨앗이 발아하지 않는다는 점과 동물이 줄어들고 있다는 내용 어느 하나도 진술하지 못한다. 예1) 나무가 열매를 맺지 못한다.

2) 하위목표로의 분할

평가준거	상	중	하
학생은 자신이 파악한 문제를 해결하기 위하여 문제를 하위목표로 분할하여 나열할 수 있는가?	제시한 문제 중에서 자신의 문제로 명확히 제시하였다.	문제해결을 위해 해야 할 일을 파악하고 진술하나 구체적으로 분할하지 못한다.	문제 상황이나 앞 항목의 진술 내용을 재진술한 경우, 또는 관련이 없는 내용을 진술하거나, 모른다는 식의 부정적인 언급을 한다. 아무 진술도 하지 못하거나 주어진 자료의 여러 부분을 옮겨 적으며 횡설수설한다.

3) 문제해결과정의 구체화, 전략 선택, 전략 세우기

평가준거	상	중	하
학생은 하위목표의 달성을 위해 각 하위목표의 해결방법을 구체적으로 진술할 수 있는가?	문제의 원인을 생각하면서 다양하게 문제해결방법을 제시하였다.	문제해결방법보다는 과정을 진술하거나, 해결방법을 진술하나 구체적이지 못하다. 구체적으로 진술하나 자료 찾는 방법과 생활환경 조성 중 하나에 대한 것만을 진술한다.	관련 없는 내용을 진술하거나 무응답, 앞의 항목들의 재진술.

4) 창의적 사고력

(과학적으로 타당하면서 기발하고 독창적인 아이디어가 2개 이상인 경우, 2개부터 개 당 가산점 1점씩 추가. 특기사항에 기록)

▶ 모든 항목에서 과학적으로 타당하면서 기발하고 독창적인 아이디어를 제시한 답안에 대해 창의적 사고에 대해 가산점 2점 추가.

평가준거	상	중
문제해결을 다양한 각도에서 접근할 수 있는가?	씨앗의 발아에 관련된 요소를 다양하고 독창적이며, 과학적 개념에 비추어 그럴듯한 진술을 포함한다.	씨앗의 발아에 관련된 요소를 생각하나, 대부분의 학생들이 생각하는 요소와 같다.

5) 관련지식의 선정

평가준거	상	중	하
앞서 찾아낸 문제의 하위목표 달성을 위해 필요한 자료를 선별할 수 있는가?	주어진 자료로부터 직·간접적으로 식물의 생활환경에 대해 알아낼 수 있는 정보를 바르게 추출해 내어 진술한다.	주어진 자료로부터 식물에 대한 직접적인 정보만을 얻어낸다.	유용한 정보와 필요 없는 정보를 구분하지 않고 모두 선정하여 진술한다. 주어진 자료의 정보의 내용을 바르게 파악하지 못한다. 파악해낸 정보의 항목수가 너무 적다.(3개 이하)무응답

6) 관련지식의 도입

※ 특이하고 기발한 아이디어를 제안하고 이를 타당하게 진술한 경우, 한 등급 높여 줌. 이미 "상" 등급을 받은 경우는 아이디어 수에 따라 개당 가산점 1점 부여. 특기사항에 기록.

평가준거	상	중	하
선정한 자료를 문제해결을 위해 바르게 도입할 수 있는가?	앞항에서 선정한 직접·간접적인 자료들과 식물의 생활환경을 각 각 연결할 수 있으며, 유추를 통해 얻어낼 수 있는 간접적인 자료에 대해 바르게 해석한다.	앞항에서 선정한 자료들과 식물의 생활환경을 과학적으로 타당하게 연결하나 직접적인 정보만을 연결하고 유추를 통한 정보의 해석이 미흡하다.	앞항에서 선정한 자료들과 식물 생활환경의 연결이 타당하지 않다. 선정한 항목에 대한 설명에 있어서 상반된 내용이 있다. 제시된 식물의 구체적인 특징이라기보다는 일반적인 내용을 담고 있다. 지식과 그 적용이 명확하지 않고 동어 반복이다.

7) 문제해결 결과 평가하기(반성적 사고)

평가준거	상	중	하
초기 문제의 조건, 계획, 과정 등을 기준으로 문제해결의 결과를 분석적으로 평가하여 새로운 문제점을 지적하고 해결점을 찾아낼 수 있는가?	문제해결의 결과를 초기의 문제진술과 비교하면서 분석적으로 평가하여, 새로운 문제점을 지적하고 해결점을 찾아낸다.	문제의 결과를 초기 문제진술과 직접 비교하지는 않았지만 결과에 대해 초기 문제와 관련하여 구체적인 문제점을 지적한다.	문제의 결과에 대해 성공 여부만을 평가하여 만족, 또는 불만을 표시한다. 구체적인 지적을 하지 못하고 포괄적인 내용을 진술한다.

♥ 자기평가(반성적 사고) 서술부분에 대해

평가준거	상	중	하
자신의 수행 결과에 대해 돌이켜 생각하고 문제점을 지적할 수 있는가?	깊은 사고를 통한 자신의 모습을 구체적으로 돌이켜 반성함.	표면적인 모습에 대해서만 돌이켜 생각함. 자신의 구체적인 수행과정(행동)에 대해 돌이켜 생각함.	문제의 결과에 대해 성공 여부만을 평가하여 만족하거나 불만을 표시함. 자신의 수행 결과에 대해 만족, 혹은 불만족을 진술함.

♥동료평가－가장 열심히 한 친구로 선정받은 경우 1점 추가.

【210 학생용 활동지】

궁금이는 이번 방학 때 가족들과 삼촌이 사시는 남해의 작은 섬을 탐험하는 멋진 경험을 하였다.

도착한 첫 날, 섬에서 나는 무공해 재료로 만든 맛있는 식사 중 처음 보는 작은 열매를 맛보게 되었는데 초콜릿 맛도 조금 나고 새콤한 석류 맛 같기도 하여 무슨 열매인지 여쭈었더니 이름은 모르지만 옛날부터 먹어오던 특산품 열매인데 이제는 못 먹게 되었다고 한숨을 쉬셨다. 말씀을 들어보니 이 섬에서 가장 흔한 나무였는데 언제부턴가 다른 식물과 다르게 더 이상 번식하지 않고 있다는 것이다. 수백 그루의 나무에서 땅으로 씨앗이 떨어지지만 씨앗에서 싹이 트질 않아서 멸종할 것 같다고 걱정하셨다. 언젠가 서울의 식물을 연구하는 대학생이 조사를 하였는데 그 씨앗은 질병도 없고 곤충의 해도 없으며 땅도 문제가 없었다고 하였다.

단 이 섬이 점차 관광지로 알려지면서 동물들이 사라지고 있다고 하였다.

궁금이는 영재반 어린이로서 이 궁금한 현상을 해결하여 맛있는 이 열매가 영원히 나무에서 주렁주렁 매달리게 해야겠다고 다짐하였다.

1. 여러분은 위의 글에서 무엇이 궁금한지 생각나는 대로 적어 보시오.

2. 궁금이가 궁금해 하고 있는 문제를 적어 보시오.

3. 문제가 생긴 원인을 추리하면서 궁금한 것을 풀 수 있는 방법을 모두 써 보시오.

4. 궁금한 것을 해결하기 위한 현실적이고 구체적인 실험계획을 세워 보시오.

5. 자신이 생각한 방법의 좋은 점과 개선해야 할 점을 찾아 써 보시오.

211 갈라파고스 섬의 식물상

【211 교사용 안내서】

이 문제해결로의 접근은 에너지, 물질, 생명, 지구의 초등과학교육과정의 범위를 넘어 지리학적 지식까지 동원하여 유창성, 융통성, 독창성을 발휘하여야 할 것으로 본다.

이 문제는 초등학교 과학교육과정의 전 학년 전 영역의 배경지식을 활용하여 문제에 대한 민감한 통찰력으로 해결 문제를 파악하고 창의적으로 해결해나가기를 기대하고 있다.

제주도의 식물 수직 분포는 해발이 높아짐에 따라 기온이 낮아지는 대체로 수평적 식물 분포와 유사한 점을 보이고 있다. 반면 갈라파고스 제도 산타크루즈 섬의 경우에는 남극지방에서 흘러드는 한류(寒流)인 훔볼트 해류의 영향을 받아 해수면 근처의 기온이 높은 상공의 기온보다 낮으며 섬의 정상 근처가 기강수량도 더 많다. 따라서 제주도의 식물 수직 분포와는 대체적으로 반대의 경향을 보이는 것이다.

※ 과학 창의적 문제해결력과 창의성 평가 척도표

영역		문제해결력 평가관점	배점	창의성 평가요소	총점
문제 정 의 하 기	문제 제안	문제 상황을 보고 다양한 문제를 탐색하여 제시하였다.	2	유창성 독창성 융통성	
		문제를 탐색하여 제시하였으나 다양하지 못하였다.	1		
		문제 상황을 탐색하지 못하였다.	0		
	문제 선택	제시한 문제 중에서 자신의 문제로 명확히 제시하였다.	2	정교성 민감성	
		자신의 문제로 제시하였으나 명확하지 못하였다.	1		
		자신의 해결 문제로 제시하지 못하였다.	0		
	가설 설정	문제 상황을 보고 배경 지식을 활용하여 적절한 가설을 수립하였다.	2	민감성 정교성	
		가설은 수립하였으나 문제 상황과 적정성이 부족하였다.	1		
		전혀 다른 가설을 설정하였다.	0		
문제 해 결 하 기	해결책 찾기	문제의 원인을 생각하면서 다양하게 문제해결방법을 제시하였다.	2	유창성 독창성 융통성	
		문제해결방법을 제시하였으나 다양하지 못하였다.	1		
		문제해결방법을 제시하지 못하였다.	0		
	실험 계획 수립	제시한 해결책 중 선택한 문제를 해결하기 위한 실험방법, 조건통제 등 실험계획을 제시하였다.	2	정교성 융통성	
		문제를 선택하였으나 실험방법, 조건통제가 미흡하였다.	1		
		문제의 선택과 실험계획을 세우지 못하였다.	0		
	가설 검증	실험결과를 가설과 연결하여 논리적으로 검정하였다.	2	정교성	
		실험결과를 가설과 연결하였으나 논리적으로 허술하다.	1		
		가설을 검증하지 무하였다	0		
	자기 성찰	자신의 해결책을 되돌아보면서 잘된 점과 개선점을 찾아 제시하였다.	2	정교성 융통성	
		잘된 점과 개선점 중 한 가지를 찾아 제시하였다.	1		
		잘된 점과 개선점 모두 찾아 제시하지 못하였다.	0		

※ 부가점

유창성	개수에 따른 1점 가점	독창성	학급의 10% 이내 일 때 개당 2점
융통성	상호 관련되지 않을 때 2점	정교성	실질적 실현가능성에 개당 1점

【211 학생용 활동지】

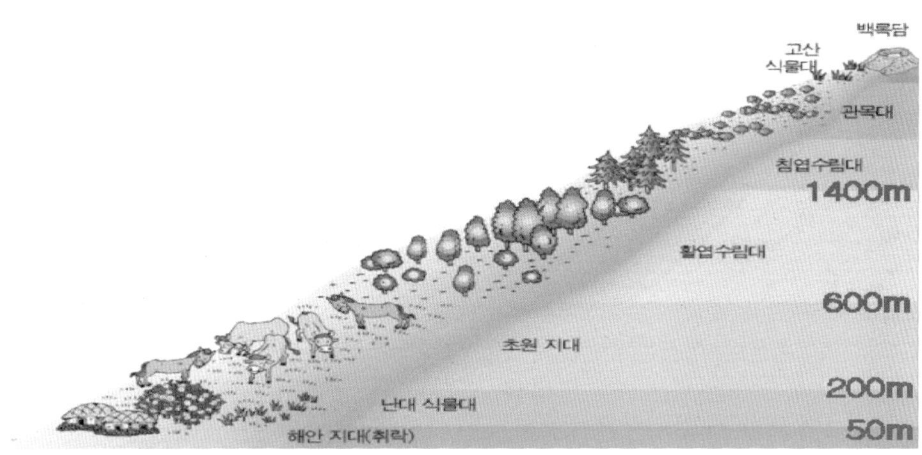

그림 1 한라산 식물의 수직 분포

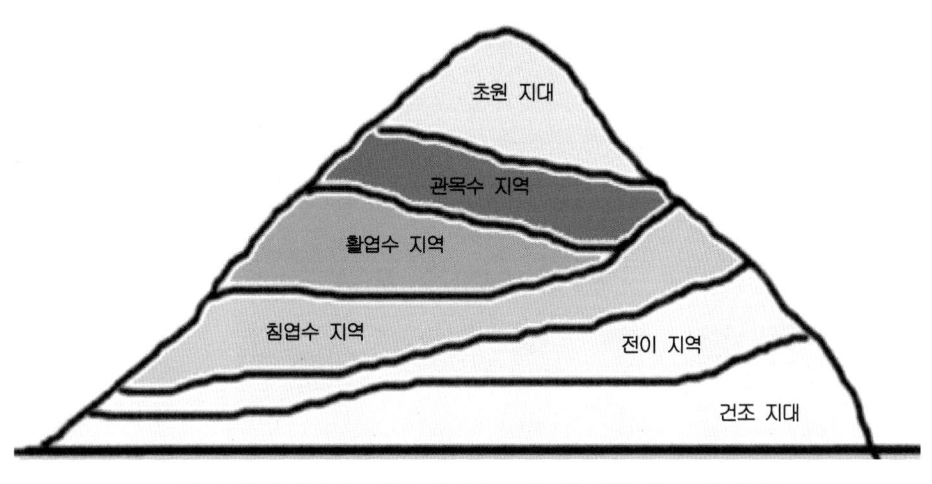

그림 2 갈라파고스 제도 산타크루즈 섬 식물의 수직 분포

영재는 TV를 시청하다가 흥미로운 사실 하나를 발견하였다. 적도 아래의 동태평양 상에 위치하는 화산섬인 갈라파고스 제도 산타크루즈 섬의 식물 분포이다. 같은 화산 섬인 제주도의 식물 수직 분포와는 무엇인가 다른 점이 있었다.

1. 위 현상을 보고 궁금한 점을 가능한 한 많이 적어주세요.(문제 제안)

2. 위의 궁금한 점 중에서 하나를 선택하여 자신의 연구문제로 정하여 봅시다.(문제 선택)

3. 왜 이런 현상이 생겼는지 원인을 생각하여 가설을 세워 봅시다.(가설설정)

4. 자신의 가설을 증명할 수 있는 방법을 모두 적어 보시오.(해결책 찾기)

5. 위 방법들 중 하나를 선택하여 이 현상을 설명할 수 있는 실험계획을 세워 봅시다.(실험계획 수립)

6. 자신의 방법대로 실험을 실시하여 보고 결과를 정리하여 봅시다.(가설검증)

7. 자신의 가설, 실험방법, 실험결과를 살펴보고 잘된 점과 보충해야 할 점을 써 봅시다.(자기 성찰)

212 공기 장난감 만들기

【212 교사용 안내자료】

1. 출제의도 및 해설

이 문제는 6학년 1학기 '기체의 성질' 단원에서 기체가 부피를 가지고 있음을 알고 학습한 내용을 응용하여 해결할 수 있는 문제로 이를 활용하여서 해결할 수 있는 것이다.
기체를 모으고 정확하게 부피를 구하는 방법을 생각해 보고 이를 이용하여 재미있는 장난감을 구상하여 보자.
이 문제는 정확하게 기체의 부피를 구하는 방법을 고안하는 것으로 탐구 설계 능력과 다양한 해결방법을 찾는 유창성, 다른 사람이 생각하지 못한 방법으로 생각할 수 있는 독창성 그리고 정교하게 해내는 정교성 또한 나아가 이를 이용하여 재미있는 장난감을 만들기를 통해 문제해결, 응용력까지 평가하기 위한 것이다.

2. 채점 기준

(1) 기체의 부피를 구하는 방법을 3가지 이상의 예를 들 수 있다.
(2) 그중 하나를 선택하여 기체의 부피를 정확히 재는 방법을 알고 설명할 수 있다.
(3) 기체의 부피와 관련된 재미있는 장난감을 구상.

10점: ①②③ 조건을 모두 만족
 8점: ①의 조건 중 1-2가지, ②③ 조건을 모두 만족
 6점: ①의 조건 중 1-2가지, ②③조건 중 하나는 꼭 만족 (②의 조건 바르지 못한
　　　설명, ③ 조건을 대충 구상)

4점: ①의 조건 중 1-2가지, ②의 조건 바르지 못한 설명 또는 ③ 조건을 대충
　　　구상(②③조건 중 하나만 만족)
2점: ①②③ 조건 중 한 가지만을 만족함
0점: ①②③ 조건을 모두 만족하지 못함

3. 예상 정답

〈공기의 부피 재는 방법〉

1. 피스톤을 잡아 당겨 공기를 채운 뒤 부피를 잰다.

　　 등……

※ 여기서는 다양한 방법을 제시하고 제시되어진 방법 중 가장 합리적인 방법을 하나 선정하고 그 이유를 설명하여야 한다.

〈공기의 부피를 이용하여 만든 장난감〉

1. 볼펜통과 같은 것을 이용하여 앞뒤를 꽉 막은 뒤 나무막대로 한쪽을 밀면 '펑'
　　소리와 같은 소리를 내며 총이 되어진다. (예: 감자딱총)

　　 등……

※ 공기의 부피를 이용한 장난감이어야 한다.(발명)

【212 학생용 활동지】

피스톤 안의 공기의 부피를 재어 보고 또 공기의 성질을 이용하여 재미있는 장난감을 만들어 보자!

1) 공기의 부피를 재는 방법에 대해 다양하게 적어 보자.

1

2

3

2) 그중 하나를 선택한 다음 그 이유를 설명하여 보아라.

선택번호

이유 :

3) 이때 공기의 성질 중 부피와 관련되어진 성질을 이용하여 장난감을 구상하여
   보아라.(그림과 글을 사용)

곰팡이

【213 교사용 안내서】

과학 창의적 문제해결력과 창의성 평가 척도표

영 역		문제해결력 평가관점	점수	창의성 평가요소	점수
문제 정의하기	다양한 문제 제안하기	문제 상황을 보고 다양한 문제를 탐색하여 제시하였다.	2	유창성 독창성	
		문제를 탐색하여 제시하였으나 다양하지 못하였다.	1		
		문제 상황을 탐색하지 못하였다.	0		
	적절한 탐구문제 선택하기	제시한 문제 중에서 자신의 문제로 명확히 제시하였다.	2	정교성	
		자신의 문제로 제시하였으나 명확하지 못하였다.	1		
		자신의 해결 문제로 제시하지 못하였다.	0		
문제 해결하기	해결책 생각하기	문제의 원인을 생각하면서 다양하게 문제해결방법을 제시하였다.	2	유창성 독창성 융통성	
		문제해결방법은 제시하였으나 다양하지 못하였다.	1		
		문제해결방법을 제시하지 못하였다.	0		
	실험계획 세우기	제시한 해결책 중 선택한 문제를 해결하기 위해 가설설정, 실험방법 등 실험계획을 제시하였다.	2	정교성 융통성	
		문제를 선택하였으나 가설설정과 실험방법이 미흡하였다.	1		
		문제의 선택과 실험계획을 세우지 못하였다.	0		
	해결방법 확인하기	자신의 해결책을 되돌아보면서 잘된 점과 개선점을 찾아 제시하였다.	2	정교성 융통성	
		잘된 점과 개선점 중 한 가지를 찾아 제시하였다.	1		
		잘된 점과 개선점 모두 찾아 제시하지 못하였다.	0		

【213 학생용 활동지】

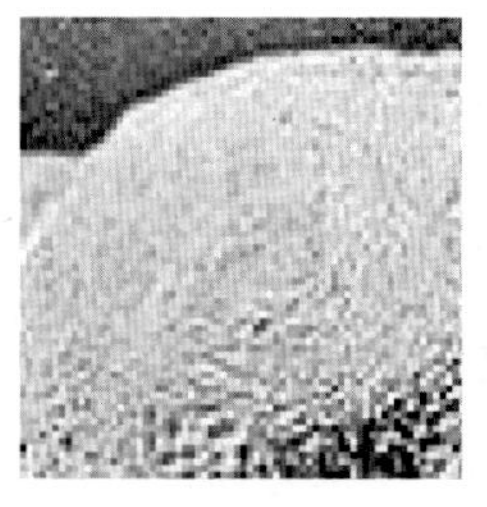  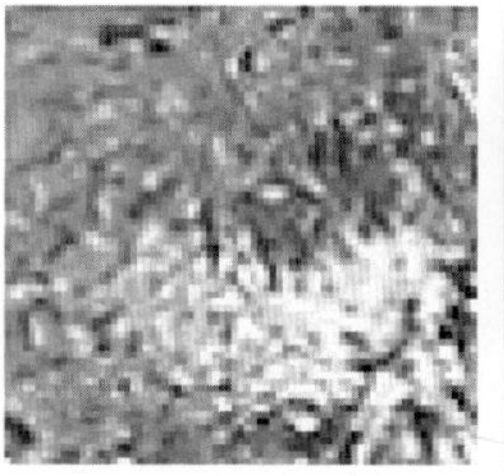 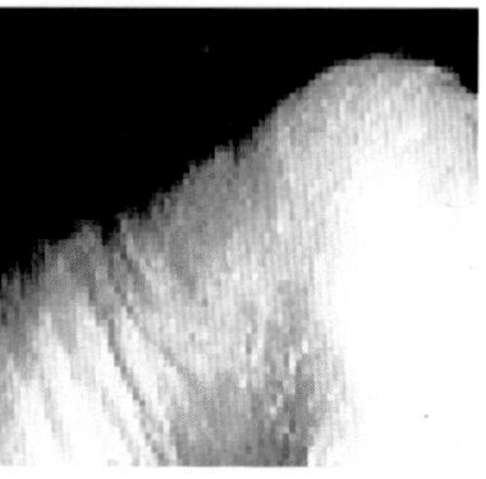

[귤에 핀 곰팡이]　　[감자에 핀 곰팡이]　　[메주에 핀 곰팡이]　　[발에 생긴 곰팡이]

준용이는 여름방학 동안 가족과 함께 여행을 다녀와서 보니, 뒤 베란다에 놓아두었던 감자와 귤이 위와 같이 변한 것을 보았다. 모든 창문을 닫아 두었는데 어디에서 어떻게 이런 것이 생겼는지 신기하기도 하였다. 갑자기 시골 마루에 매달려 있던 메주에서도 비슷한 모습을 본 것이 생각이 났다. 그때 옆에서 양말을 벗으시던 아버지께서 발가락이 가렵다고 무좀약을 찾으셨다.

1. 위의 글과 그림을 보고 궁금한 것을 적어 보세요.

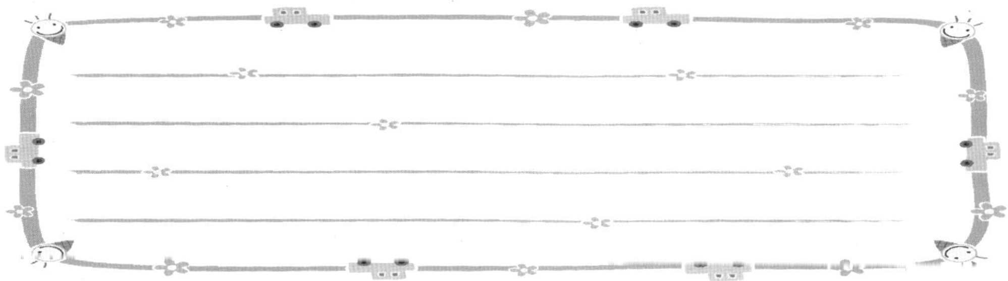

2. 위의 궁금한 점 중에서 하나를 골라 자신의 해결 문제로 정하여 봅시다.

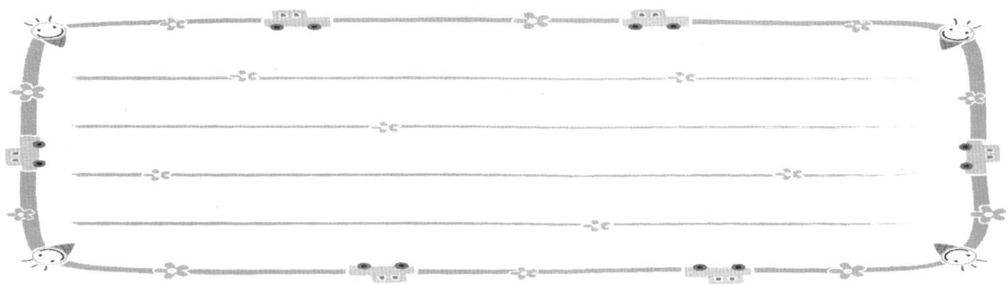

3. 문제가 생긴 원인을 생각하면서 자신이 택한 문제를 해결하기 위한 방법을 모두 써 보시오.

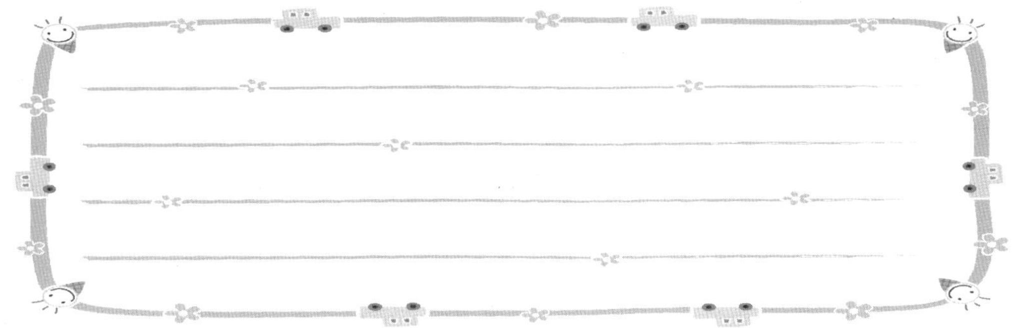

4. 위의 방법들 중 하나를 선택하여 해결하기 위한 실험계획을 세워 봅시다.

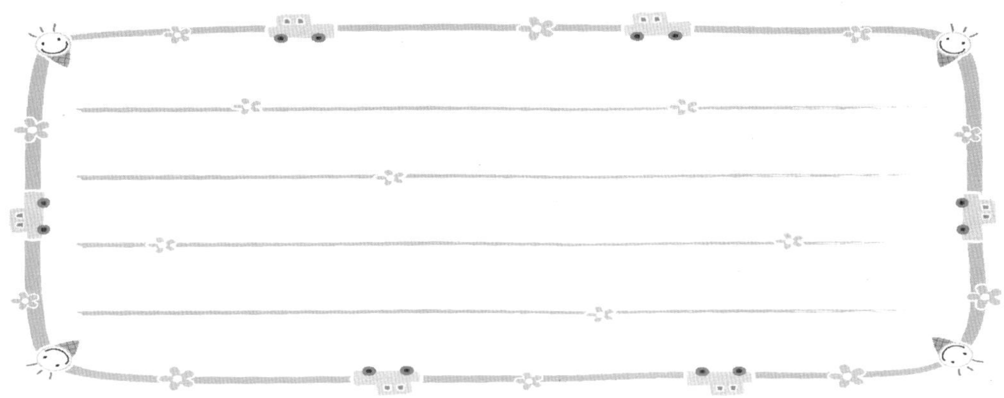

5. 자신이 생각한 방법의 잘된 점과 개선해야 할 점을 써 봅시다.

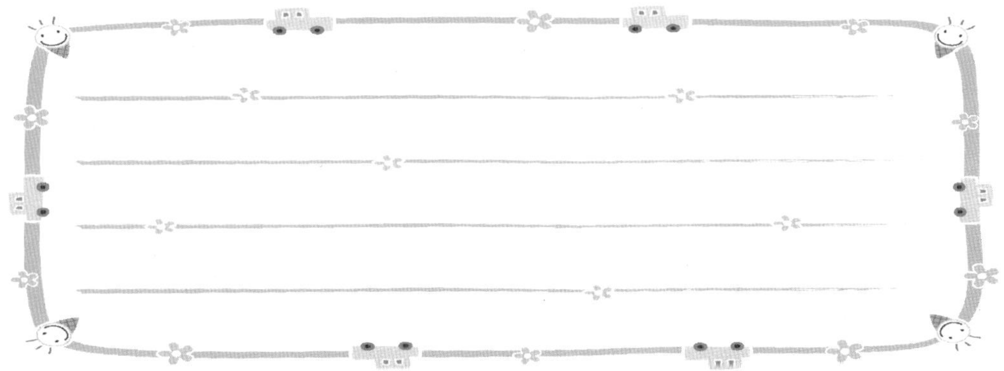

214 열대야 극복하기

이 문제는 4학년 1학기의 '액체의 성질', 4학년 2학기 '열에 의한 물체의 온도와 부피 변화' 단원에서 학습한 내용을 응용하여 해결할 수 있는 문제이나 에너지 등 다양한 분야의 과학적 지식이 요구되는 문제이다.

무더운 여름철 시원하게 밤을 보내는 방법에는 온도를 낮추는 방법과 바람을 이용한 방법이 제시된다. 온도를 낮추기 위한 여러 가지 방법은 액체의 증발이라는 과학적 개념과 관련이 되며, 바람을 이용한 방법에는 기체의 대류와도 관련이 있다.

이 문제는 에너지를 절약하면서도 온도를 낮추는 방법을 고안하는 것으로 풍부한 내용을 생각해 내는 유창성과 다른 사람이 생각하지 못한 방법을 구안하는 독창성, 그리고 얼마나 정교하게 구안하는가 하는 정교성을 평가하기 위한 것이다.

과학 창의적 문제해결력과 창의성 평가 척도표

영역		문제해결력 평가관점	점수	창의성 평가요소	점수
문제 정의 하기	다양한 문제 제안하기	문제 상황을 보고 다양한 개념과 원리를 탐색하여 제시하였다.	2	유창성 독창성	
		문제를 탐색하여 제시하였으나 다양하지 못했다.	1		
		문제 상황을 탐색하지 못했다.	0		
	적절한 탐구문제 선택하기	제시한 문제 중에서 자신의 문제로 명확히 제시하였다.	2	정교성	
		자신의 문제로 제시하였으나 명확하지 못했다.	1		
		자신의 해결 문제로 제시하지 못하였다.	0		
문제 해결 하기	해결책 생각하기	문제의 원인을 생각하면서 다양하게 문제해결방법을 제시하였다.	2	유창성 융통성 독창성	만점 10점
		문제해결방법을 제시하였으나 다양하지 못했다.	1		
		문제해결방법을 제시하지 못했다.	0		
	실험계획 세우기	제시한 해결책 중 선택한 문제를 해결하기 위해 가설설정, 실험방법 등 실험계획을 제시하였다.	2	정교성 융통성	
		문제를 선택하였으나 가설설정과 실험방법이 미흡하였다.	1		
		문제의 선택과 실험계획을 세우지 못하였다.	0		
	해결방법 확인하기	자신의 해결책을 되돌아보면서 잘된 점과 개선점을 찾아 제시하였다.	2	정교성 융통성	
		잘된 점과 개선점 중 한 가지를 찾아 제시하였다.	1		
		잘된 점과 개선점 모두 찾아 제시하지 못하였다.	0		

창의적 평가도구 채점 기준표

영역		창의성 평가요소	모범답안
문제 정의 하기	다양한 문제 제안하기	유창성 독창성	밤과 낮의 온도 변화, 온도, 증발, 에너지, 기화, 흡수, 지열, 태양의 복사에너지 등.
	적절한 탐구문제 선택하기	정교성	열대야의 밤을 에너지를 절약하면서 시원하게 보낼 수 있는 방법은 무엇인가?
			에너지소비 없이 온도를 낮출 수 있는 방법은 무엇인가?
			밤에도 온도가 높은 이유는 무엇인가?
문제 해결 하기	해결책 생각하기	유창성 융통성 독창성	마당에 물을 뿌린다. −물이 증발되면서 열에너지를 흡수하 여 시원해짐.
			선풍기 뒤에 물이 묻은 망을 설치한다. −물이 증발되면서 열에너지를 흡수하여 시원해짐.
			낮 시간 동안 그늘져 있던 곳으로 간다. −태양 복사에너지 를 적게 받아 지온이 낮다.
			집안의 앞뒤 창문을 연다. −바람이 잘 통하게 한다.
			입자 크기가 크고 성긴 천으로 된 요를 깔고 잔다. −바람이 통하면서 땀의 증발 도움.
			땀의 흡수가 잘되는 천으로 된 요를 깔고 잔다. −땀의 증발
			창문의 높이를 다르게 하여 연다. −찬 공기는 아래로 오고 따뜻한 공기는 위로 나간다.
	실험계획 세우기	정교성 융통성	예) 입자의 크기가 크고 성긴 천과 입자의 크기가 작고 조밀 한 천의 증발량에 대한 실험이 통제변인이 뚜렷하며 실험계 획이 구체적이며 실현가능할 것.
	해결방법 확인하기	정교성 융통성	예) 실제 실험을 통해 나타난 결과(추리된 결과)가 효과적이 고 과학적 원리가 나타날 것.

【214 학생용 활동지】

무더위가 계속되는 여름철. 해가 있는 낮 시간뿐 아니라 밤에도 기온이 25도씨가 넘는 열대야 현상으로 잠을 설치게 되는 경우가 많다. 에어컨을 켜면 시원하겠지만 에너지자원이 부족한 우리나라에서는 밤에라도 에어컨을 사용을 자제하여 에너지절약을 해야 한다.

1. 위 문제에서 끌어낼 수 있는 과학적 개념 및 원리를 생각해 보세요.

2. 위의 과학적 개념 및 원리 중에서 <u>열대야를 시원하게 보내는 것과 관련된 것</u> 중에서 하나를 골라 자신의 해결 문제로 정하여 봅시다.

3. 문제가 생긴 원인을 생각하면서 자신이 택한 문제를 <u>과학적 원리를 이용하여</u> 해결하기 위한 방법을 모두 써 보세요.

4. 위의 방법 중 하나를 선택하여 해결하기 위한 실험계획을 세워 봅시다. 혹은 자신이 택한 해결방안이 효과적인지를 증명하기 위한 실험계획을 세워 봅시다.

5. 자신이 생각한 방법의 잘된 점과 개선해야 할 점을 써 봅시다.

【215 교사용 안내서】

환경오염의 피해가 현실로 드러나 진행되고 있는 투발루의 예를 통해 환경오염문제의 심각성을 인지하고 이에 따른 좀 더 구체적이고 현실적인 방안을 탐구해 보는 데 그 목적이 있다. 따라서 추상적인 문제해결책 제시보다는 문제의 원인이 무엇인지, 또 그러한 원인에 따른 파급되는 환경오염의 단계를 탐색해 보는 데 그 의의가 있다. '지구 온난화의 원인은 무엇인가?', '왜 토양이 염분화되면 농사를 짓지 못할까?', '해수면의 상승원인은 무엇인가?', '투발루 국민을 위해 할 수 있는 최선의 방법은 무엇일까?' 등 다양한 문제 제시 후 이를 해결하기 위한 탐구문제 도출과 함께 결과가 일어나게 된 원인을 단계적으로 탐색하여 유추할 수 있도록 하는 데 그 목적이 있다.

[채점 기준]

영역		문제해결력 평가관점	점수
문제 정의하기	다양한 문제 세안하기	문제 상황을 보고 다양한 문제를 탐색하여 제시하였다.	
	적절한 탐구문제 선택하기	제시한 문제 중에서 자신의 문제로 명확히 제시하였다.	
문제 해결하기	탐구계획 세우기	문제를 해결하기 위한 원인 탐색을 단계적으로 계획하였다.	
	탐색 결과 정리	탐색된 결과를 파급효과에 맞게 정리하였다.	
	해결방법 확인하기	문제의 원인에 따른 해결방법을 제시하였다.	

【215 학생용 활동지】

다음은 신문에 실린 기사의 일부입니다.

지구 온난화로 인한 해수면 상승으로 사라질 위기에 처한 남태평양의 산호섬 '투발루'를 KBS 1TV 특파원 현장보고 세계를 가다 '팀이 화면에 담았다.

8개의 유인도 란 뜻의 투발로는 현재 2개의 섬이 바다 아래 잠겨 6개의 섬만 남아 있는 상황. 그마저도 매년 2월이면 국토의 3분의 1이 침수돼 섬 곳곳은 사람이 살 수 없다. 투발루에서 가장 안전한 곳이 수도 푸나푸티의 해발 5미터 언덕이라는 사실은 투발루가 처한 위기를 짐작케 한다.

높아져 가는 해수면은 투발루 국민들의 일상을 위협한다. 마을 지하수는 염도가 높아 마실 수 없고 토양이 염분화되면서 농사는 엄두를 내지 못하고 있다.

이런 상황에서 지난 2000년 투발루 국무총리는 "해수면 상승으로 나라가 없어질 것에 대비해 새 이주지를 찾는다"고 호소하기도 했다. 다행히 2002년부터 해마다 75명씩 난민들을 뉴질랜드로 이주시키는 프로젝트가 진행되고 있다. 하지만 남아 있는 1만여 명의 사람들은 언제 닥칠지 모르는 침수로 위태로운 생활을 하고 있다.

선진국들의 무분별한 에너지 소비가 낳은 환경재난으로 위기에 처한 남태평양 섬나라 투발루. 그 비극적인 현장을 보고한다.

1. 위의 글을 읽고 궁금한 것을 적어 보세요.

2. 위의 궁금한 점 중에서 하나를 골라 자신의 해결 문제로 정하여 봅시다.

3. 문제가 생긴 원인을 밝히기 위한 탐구계획을 세워 봅시다.

4. 최종 문제가 발생하게 된 원인을 단계적으로 그 이유와 함께 정리해 봅시다.

5. 자신이 생각한 해결방법을 써 봅시다.

6. 자신이 생각한 방법의 잘된 점과 개선해야 할 점을 써 봅시다.

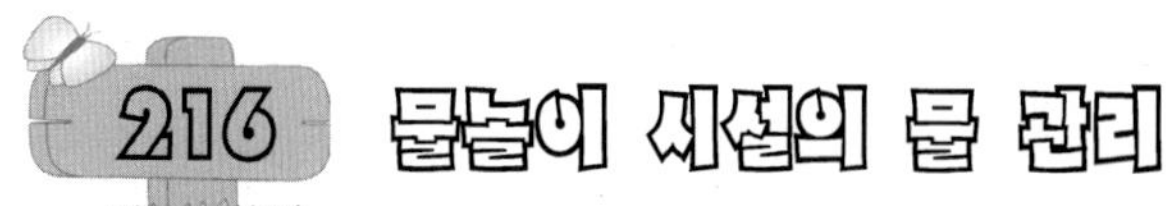

【216 교사용 안내서】

영역		문제해결력 평가관점	점수	창의성 평가요소	점수
문제 정의 하기	다양한 문제 제안하기	문제 상황을 보고 다양한 문제를 탐색하여 제시하였다.	2	유창성 독창성	
		문제를 탐색하여 제시하였으나 다양하지 못하였다.	1		
		문제 상황을 탐색하지 못하였다.	0		
	적절한 탐구문제 선택하기	제시한 문제 중에서 자신의 문제로 명확히 제시하였다.	2	정교성	
		자신의 문제로 제시하였으나 명확하지 못하였다.	1		
		자신이 해결 문제로 제시하지 못하였다.	0		
문제 해결 하기	해결책 생각하거	문제의 원인을 생각하면서 다양하게 문제해결방법을 제시하였다.	2	유창성 독창성 융통성	
		문제해결방법을 제시하였으나 다양하지 못하였다.	1		
		문제해결방법을 제시하지 못하였다.	0		
	실험계획 세우기	제시한 해결책 중 선택한 문제를 해결하기 위해 가설설정, 실험방법 등 실험계획을 제시하였다.	2	정교성 융통성	
		문제를 선택하였으나 가설설정과 실험방법이 미흡하였다.	1		
		문제의 선택과 실험계획을 세우지 못하였다.	0		
	해결방법 확인하기	자신의 해결책을 되돌아보면서 잘된 점과 개선점을 찾아 제시하였다.	2	정교성 융통성	
		잘된 점과 개선점 중 한 가지를 찾아 제시하였다.	1		
		잘된 점과 개선점 모두 찾아 제시하지 못하였다.	0		

1. 태양열을 이용한다.

— 여름에는 태양열이 넘쳐흐르기 때문에 태양열로 물을 살균 소독하면 좋을 듯^v^

2. 탈수 시간 같은 것을 만들어 사람이 들어오지 않는 휴일 밤, 점심시간, 아침에 물의 1/4 정도를 빼고 소독된 물을 다시 1/4 넣는 방법을 사용한다.

─좀 물이 아깝긴 하죠.

3. 수영장 바닥의 재질을 불순물 흡착물질로 만든다.

─이런 물질을 활성탄이라고 하던가요? 편하고 좋긴 하지만 이런 흡착물질도 교체 해야 하기 때문에 언젠가는 물을 다 빼야 합니다.

4. 그냥 일반 수돗물을 사용한다.

─제일 간편하긴 하지만 수도세가 엄청 나가겠죠.

5. 소독 약품을 투입한다.

─사람에게도 나쁠 수 있습니다. 며칠간 방치해서 소독약 성분을 줄여야 합니다.

6. 초음파, 자외선, 방사선 등으로 소독 처리한다.

─큰 덩어리는 제거하지 못합니다.

7. 오존처리한다.

─오존은 살균 능력이 아주 뛰어나다고 알려져 있습니다. 그러나 큰 덩어리는 제거 못합니다.

8. 숯 필터를 쓴다.

─숯은 살균, 소독, 미세 물질 흡착, 냄새 제거에 매우 뛰어나고 인체에 무해합니다. 그 러나 수영장 입장료가 아주 비싸질 겁니다. 그리고 수영장에 숯가루가 둥둥……

9. 고온처리한다.

─고온으로 팔팔 끓이면 어느 정도 세균은 사라집니다. 그러나 일부 세균들은 살아 남습니다.

10. 은나노 분말을 사용한다.

－은은 살균 능력이 탁월합니다. 독성 물질과 섞이면 검은 색으로 변한다고 하네요. 그래서 임금님 수저에 쓰였기도 했습니다.

11. 미생물을 이용한다.

－어떤 미생물은 쓰레기를 분해하고 나쁜 물질을 없애준다고 하네요. 그런데 나중엔 이 미생물을 또 없애기 위해 다른 살균 작업을 해야 한다는 것입니다.

【216 학생용 활동지】

매년 피서철이 돌아오면 많은 사람들이 시원한 물을 찾아 바다로 떠납니다. 하지만 요즘에는 곳곳에 물놀이 시설이 있어 굳이 바다에 가지 않아도 파도를 맞으며 물놀이를 즐길 수 있습니다. 게다가 이들 대부분은 실내 물놀이 시설도 갖추고 있기 때문에 계절에 얽매이지 않습니다. 이런 물놀이 시설에 깨끗한 물을 공급하고 유지하는 일은 대단히 중요합니다.

1) 위의 글과 그림을 보고 발생될 수 있는 일들을 적어 봅시다.

____

____

____

2) 물놀이 시설의 물을 깨끗하게 관리할 수 있는 방법에는 어떤 것이 있을까요?
물을 공급하는 방법부터 사용한 물을 다시 깨끗하게 만들 수 있는 방법까지 다양하게 생각해서 써 보세요.

____

____

____

3) 물의 오염 원인을 생각하면서 자신이 생각한 물을 깨끗이 할 수 있는 방법 중 하나를 선택해서 구체적인 해결방법을 찾아보세요.

____

____

____

____

4) 위의 방법들 중 하나를 선택하여 해결하기 위한 실험계획을 세워 보세요.

____

____

____

____

5) 자신이 생각한 방법의 잘된 점과 개선해야 할 점을 써 보시오.

____

____

____

____

217 미래의 가방

【217 교사용 안내서】

1. 가방에 관한 내용은 인터넷이나 참고서적 등을 이용하여 얻은 자료를 활용하여 한다. 여러분이 조사한 인터넷 자료는 그대로 사용하지 말고 반드시 자신의 글로 바꾸고 설명을 포함시켜 친구들이 쉽게 이해할 수 있도록 한다.

2. 새로운 가방을 제안하는 데에는 다음과 같은 내용이 포함되어야 한다.
(1) 새롭게 제안하는 가방의 모양과 기능을 기술하고 기존 가방과의 차이점을 설명한다.
(2) 자기가 제안하는 아이디어를 시각적으로 설명하며, 창의적인 부분이 돋보이도록 구성한다.
(3) 새롭게 제안하는 가방이 미래 사회의 우리 인간들의 생활에 어떤 영향을 주게 될지 설명한다.

3. 여러분이 확인하거나 조사한 인터넷 사이트의 주소는 반드시 문서에 기록되어야 힌다.

4. 여러분이 설명한 내용은 초등학교에 다니는 친구가 잘 이해할 수 있을 정도로 쉬운 단어를 사용해야 한다.

5. 보고서를 작성할 경우, 그림이나 도표를 사용하여 한눈에 알아보기 쉽도록 한다.

과학 창의적 문제해결력과 창의성 평가 척도표

영역		문제해결력 평가관점	점수	창의성 평가요소	점수
문제 정의 하기	다양한 문제 제안하기	문제 상황을 보고 다양한 문제를 탐색하여 제시하였다.	2	독창성	
		문제를 탐색하여 제시하였으나 다양하지 못하였다.	1		
		문제 상황을 탐색하지 못하였다.	0		
	적절한 탐구문제 선택하기	제시한 문제 중에서 자신의 문제로 명확히 제시하였다.	2	정교성	
		자신의 문제로 제시하였으나 명확하지 못하였다.	1		
		자신의 해결 문제로 제시하지 못하였다.	0		
문제 해결 하기	해결책 생각하기	문제의 원인을 생각하면서 다양하게 문제해결방법을 제시하였다.	2	유창성 융통성	
		문제해결방법을 제시하였으나 다양하지 못하였다.	1		
		문제해결방법을 제시하지 못하였다.	0		
	실험계획 세우기	제시한 해결책 중 선택한 문제를 해결하기 위해 가설설정, 실험방법 등 실험계획을 제시하였다.	2	정교성	
		문제를 선택하였으나 가설설정과 실험방법이 미흡하였다.	1		
		문제의 선택과 실험계획을 세우지 못하였다.	0		
	해결방법 확인하기	자신의 해결책을 되돌아보면서 잘된 점과 개선점을 찾아 제시하였다.	2	융통성 정교성	
		잘된 점과 개선점 중 한 가지를 찾아 제시하였다.	1		
		잘된 점과 개선 점 모두 찾아 제시하지 못하였다.	0		

【217 학생용 활동지】

수렵과 어로, 채취 생활을 하면서 식량을 자급자족(自給自足) 하였던 원시사회(原始社會)에는 사냥물을 찾아 주거(住居)를 이동하였으며, 사냥한 장소에서 즉시 음식물을 섭취하였고 장기간 보존하거나 운반할 필요가 없었다. 그 후로 점차 조직적인 생활을 하게 되면서 기상 이변이나 자연 재해 등에 대비하여 식량을 운반하거나 저장할 필요가 생겨났고, 이로 인하여 사냥 자루나 부대와 유사한 형태를 지닌 것을 만들어 운반 및 저장을 하였던 것으로 추론된다. 원시시대에는 이러한 이동 및 저장을 위하여 식물의 줄기나 동물의 뼈를 이용하여 자루와 비슷한 것을 만들었고, 이것이 시간이 지나면서 점차 일정한 형태를 유지하게 되었다.

1. 위의 글을 읽고 가방의 변천과정을 정리해 보시오.

2. 미래에는 현재 쓰이는 가방이 어떻게 발달해 갈지 예측해보고, 현재 쓰이는 가방과 비교하여 보시오.

3. 새로운 가방을 디자인하고 그 기능을 설명하시오.

4. 새로운 가방을 디자인하기 위한 실험계획을 세워 보시오.

5. 자신이 생각한 방법의 잘된 점과 개선해야 할 점을 써 보시오.

【218 교사용 안내서】

이 문제는 문명이 발달하고 인간 활동이 증가함에 따라 여러 가지 공해 물질이 배출되고 있으며 환경오염의 문제는 우리나라뿐만 아니라 21세기 전 세계의 문제로 떠오르고 있다. 이런 점에서 영재교육에 있어서 환경교육을 생각해보면 지적측면 못지않게 실천중심, 생활중심, 체험중심의 평가가 필요하다. 환경오염을 막을 수 있는 실천적, 독창적 아이디어를 스스로 생각해보고 실생활에 유용하게 활용할 수 있는 유창성, 융통성, 정교성을 평가하기 위한 것이다.

[채점 기준]

영역		문제해결력 평가관점	점수	창의적 평가요소	점수
문제정의하기	다양한 문제 제안하기	문제 상황을 보고 다양한 문제를 탐색하여 제시하였다.	2	유창성 독창성	
		문제를 탐색하여 제시하였으나 다양하지 못하였다.	1		
		문제 상황을 탐색하지 못하였다.	0		
	적절한 탐구문제 선택하기	제시한 문제 중에서 자신의 문제로 명확히 제시하였다.	2	정교성	
		자신의 문제로 제시하였으나 명확하지 못하였다.	1		
		자신의 해결 문제로 제시하지 못하였다.	0		
문제해결하기	해결책 생각하기	문제의 원인을 생각하면서 다양하게 문제해결방법을 제시하였다.	2	유창성 독창성 융통성	*
		문제해결방법을 제시하였으나 다양하지 못하였다.	1		
		문제해결방법을 제시하지 못하였다.	0		
	실험계획 세우기	제시한 해결책 중 선택한 문제를 해결하기 위해 가설설정, 실험방법 등 실험계획을 제시하였다.	2	정교성 융통성	
		문제를 선택하였으나 가설설정과 실험방법이 미흡하였다.	1		
		문제의 선택과 실험계획을 세우지 못하였다.	0		
	해결방법 확인하기	자신의 해결책을 되돌아보면서 잘된 점과 개선점을 찾아 제시하였다.	2	정교성 융통성	
		잘된 점과 개선점 중 한 가지를 찾아 제시하였다.	1		
		잘된 점과 개선점 모두 찾아 제시하지 못하였다.	0		

* 유창성: 아이디어의 개수마다 1점씩 추가
  유통성: 상호 관련되지 않은 아이디어를 관련시켰을 때 2점씩 추가
  독창성: 전체 학급의 5% 이내의 학생이 같은 아이디어를 냈을 때 아이디어 하나당 2점씩 추가
  성교성: 선정한 아이디어에 대해 실질적이고 실현가능한 살을 붙였을 때 1점씩 추가

【218 학생용 활동지】

　　의준이는 아버지와 함께 올해로 11회를 맞이하는 부산환경한마당에 참가하였다. 부산광역시와 부산광역시교육청 후원으로 미건됐으며 디앙한 환경 체험할동괴 환경오염 관련 사진들이 전시되어 있었다.
　　이날 학생들과 학부모들은 시청 앞 거리에서 가두 환경보전 캠페인을 벌이는 한편 부산청소년의 거리에서 개회식을 갖고 다양한 환경보전 행사를 가졌다.

1. 위의 글과 그림을 보고 어떤 문제점이 있는지 이야기 써 보세요.

____

____

____

2. 그 문제점들 중에서 하나를 골라 해결 문제로 정해 봅시다.

____

____

____

____

3. 자기가 정한 환경오염의 원인을 생각하면서 오염을 해결하기 위한 여러 가지 아이디어를 내어 봅시다.

____

____

____

____

____

4. 위의 아이디어 중에서 우리가 실천할 수 있는 아이디어를 골라 실천 계획을 세워 봅시다.

____

____

____

____

____

5. 자신이 생각한 방법의 잘된 점과 실천 시 고려해야 할 점을 써 봅시다.

____

____

____

____

219 좌우가 바뀌지 않는 거울을 만들 수 있을까?

【219 교사용 안내서】

1. 관련 단원

5학년 1학기 1. 거울과 렌즈

2. 출제의도

7차 교육과정에 새롭게 도입된 '거울과 렌즈' 단원은 쉽게 일상생활 속에서 자주 접하고 있는 자연현상일 뿐만 아니라 빛의 성질에 관한 추론과 함께 공간적·인과적 관계를 고려해야 하므로 초등학교 과학실험을 통해서 배웠지만 학생들이 과학적 개념을 갖기가 어려운 현상 중의 하나이다.

이 문항의 내용은 '거울과 렌즈' 단원에서 학습한 평면거울과 빛의 특성을 연결하고 추론하여 좌우가 바뀌지 않는 거울을 만드는 방법을 고안하는 것으로 탐구 설계 능력과 다른 사람이 생각하지 못한 방법으로 설계할 수 있는 독창성 그리고 설계를 정교하게 해내는 정교성을 평가하기 위한 것이다.

3. 과학 창의적 문제해결력과 창의성 평가 척도표

영역		문제해결력 평가관점	점수	창의성 평가요소	비고
문제 정의 하기	다양한 문제 제안하기	문제 상황을 보고 다양한 문제를 탐색하여 제시하였다.	2	유창성 독창성	
		문제를 탐색하여 제시하였으나 다양하지 못하였다.	1		
		문제 상황을 탐색하지 못하였다.	0		
	적절한 탐구문제 선택하기	문제 상황 속에서 해결해야 할 문제를 발견하고 바르게 진술하였다.	2	정교성	
		문제 상황 속에서 해결해야 할 문제를 발견하였으나 명확하지 못하였다.	1		
		문제 상황 속에서 문제를 발견하지 못하였다.	0		
문제 해결 하기	해결책 생각하기	거울에 의한 빛의 원리를 이해하면서 다양한 문제해결방법을 제시하였다.	2	유창성 독창성 융통성	
		문제해결방법을 제시하였으나 다양하지 못하였다.	1		
		문제해결방법을 제시하지 못하였다.	0		
	실험계획 세우기	제시한 해결책 중 선택한 문제를 해결하기 위한 실험계획을 잘 세웠다.	2	정교성 융통성	
		문제를 선택하였으나 실험계획이 미흡하였다.	1		
		문제의 선택과 실험계획을 세우지 못하였다.	0		
	해결방법 확인하기	자신의 해결책을 되돌아보면서 잘된 점과 개선점을 찾아 제시하였다.	2	정교성 융통성	
		잘된 점과 개선점 중 한 가지를 찾아 제시하였다.	1		
		잘된 점과 개선점 모두 찾아 제시하지 못하였다.	0		

※ 유창성: 아이디어의 개수마다 1점씩 추가
　융통성: 상호 관련되지 않은 아이디어를 관련시켰을 때 1점씩 추가
　독창성: 전체 학급의 5% 이내의 학생이 같은 아이디어를 냈을 때 아이디어 하나당 2점씩 추가
　정교성: 선정한 아이디어에 대해 실질적이고 실현가능한 내용을 붙였을 때 2점씩 추가

4. 예상 정답

(1) 2장의 거울을 준비한다.

(2) 2장의 거울을 직각으로 세우고 앞면은 투명 유리를 붙여 이루어진 삼각기둥에 물을 채워 넣는다.

(3) 거울에 반사된 것을 다시 한번 반사하면 원래의 모습이 되는 원리를 이용한다.

※ 채워 넣은 물은 거울과 거울의 이음새를 지워주고 영상을 뚜렷이 만드는 역할을 함.

5. 참고자료

좌우가 바뀌지 않은 거울은 보통 거울 2개를 직각으로 마주 댄 뒤 그 앞에 투명 유리를 끼운 삼각기둥 형태로 만들면 된다. 이것은 바르게 비치는 거울이란 뜻으로 '정영경(正映鏡)'이라고 부른다. 정영경은 화장을 하거나 옷을 입을 때 또는 야구 선수가 스윙자세를 점검하는 데 유용하게 쓰일 수 있다.

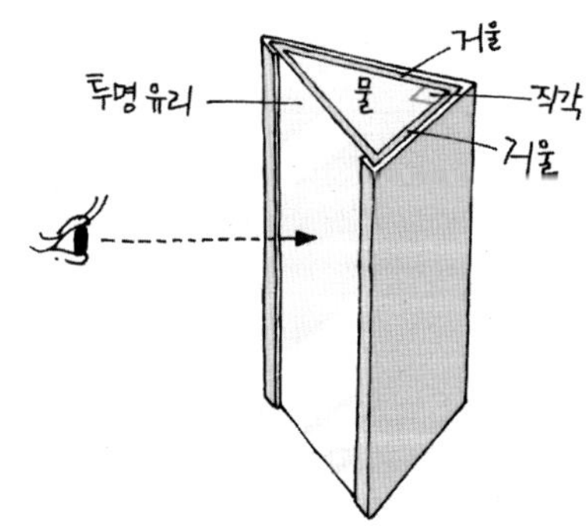

정영경: 좌우가 바뀌지 않는 거울

【219 학생용 활동지】

　거울에 내 모습을 비추면 나와 모습은 똑같지만 좌우가 바뀌어 있다. 거울 앞에서 오른 손을 올리면 거울 속의 나는 왼손을 올리고, 왼손을 올리면 거울 속의 나는 오른손을 올린다.

1. 위의 글과 그림을 보고 궁금한 것을 적어 보세요.

2. 위의 궁금한 점 중에서 하나를 골라 자신의 해결 문제로 정하여 봅시다.

3. 문제가 생긴 원인을 생각하면서 자신이 택한 문제를 해결하기 위한 방법을 모두 써 보시오.

4. 위의 방법들 중 하나를 선택하여 해결하기 위한 실험계획을 세워 봅시다.

5. 자신이 생각한 방법의 잘된 점과 개선해야 할 점을 써 봅시다.

【220 교사용 안내서】

과학 창의적 문제해결력과 창의성 평가 척도표

영역		문제해결력 평가관점	점수	창의성 평가요소
문제정의하기	다양한 문제 제안하기	문제 상황을 보고, 다양한 문제를 탐색하여 제시하였다.	2	유창성 독창성
		문제를 탐색하여 제시했으나, 다양하지 못했다.	1	
		문제 상황을 탐색하지 못하였다.	0	
	적절한 탐구문제 선택하기	제시한 문제 중에서 자신의 문제로 명확히 제시하였다.	2	정교성
		자신의 문제로 제시하였으나 명확하지 못하였다.	1	
		자신의 해결 문제로 제시하지 못하였다.	0	
문제해결하기	해결책 생각하기	문제의 원인을 생각하면서 다양하게 문제해결방법을 제시하였다.	2	유연성 독창성 융통성
		문제해결방법을 제시하였으나 다양하지 못하였다.	1	
		문제해결방법을 제시하지 못하였다.	0	
	실험계획 세우기	제시한 해결책 중 선택한 문제를 해결하기 위해 가설설정, 실험방법 등 실험계획을 제시하였다.	2	정교성 융통성
		문제를 선택하였으나 가설설정과 실험방법이 미흡하였다.	1	
		문제의 선택과 실험계획을 세우지 못하였다.	0	
	해결방법 확인하기	자신의 해결책을 되돌아보면서 잘된 점과 개선점을 찾아 제시하였다.	2	정교성 융통성
		잘된 점과 개선점 중 한 가지를 찾아 제시하였다.	1	
		잘된 점과 개선점 모두 찾아 제시하지 못하였다.	0	

【220 학생용 활동지】

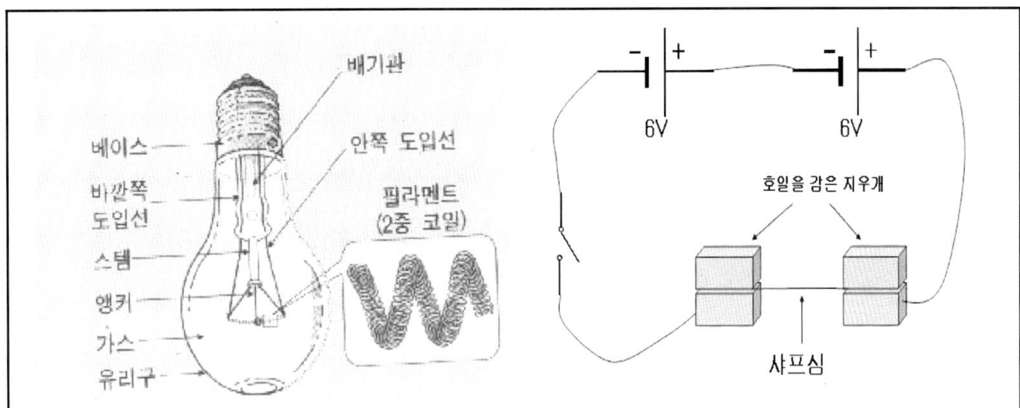

(그림 1) 백열등의 구조   (그림 2) 샤프심 전구 실험 회로

진영이는 학교에서 전구와 전기회로에 대한 실험을 했습니다.

실험하기 전에 선생님으로부터 위의 두 가지 그림을 받았고, 선생님께서는 그림을 자세히 살펴보고 발생할 수 있는 문제에 대해 고민해 보라고 하셨습니다.

1. 위의 그림을 보고 궁금한 것을 적어 보세요.

2. 위의 궁금한 점 중에서 하나를 골라 자신의 해결 문제로 정해 보세요.

3. 문제가 생긴 원인을 생각하면서 자신이 택한 문제를 해결하기 위한 방법을 모두 써 보세요.

4. 위의 방법들 중에서 하나를 선택하여 해결하기 위한 실험계획을 세워 보세요.

5. 자신이 생각한 방법의 잘된 점과 개선해야 할 점을 써 보세요.

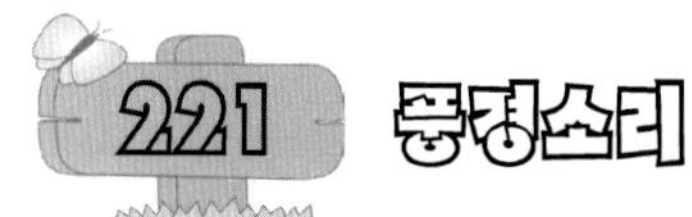

【221 교사용 안내서】

이 문제는 5학년 2학기 8단원. '에너지'에서 학습한 내용과 관련된 문제이다. 학생들은 '에너지' 단원에서 바람이나 높은 곳에 있는 물체, 열, 전기 등은 일을 할 수 있다는 사실을 학습하며 이들은 곧 에너지를 가지고 있음을 배우게 된다. 그리고 한 에너지는 다른 에너지로 전환된다는 것도 배운다.

이밖에도 앞서 5학년 1학기 3단원. '기온과 바람'의 5차시에서 학생들은 '바람이 부는 까닭 알아보기(5/6)'를 통하여 바람이 부는 원리와 개념을 이미 학습한 바 있다.

이상의 선행 학습내용을 바탕으로, '바람'이 '운동에너지'를 만들어 물고기종을 움직이고 쇠 금속막대를 흔들어 종에 부딪치게 해서 '소리에너지'로 바뀌는『풍경』에 관련된 문제는 실생활 속의 여러 가지 에너지와 에너지의 전환, 나아가 보다 효과적으로 에너지를 사용하는 아이디어에 대한 창의적 문제해결력을 기를 수 있다.

누구나 절을 방문하였을 때 좋은 기억으로 접하게 되는『풍경』의 원리에 대해 알아보고, 나이기 좀 더 아름다운『풍경』소리를 자주 들을 수 있는(=즉 보다 쉽게『풍경』이 울리도록 하는) 방법을 생각해내는 탐구 설계 능력과,『풍경』과 관련한 또 다른 아이디어나 생각을 자신의 문제로 설계할 수 있는 독창성, 그리고 보다 정교하게 설계를 해내는 정교성을 평가하고자 하는 데 출제의도를 두었다.

1. 채점체계 및 배점

각 단계별 배점과 기준은 다음과 같다.

영역		문제해결력 평가관점	배점	창의성 평가요소	총점
문제 정의 하기	다양한 문제 제안하기	·문제 상황을 보고 다양한 문제를 제시하였다.	2	유창성 독창성	
		·문제를 탐색하여 제시하였으나 다양하지 못하였다.	1		
		·문제 상황을 제대로 탐색하지 못하였다.	0		
	적절한 탐구문제 선택하기	·제시한 문제 중에서 자신의 문제로 명확히 제시하였다.	2	정교성	
		·자신의 문제로 제시하였으나 명확하지 못하였다.	1		
		·자신의 해결 문제로 제시하지 못하였다.	0		
문제 해결 하기	해결책 생각하기	·문제의 원인을 생각하면서 다양하게 문제해결방법을 제시하였다.	2	유창성 독창성	( ) / 10
		·문제해결방법을 제시하였으나 다양하지 못하였다.	1		
		·문제해결방법을 제시하지 못하였다.	0		
	해결계획 세우기	·선택한 문제를 해결하기 위해 가설설정, 실험방법 등 해결계획을 제시하였다.	2	정교성 융통성	
		·문제를 선택하였으나 가설설정과 실험방법이 미흡하였다.	1		
		·문제의 선택과 실험계획을 제대로 세우지 못했다.	0		
	해결방법 확인하기	·자신의 해결책을 되돌아보면서 잘된 점과 고쳐야 할 점을 찾아 제시하였다.	2	정교성 융통성	
		·잘된 점과 고쳐야 할 점 중 한 가지를 제시했다.	1		
		·잘된 점과 고쳐야 할 점 모두 찾아 제시하지 못하였다.	0		

※유창성: 1단계와 3단계에서 아이디어가 추가되는 수만큼 1점씩 추가함
※융통성: 서로 관련되지 않는 아이디어를 관련시켰을 때 2점씩 추가함
※독창성: 학급 전체 10% 이내 학생이 같은 아이디어를 냈을 때 1점씩 추가
※정교성: 자신의 아이디어에 실질적인 내용을 명확하고 구체적으로 붙여나갔을 때 1점씩 추가함

2. 예상 정답

정답은 여러 가지가 나올 수 있으나 대체로 아래 (1), (2), (3)으로 예상되며,
(1) 종을 치지 않아도 저절로 울리는 『풍경』의 원리
(2) 『풍경』의 구조
(3) 『풍경』이 작은 바람에도 달그랑하고 소리를 더 잘 내도록 하는 방법

(1)과 (3)을 포함하여 문제해결을 한 경우가 가장 많은 점수를 획득할 수 있다. 예상 정답은 다음과 같다.

1) 종을 치지 않아도 저절로 울리는 『풍경』의 원리

바람이 불면 바람에 의해 가벼운 물고기 모양 금속이 흔들리고 그 흔들림으로 물고기 모양이 달린 쇠줄 윗부분의 금속막대(십자모양)가 종 안쪽 벽에 부딪쳐서 소리가 남(에너지의 이동: 바람 ⇒ 운동에너지 ⇒ 소리에너지)

2) 『풍경』의 구조

위 쪽	종 부분
가운데	줄 + 금속막대: 종의 안쪽을 쳐서 울릴 수 있도록 하는 금속 막대(주로 십자모양의 금속막대를 씀).
아래쪽	물고기 추: 작은 바람에도 흔들릴 수 있게 만들어진 물고기 모양의 금속. 활동할 때나 잠잘 때 항상 눈을 뜨고 있는 물고기처럼 수행자들도 항상 깨어 마음을 나태하게 가지지 말라는 경계의 의미가 있음.

3) 『풍경』이 작은 바람에도 달그랑하고 소리를 더 잘 내도록 하는 방법

『풍경』이 약한 바람에도 소리가 잘 울리게 하려면,

1. 종의 내부에 종을 쳐서 울릴 금속막대는 십자모양이 좋다.
2. 종은 작을수록 좋다.

   (종이 크고 무거우면 바람의 힘으로 소리를 내기가 어려우므로)
3. 물고기 모양의 추는 바람을 잘 받을 수 있도록 가볍고, 크고, 얇을수록 좋다.

4) 그밖에도 『풍경』의 기울기나 추를 달리하는 등 창의적인 생각을 자신의 문제로 설계하여 탐구한 경우에도 채점 기준에 따라 배점할 수 있다.

【221 학생용 활동지】

지난 일요일 정림이는 엄마와 같이 절에 다녀왔다.

언제 보아도 아름다운 산과 상큼한 공기와 함께 어우러진 절의 모습은 한 폭의 그림 같았고 처마 밑에서는 예쁜 물고기 모양의 종이, 바람이 불 때마다 " 달그랑… 달그랑… " 하고 아름다운 소리를 내었다.

엄마는 이 물고기 모양의 종 이름을 『풍경』이라고 가르쳐 주셨다.

정림이는 아무도 종을 치는 사람이 없는데 저절로 울리는 『풍경』이 참 신기하였고, 절 구경을 하는 동안, 이왕이면 이 아름다운 『풍경』 소리가 더 자주 더 많이 들려왔으면 좋겠다는 생각이 들었다.

1. 위 글과 사진을 보고 어떤 점들이 궁금하나요?

2. 궁금하거나 알고 싶은 내용을 문제로 만들어 봅시다.
   (여러 개의 문제를 만들어도 좋습니다)

3. 내가 만든 문제들을 해결하기 위한 방법을 써 볼까요?

   (여러 개의 문제를 묶어서 해결해 나가도 좋습니다)

4. 내가 생각한 방법대로 문제를 해결하기 위한 실험계획을 세워 봅시다.

5. 내가 세운 해결방법의 잘된 점과 고쳐야 할 점을 찾아봅시다.

【222 교사용 안내서】

영역		문제해결력 평가관점	점수	창의성 평가요소	점수
문제 정의 하기	다양한 문제 상황 발견하기	문제 상황을 보고 가능한 탐사 내용들을 제시하였다.	2	유창성 독창성	
		문제 상황을 보고 탐사 내용을 제시하였으나 다양하지 못했다.	1		
		문제 상황을 보고 탐사 내용을 제시하지 못했다.	0		
	적절한 탐사 주제 선택하기	제시한 문제 중에서 자신의 탐사 주제로 명확히 제시하였다.		정교성	
		자신의 문제로 제시하였으나 명확하지 못하였다.			
		자신의 해결 문제로 제시하지 못하였다.			
문제 해결 하기	탐사방법 생각하기	자신이 선택한 탐사 주제를 생각하면서 다양하게 문제해결방법을 제시하였다.		유창성 독창성 융통성	
		문제해결방법을 제시하였으나 다양하지 못했다.			
		문제해결방법을 제시하지 못하였다.			
	탐사계획 세우기	제시한 해결책 중 선택한 문제를 해결하기 위해 조직적이고 체계적인 탐사 계획을 제시하였다.		정교성 융통성	
		탐사 계획을 세웠으나 체계적이지 못하였다.			
		탐사 계획을 세우지 못하였다.			
	탐사방법 확인하기	자신의 해결책을 되돌아보면서 잘된 점과 개선점을 찾아 제시하였다.		정교성 융통성	
		잘된 점과 개선점 중 한 가지를 찾아 제시하였다.			
		잘된 점과 개선점 모두 찾아 제시하지 못하였다.			

★ 유창성: 아이디어의 개수마다 1점씩 추가
　융통성(유창성): 상호 관련되지 않은 아이디어를 관련시켰을 때 2점씩 추가
　독창성: 전체 학급의 5% 이내의 학생이 같은 아이디어를 냈을 때 아이디어 하나당 2점씩 추가
　정교성: 선정한 아이디어에 대해 실질적이고 실현가능한 살을 붙였을 때 1점씩 추가

【222 학생용 활동지】

> 경남 고성에서 새로운 동굴이 발견되었다. 주위에서는 공룡 발자국이 발견된 장소이다.
> 동굴 속에 깊이 들어가 본 사람은 없다. 이 동굴은 어떤 모습인지, 어떤 생물이 살고 있는
> 지 알 수가 없다. 자신이 과학자가 되어서 이 동굴을 탐사해야 한다.

  1. 자신이 과학자라고 생각하고 위의 동굴에서 무엇을 탐사할 수 있을지 있는 대로
써 보시오.

  2. 위에서 제시한 탐사 내용 중 자신이 탐사하고 싶은 내용을 한 가지 정해보고 이
유를 밝혀 보시오.

  3. 이 문제를 어떻게 해결할 수 있을까요?

  4. 구체적인 탐사계획을 세워 보세요.

  5. 친구들에게 자신의 계획을 발표해보고 잘된 점과 개선해야 할 점을 찾아봅시다.

223 빨대로 음료수 마시기

일상생활에서 어떤 새로운 호기심을 가졌을 때 우리는 그냥 무관심하게 지나쳐 버리고 만다.

왜 그럴까? 라는 의문을 갖지 않고 말이다. 예상이란 지금까지 자신의 경험과 관찰한 것을 토대로 미루어 짐작하는 활동이므로 과학적 탐구의 기초가 된다고 할 수 있다. 여기에서 제시된 것은 아이들에게 충분히 호기심과 흥미를 자극하여 다양한 생각들을 끌어낼 수 있을 것으로 본다. 우리가 일상생활 속의 여러 현상에 과학적으로 접근하는 계기를 만들어 주고자 이 문제를 출제하였다.

1. 채점 기준

본 수업은 과학적·창의적 문제해결력 분석틀을 이용하여 각 단계마다 창의성의 평가요소에 따라 점수를 배당하여 채점하였다.

◆창의성 평가 척도표◆

영역		문제해결력 평가관점	점수	창의성 평가요소	점수
문제 정의 하기	다양한 문제 제안하기	·문제 상황을 보고 다양한 문제를 탐색하여 제시하였다.	2	민감성 유창성 독창성	
		·문제를 탐색하여 제시하였으나 다양하지 못하였다.	1		
		·문제 상황을 탐색하지 못했다.	0		
	적절한 탐구문제 선택하기	·제시한 문제 중에서 자신의 문제로 명확히 제시하였다.	2	정교성	
		·자신의 문제로 제시하였으나 명확하지 못하였다.	1		
		·자신의 해결 문제로 제시하지 못하였다.	0		
문제 해결 하기	해결책 생각하기	·문제의 원인을 생각하면서 다양하게 문제해결방법을 제시하였다.	2	독창성 융통성 유창성	
		·문제해결방법을 제시하였으나 다양하지 못하였다.	1		
		·문제해결방법을 제시하지 못하였다.	0		
	실험계획 세우기	·제시한 해결책 중 선택한 문제를 해결하기 위해 가설설정, 실험방법 등 실험계획을 제시하였다.	2	정교성 독창성 융통성	
		·문제를 선택하였으나 가설설정과 실험방법이 미흡하였다.	1		
		·문제의 선택과 실험계획을 세우지 못하였다.	0		
	해결방법 확인하기	·자신의 해결책을 되돌아보면서 잘된 점과 개선 점을 찾아 제시하였다.	2	독창성 융통성 유창성	
		·잘된 점과 개선점 중 한 가지를 찾아 제시하였다.	1		
		·잘된 점과 개선점 모두 찾아 제시하지 못하였다.	0		

☞ 유창성: 아이디어의 개수마다 1점씩 추가

융통성: 상호 관련되지 않은 아이디어를 관련시켰을 때 2점씩 추가

독창성: 전체 학급의 5% 이내의 학생이 같은 아이디어를 냈을 때 아이디어 하나당 2점씩 추가

정교성: 선정한 아이디어에 대해 실질적이고 실현가능한 살을 붙였을 때 1점씩 추가

민감성: 문제 상황에 대해 다양한 방법으로 질문하고 문제를 탐색할 때마다 1점씩 추가

【223 학생용 활동지】

기온이 36°를 훌쩍 넘는 더운 여름날 찬미는 영어학원에서 공부를 마친 뒤 맥도날드에 갔다. 얼음이 있는 음료수를 한 모금 들이키는 순간 더위가 싹 가시는 기분이었다. 집으로 돌아오는 길에 찬미는 '빨대를 이용하여 음료수를 가장 효과적으로 마실 수 있는 방법은 무엇일까?' 의문을 가져보았다.

◉ 빨대를 이용하여 음료수를 마실 수 있는 다양한 방법을 적어 보세요.

◉ 가장 효과적인 방법을 찾아낼 수 있는 실험계획을 세워 보세요.

◉ 친구들이 생각한 방법과 비교하여 잘된 점과 개선해야 할 점을 찾아보세요.

224 아이스커피 만들기

【224 교사용 안내서】

맛있는 아이스커피를 타기 위해서는 적은 양의 뜨거운 물로 커피가루를 다 녹인 후 얼음을 넣으면 된다. 이때 뜨거운 물을 평소 커피 양만큼 많이 한다면 얼음을 넣었을 때 녹은 양과 합쳐져 맛이 없어질 것이다. 또는 처음부터 찬 물로 커피를 녹이고자 한다면 커피가 잘 녹지 않는다. 그래서 커피가 맛이 없어질 것이다.

얼음은 녹으면서 물이 된다. 이러한 단순한 원리를 가지고 커피, 물, 얼음의 양을 조절하는 정교성, 맛있는 커피를 타는 방법을 생각해내는 독창성을 평가할 것이다.

과학 창의적 문제해결력과 창의성 평가 척도표

영역		문제해결력 평가관점	점수	창의성 평가요소	점수
문제 정의 하기	다양한 문제 제안하기	문제 상황을 보고 다양한 문제를 탐색하여 제시하였다.	2	유창성 독창성	
		문제를 탐색하여 제시하였으나 다양하지 못하였다.	1		
		문제 상황을 탐색하지 못하였다.	0		
	적절한 탐구문제 선택하기	제시한 문제 중에서 자신의 문제로 명확히 제시하였다.	2	정교성	
		자신의 문제로 제시하였으나 명확하지 못하였다.	1		
		자신의 해결 문제로 제시하지 못하였다.	0		
문제 해결 하기	해결책 생각하기	문제의 원인을 생각하면서 다양하게 문제해결방법을 제시하였다.	2	유창성 독창성 융통성	
		문제해결방법을 제시하였으나 다양하지 못하였다.	1		
		문제해결방법을 제시하지 못하였다.	0		
	실험계획 세우기	제시한 해결책 중 선택한 문제를 해결하기 위해 가설설정, 실험방법 등 실험계획을 제시하였다.	2	정교성 융통성	
		문제를 선택하였으나 가설설정과 실험방법이 미흡하였다.	1		
		문제의 선택과 실험계획을 세우지 못하였다.	0		
	해결방법 확인하기	자신의 해결책을 되돌아보면서 잘된 점과 개선점을 찾아 제시하였다.	2	정교성 융통성	
		잘된 점과 개선점 중 한 가지를 제시하였다.	1		
		잘된 점과 개선점 모두 찾이 제시히였디.	0		

【224 학생용 활동지】

지수는 무더운 여름 온 가족과 점심 식사를 했다. 평소 부모님들은 후식으로 커피를 즐기셨다. 오늘은 지수가 얼음이 담겨있는 시원한 아이스커피를 만들어 드리기로 했다. 시원한 커피를 만들기 위해 차가운 물에다 커피를 녹이면 다 녹지 않아 맛이 없었다.

1. 위의 글을 보고 궁금한 것을 적어 보세요.

2. 위의 궁금한 점 중에서 하나를 골라 자신의 해결 문제로 정하여 봅시다.

3. 문제가 생긴 원인을 생각하면서 자신이 택한 문제를 해결하기 위한 방법을 모두 써 보시오.

4. 위의 방법들 중 하나를 선택하여 해결하기 위한 실험계획을 세워 봅시다.

5. 자신이 생각한 방법의 잘된 점과 개선해야 할 점을 써 봅시다.

【225 교사용 안내서】

1. 출제의도 및 해설

4학년 1학기 '우리 생활과 액체' 단원에 관련된 문제이다. 우리 주변에 많은 액체들이 있지만 그 액체들은 각각 성질이 다르다.

이 문제는 우리 생활 주변의 여러 가지 액체들을 그 쓰임에 대해 생각해보고 ,액체 장난감을 직접 창의적이고 독창적으로 만들어보는 활동을 통하여 액체에 대한 친근함을 갖고 계속 탐구할 흥미를 갖도록 할 것이다. 또한 액체의 밀도차를 이용하여 장난감을 만들어 실제 활용해 봄으로써 성취감을 느낄 수 있을 것이다.

2. 채점 기준

※ 점수 부여 방법:

대상으로 하는 문항이 평가준거의 내용을 적절히 갖추고 있다고 판단되면: 2

평가준거의 내용을 갖추고는 있으나 충분치 못하다고 판단될 경우: 1점

평가준거의 내용을 갖추고 있지 않은 경우: 0점

영역		문제해결력 평가관점	점수	창의력 평가요소
문제 정의 하기	다양한 문제 제안하기	문제 상황을 보고 다양한 문제를 탐색하여 제시하였다.	2	유창성 독창성
		문제를 탐색하여 제시하였으나 다양하지 못하다.	1	
		문제 상황을 탐색하지 못하였다.	0	
	적절한 탐구 문제 선택하기	제시한 문제 중에서 자신의 문제로 명확히 제시하였다.	2	정교성
		자신의 문제로 제시하였으나 명확하지 못하다.	1	
		자신의 해결 문제로 제시하지 못하였다.	0	
문제 해결 하기	해결책 생각하기	문제의 원인을 생각하면서 다양하게 문제해결방법을 제시하였다.	2	독창성 융통성 정교성
		문제해결방법을 제시하였으나 다양하지 못하였다.	1	
		문제해결방법을 제시하지 못하였다.	0	
	실험계획 세우기	제시한 해결책 중 선택한 문제를 해결하기 위해 가설설정, 실험방법 등 실험계획을 제시하였다.	2	정교성 독창성
		문제를 선택하였으나 가설설정과 실험방법이 미흡하였다.	1	
		문제의 선택과 실험계획을 세우지 못하였다.	0	
	해결방법 확인하기	자신의 해결책을 되돌아보면서 잘된 점과 개선점을 찾아 제시하였다.	2	정교성 융통성
		잘된 점과 개선점 중 한 가지를 찾아 제시하였다.	1	
		잘된 점과 개선점 모두 찾아 제시하지 못하였다.	0	

【225 학생용 활동지】

동생 돌보기

승민이 어머니와 아버지께서는 결혼기념일을 맞이하여 해외로 여행을 떠나시게 되었다. 하지만 어머니께서는 승민이와 승준이만 남겨두고 여행을 떠나시는 것이 불안하신지 출발 전날까지도 여행을 떠나야 할지 고민하셨다. 승민이는 어머니께 의젓한 모습으로 동생을 잘 돌볼 테니 걱정하지 마시라고 어머니를 안심시켜 어머니께서 여행을 떠나실 수 있도록 하였다.

그런데 어머니가 떠나신지 채 하루도 되기 전에 동생 승준이는 형을 괴롭혔다. 심심해서 자꾸 심술을 부리는 동생을 위해 승민이는 장난감을 만들어 주기로 하였다.

승준이가 흥미 있어 할 장난감을 어떻게 만들면 좋을까? 승민이는 액체를 이용한 장난감을 만들어보기로 하고 여기저기에서 재료를 모았다.

1. 여러분들이 승민이라면 어떤 액체장난감으로 승준이를 재미있게 해 줄 수 있을까?

2. 여러 가지 장난감 중 하나를 골라 해결 문제로 정해 봅시다.

3. 자신이 택한 장난감을 만들기 위한 계획을 세워 봅시다.

4. 자신이 생각한 방법의 잘된 점과 개선해야 할 점을 써 봅시다.

【226 교사용 안내서】

돌들의 모양은 왜 다를까??

1. 관련 단원명

3학년 1학기 과학 흙을 나르는 물

2. 출제의도

본 자료는 3학년 1학기 '흙은 나르는 물'에 관련된 과학 창의적 문제해결력 평가도구이다. 우리가 가보는 지역(산, 들, 바다)에 따라 돌의 모양을 보고 거기에 따른 의문을 해결해나가도록 하였다.

3. 창의적 문제해결과정의 절차.

분석요소	하위요소
문제정의하기	1. 문제의 제시 형태
	2. 문제의 진술 형태
문제해결하기	3. 해결책 생각하기
	4. 가설설정하기
	5. 가설검증하기
	6. 평가하기

4. 과학 창의적 문제해결력과 창의성 평가 척도표

<table>
<tr><td colspan="2" rowspan="2">영역</td><td rowspan="2">문제해결력 평가관점</td><td>점
수</td><td>창의성
평가요소</td><td>점수</td></tr>
<tr></tr>
<tr><td rowspan="6">문제
정의
하기</td><td rowspan="3">다양한
문제
제안하기</td><td>문제 상황을 보고 다양한 문제를 탐색하여 제시하였다.</td><td>2</td><td rowspan="3">유창성
독창성</td><td></td></tr>
<tr><td>문제를 탐색하여 제시하였으나 다양하지 못하였다.</td><td>1</td><td></td></tr>
<tr><td>문제 상황을 탐색하지 못하였다.</td><td>0</td><td></td></tr>
<tr><td rowspan="3">적절한
탐구문제
선택하기</td><td>제시한 문제 중에서 자신의 문제로 명확히 제시하였다.</td><td>2</td><td rowspan="3">정교성</td><td></td></tr>
<tr><td>자신의 문제로 제시하였으나 명확하지 못하였다.</td><td>1</td><td></td></tr>
<tr><td>자신의 해결 문제로 제시하지 못하였다.</td><td>0</td><td></td></tr>
<tr><td rowspan="15">문제
해결
하기</td><td rowspan="3">해결책
생각하기</td><td>문제의 원인을 생각하면서 다양하게 문제해결방법을 제시하였다.</td><td>2</td><td rowspan="3">유창성
독창성
융통성</td><td></td></tr>
<tr><td>문제해결방법을 제시하였으나 다양하지 못하였다.</td><td>1</td><td></td></tr>
<tr><td>문제해결방법을 제시하지 못하였다.</td><td>0</td><td></td></tr>
<tr><td rowspan="3">가설
설정하기</td><td>제시한 해결책 중 선택한 문제를 해결하기 위한 가설을 제대로 설정하였다.</td><td>2</td><td rowspan="3">정교성
융통성</td><td></td></tr>
<tr><td>문제를 선택하였으나 가설설정이 미흡하였다.</td><td>1</td><td></td></tr>
<tr><td>문제의 선택과 가설설정을 하지 못하였다.</td><td>0</td><td></td></tr>
<tr><td rowspan="3">가설
검증하기</td><td>가설을 검증할 수 있는 실험계획을 제시하였다.</td><td>2</td><td rowspan="3">정교성
융통성</td><td></td></tr>
<tr><td>실험계획을 제시하였으나 가설검증에는 미흡하였다.</td><td>1</td><td></td></tr>
<tr><td>실험계획을 제시하지 못하였다.</td><td>0</td><td></td></tr>
<tr><td rowspan="3">평가하기</td><td>자신의 해결책을 되돌아보면서 잘됨 점과 개선점을 찾아 제시하였다.</td><td>2</td><td rowspan="3">정교성
융통성</td><td></td></tr>
<tr><td>잘된 점과 개선점 중 한 가지를 찾아 제시하였다.</td><td>1</td><td></td></tr>
<tr><td>잘된 점과 개선점 모두 찾아 제시하지 못 하였다.</td><td>0</td><td></td></tr>
</table>

※ 유창성: 아이디어의 개수마다 1점씩 추가
　융통성: 상호 관련되지 않은 아이디어를 관련시켰을 때 2점씩 추가
　독창성: 전체 학급의 5% 이내의 학생이 같은 아이디어를 냈을 때 아이디어 하나당 2점씩 추가
　정교성: 선정한 아이디어에 대해 실질적이고 실현가능한 내용을 붙였을 때 1점씩 추가

【226 학생용 활동지】

〈산〉   〈강〉

〈바다-1〉   〈바다-2〉

홍욱이네 가족은 이번 여름방학 동안 산으로 강으로 바다로 여기저기 여행을 다녔습니다. 가족들과 함께하는 시간이 오랜만이라 홍욱이는 무척이나 즐거워했습니다. 산에서 보는 돌의 모양과 강이나 바다에서 보는 돌의 모양이 달랐기에 홍욱이는 신기한 감도 가졌습니다.

1. 위의 글과 그림을 보고 궁금한 것을 적어 보세요.

2. 위의 궁금한 점 중에서 하나를 골라 자신의 해결 문제로 정하여 보세요.

3. 문제가 생긴 원인을 생각하면서 자신이 택한 문제를 해결하기 위한 방법을 모두 써 보세요.

4. 위의 방법들 중 하나를 선택하여 거기에 맞는 가설을 세워 보세요.

5. 위에서 세운 가설이 맞는지 확인하기 위한 실험계획을 세워 보세요.

6. 자신이 생각한 방법의 잘된 점과 개선해야 할 점을 써 보세요.

【227 교사용 안내서】

→ 이 문항의 문제해결과정은 다음과 같다.

○ 문제에 대한 상황을 그림과 도입글로 제시

1. 다양한 문제 제안　　　2. 문제 상황 확인하기
3. 문제의 표상 / 구체화　　4. 해결책 생각하기
5. 상호평가 / 해결방법 확인하기

→ 문제 상황은 주인공이 나들이 중에 생물의 생태계와 먹이사슬, 그리고 환경과의 관련성을 확인하는 과정을 그린 것이다.

→ 과학 창의적 문제해결력과 창의성 평가 척도표

영역		문제해결력 평가관점	점수	창의성 평가요소	점수
문제 정의 하기	다양한 문제 제안하기	상황을 보고 다양한 변화를 탐색하여 제시.	2	유창성 독창성	
		제시는 하였으니 다양하지 못함.	1		
		탐색하지 못함.	0		
	문제 상황 확인하기	문제 상황을 요소별로 다양하게 제시.	2	민감성 유창성 독창성	
		요소별로 제시는 하였으니 다양하지 못함.	1		
		제시하지 못하는 요소가 있음.	0		
	문제의 표상 / 구체화	문제를 명확한 까닭으로 제시.	2	민감성 유창성 독창성	
		문제는 제시하나 까닭이 명확하지 못함.	1		
		문제도 까닭도 명확하지 못함.	0		
문제 해결 하기	해결책 생각하기	해결책을 명확한 이유로 제시.	2	유창성 정교성	
		해결책은 제시하나 이유가 명확하지 못함.	1		
		해결책도 이유도 명확하지 못함.	0		
	상호평가 / 해결방법 확인하기	자신의 해결책을 되돌아보면서 잘된 점과 개선점을 찾아 제시.	2	정교성 융통성	
		잘된 점과 개선점 중 한 가지를 찾아 제시.	1		
		잘된 점과 개선점 모두 찾아 제시하지 못함.	0		

【227 학생용 활동지】

100년 전 청계천의 모습

50년 전 청계천의 모습

2000년 청계천 고가도로 모습

1천만명을 돌파한 27일 오후 청계천 모습

청계천 복구 후 모습

<상황>

지연이는 가족과 함께 서울 청계천에 나들이를 갔다. 오랜만에 가족들과 함께하는 자리여서 너무나도 즐거웠다. 그러던 중 청계천을 오르던 잉어 한 마리가 지연이에게 말을 걸었다.

잉어: "지연아, 10년 전엔 막혀서 여기를 올 수 없었는데 이젠 여기에 다시 길이 생겼구나. 하지만 청계천에 100년 전에 있던 동·식물친구들이 모두 사라져버렸어. 우리 잉어친구들만 쓸쓸하게 살 수는 없지 않겠니? 먹을 것도 없고 내가 피해야 할 친구들도 사라졌구나. 숨쉬기조차 쉽지가 않네. 예전에 살던 친구들이 다시 여기로 모두 모여서 살았으면 좋겠어. 그때 친구들이 너무 그리워."

1. 예전과 지금의 청계천을 보고 궁금한 것들은 어떤 것들이 있나요?

____

____

____

____

2. 잉어친구들에게 현재 주어진 상황은 어떠한가요? 마인드맵으로 그려 봅시다.

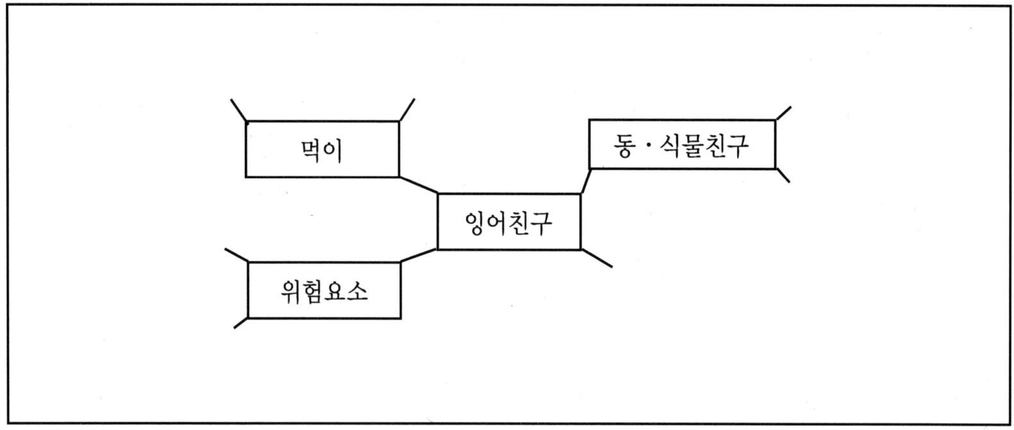

3. 잉어친구들이 청계천에서 살아가는 데 문제가 있다면 어떠한 문제들이 있을까요?

분 야	문 제	문제가 되는 까닭
먹 이		
동·식물친구		
위험요소		

4. 잉어친구들이 문제를 해결하고 살아가기 위해 필요한 것들은 무엇들이 있을까요?

분 야	필요한 것	필요한 까닭
먹 이		
동·식물친구		
위험요소		

5. 다른 친구들의 해결방법을 비교해보고 자신의 해결방법의 장단점은 어떤 것이 있을까요?

 228 암석의 차이

【228 교사용 안내서】

영역		문제해결력 평가관점	점수	창의성 평가요소	점수
문제 정의 하기	다양한 문제 제안하기	문제 상황을 보고 다양한 문제를 탐색하여 제시하였다.	2	유창성 독창성	
		문제를 탐색하여 제시하였으나 다양하지 못하였다.	1		
		문제 상황을 탐색하지 못하였다.	0		
	적절한 탐구문제 선택하기	제시한 문제 중에서 자신의 문제로 명확히 제시하였다.	2	정교성	
		자신의 문제로 제시하였으나 명확하지 못하였다.	1		
		자신의 해결 문제로 제시하지 못하였다.	0		
문제 해결 하기	해결책 생각하기	암석이 다르게 변한 원인을 생각하면서 다양하게 문제해결방법을 제시하였다.	2	유창성 독창성 융통성	
		암석의 변화 원인을 알고 문제해결방법을 제시하였으나 방법이 다양하지 못하였다.	1		
		원인을 알지 못하고 문제해결방법도 제시하지 못하였다.	0		
	실험계획 세우기	제시한 해결책 중 선택한 문제를 해결하기 위해 가설설정, 실험방법 등 실험계획을 제시하였다.	2	정교성 융통성	
		문제를 선택하였으나 가설설정과 실험방법이 미흡하였다.	1		
		문제의 선택과 실험계획을 세우지 못하였다.	0		
	해결방법 확인하기	자신의 해결책을 되돌아보면서 잘된 점과 개선점을 찾아 제시하였다.	2	정교성 융통성	
		잘된 점과 개선점 중 한 가지를 찾아 제시하였다.	1		
		잘된 점과 개선점 모두 찾아 제시하지 못하였다.	0		

【228 학생용 활동지】

〈변성암〉   〈퇴적암〉

〈화성암〉

☆ 지우와 친구들은 새로운 포켓몬을 찾기 위해 박사님과 함께 모험을 나섰다. 모험을 하는 동안 여러 가지 종류의 암석을 볼 수 있었다. 각각의 지역마다 다른 지역에서는 볼 수 없는 새로운 암석들이 보였다.

1. 주어진 글과 그림을 보고 궁금한 점이 있으면 적어 보세요.

2. 1번에서 적은 궁금한 점 중에서 하나를 골라 자신이 해결할 문제로 정하여 봅시다.

3. 문제가 생긴 원인을 생각해보면서 이 문제를 해결하기 위한 방법을 써 보세요.

4. 3번에서 적은 해결방법들 중 하나를 선택하여 문제해결을 위한 실험계획을 세워 봅시다.

5. 자신이 생각한 방법의 잘된 점과 개선해야 할 점을 써 봅시다.

【229 교사용 안내서】

평가 척도표

영역		문제해결력 평가관점	점수	창의성 평가요소	점수
문제 정의 하기	다양한 문제 제안하기	문제 상황을 보고 다양한 문제를 탐색하여 제시하였다.	2	유창성 독창성	
		문제를 탐색하여 제시하였으나 다양하지 못하였다.	1		
		문제 상황을 탐색하지 못하였다.	0		
	적절한 탐구문제 선택하기	제시한 문제 중에서 자신의 과제로 명확히 제시하였다.	2	정교성	
		자신의 과제로 제시하였으나 명확하지 못하였다.	1		
		자신의 해결 과제로 제시하지 못하였다.	0		
문제 해결 하기	해결책 생각하기	왜 이렇게 되었을까 문제의 원인을 생각하면서 다양하게 문제해결방법을 제시하였다.	2	유창성 독창성 융통성	
		문제의 원인은 제시하였으나 해결방법이 다양하지 못하였다.	1		
		문제해결방법을 제시하지 못하였다.	0		
	실험계획 세우기	제시한 해결책 중 선택한 문제를 해결하기 위해 가설설정, 실험방법 등 실험계획을 제시하였다.	2	정교성 융통성	
		문제를 선택하였으나 가설설정과 실험방법이 미흡하였다.	1		
		문제의 선택과 실험계획을 세우지 못하였다.	0		
	해결방법 확인하기	자신의 해결책을 되돌아보면서 잘된 점과 개선점을 찾아 제시하였다.	2	정교성 융통성	
		잘된 점과 개선점 중 한 가지를 찾아 제시하였다.	1		
		잘된 점과 개선점 모두 찾아 제시하지 못하였다.	0		

【229 학생용 활동지】

〈고양이 사료와 강아지 사료〉

〈강아지와 고양이〉

◆미숙이 집에서 강아지를 키우고 있었다. 어느 날 부모님께서 생일선물로 새끼 고양이를 한 마리 선물을 받았다. 강아지와는 다른 고양이 모습에 미숙이는 정말 좋아했다. 고양이를 키우면서 강아지에게선 볼 수 없었던 부분이 있었다.

1. 위에서 제시된 글과 그림을 보고 궁금한 것이 있으면 적어 보세요.

2. 위에서 적어본 궁금한 점 중에서 하나를 골라 자신의 해결 과제로 정하여 보세요.

3. 왜 그렇게 되었을까를 생각하면서 위에서 자신이 택한 과제를 해결하기 위한 방법을 생각나는 대로 모두 써 보세요.

4. 위의 방법들 중 하나를 선택하여 과제를 해결하기 위한 실험계획을 세워 보세요.

5. 자신이 생각한 과제 해결방법의 잘된 점과 개선해야 할 점을 써 보세요.

【230 교사용 안내서】

과학 창의력 문제해결력은 "과학의 기본 지식과 탐구과정기술을 기반으로 하여 문제에 대한 적절하고, 새로운 해결방법을 발견하는 것"이라고 정의된다. (조연순 등, 2000)

본 평가도구는 '과학 창의력 문제해결력 분석틀 (김현정 외, 2003)'에 준거하여 만들어졌다.

〈표 348〉 과학 창의력 문제해결 분석틀

분석요소	하위요소
문제 정의하기	1. 문제의 제시형태
	2. 문제의 진술형태
문제 해결하기	3. 해결책 생각하기
	4. 가설설정하기
	5. 가설검증하기
	6. 평가하기

[문제 정의하기] 1. 문제의 제시형태		창의성 평가요소	점수
영역	평가관점		
평가준거	제시된 글과 그림을 보고 다양하고 적절하게 문제를 제시할 수 있는가?	민감성 유창성 독창성	
점수체계 상(3)	제시된 글과 그림을 통해 다양하고 적절하게 문제를 제시하였다.		
중(2)	제시된 글과 그림을 통해 적절하게 문제를 제시하였으나 다양하지 못하였다.		
하(1)	제시된 글과 그림을 통해 문제를 이끌어 내지 못하였다.		
창의성 평가관점	유창성: 제시한 문제의 개수가 3개 이상이면 증가하는 개수에 대해 1점씩 추가점수를 부여한다. 단 적절하지 못한 문제를 제시하였을 때에는 1점씩 감한다. 독창성: 전체 학급에서 가장 독특한 문제를 제시할 경우에 (정교성이 수반되어야 함) 1점의 추가점수를 부여한다.		

<table>
<tr><td colspan="4" align="center">[문제제시하기] 2. 문제의 진술형태</td></tr>
<tr><td colspan="2" align="center">영역</td><td align="center">평가관점</td><td align="center">창의성
평가요소</td><td align="center">점
수</td></tr>
<tr><td colspan="2">평가준거</td><td>자신의 해결 문제를 자세하고 정확하게 제시하였는가?</td><td rowspan="4" align="center">정교성</td><td></td></tr>
<tr><td rowspan="3">점
수
체
계</td><td>상(3)</td><td>자신의 해결 문제를 정확하게 제시하고 그에 대해 구체적으로 기술하였다.</td><td></td></tr>
<tr><td>중(2)</td><td>자신의 해결 문제를 자세하게 제시하였으나 정확하지 못하였다.</td><td></td></tr>
<tr><td>하(1)</td><td>자신의 해결 문제를 제시하지 못하였다.</td><td></td></tr>
<tr><td colspan="2">창의성
평가관점</td><td colspan="3">정교성: 문제에 대해 구체적인 실질적이고 실현가능한 살을 붙였을 경우 점을 추가로 부여한다.</td></tr>
</table>

<table>
<tr><td colspan="4" align="center">[문제해결하기] 3. 해결책 생각하기</td></tr>
<tr><td colspan="2" align="center">영역</td><td align="center">평가관점</td><td align="center">창의성
평가요소</td><td align="center">점
수</td></tr>
<tr><td colspan="2">평가준거</td><td>문제의 원인을 분석하고 다양한 문제해결방법을 제시할 수 있는가?</td><td rowspan="4" align="center">재구성력
유창성
독창성
유연성</td><td></td></tr>
<tr><td rowspan="3">점
수
체
계</td><td>상(3)</td><td>문제의 원인을 다각도로 분석하고 다양하고 유창하게 해결방법을 제시하였다.</td><td></td></tr>
<tr><td>중(2)</td><td>문제의 원인과 해결방법을 제시하였으나 다양하지 못하다.</td><td></td></tr>
<tr><td>하(1)</td><td>문제의 원인과 해결방법을 제시하지 못하였다.</td><td></td></tr>
<tr><td colspan="2">창의성
평가관점</td><td colspan="3">재구성력: 기존에 알고 있는 지식을 목적에 맞게 재구성한다. 아동의 지식수준에서 알고 있는 지식을 재구성하면 추가 1점을 부여한다.
유창성: 제시한 해결책의 개수가 4개 이상이면 증가하는 개수에 대해 1점씩 추가점수를 부여한다. 단 적절하지 못한 해결책을 제시하였을 때에는 1점씩 감한다.
독창성: 전체 학급에서 가장 독특한 해결책을 제시할 경우에 (정교성이 수반되어야 함) 1점의 추가점수를 부여한다.
유연성: 상호 관련되지 않은 아이디어를 과학적 지식을 활용하여 합리적으로 연관시켰을 때 2점의 추가점수를 부여한다.</td></tr>
</table>

\[문제해결하기\] 4. 가설설정하기			창의성 평가요소	점 수
영역		평가관점	창의성 평가요소	점 수
평가준거		제시한 해결방법 중 선택한 해결방법을 구체적으로 나타낼 수 있는가?	정교성 유연성	
점 수 체 계	상(3)	하나의 해결방법을 자세하고 논리적으로 제시하였다.		
	중(2)	하나의 해결방법을 자세히 제시하였으나 논리적이지 못하다.		
	하(1)	하나의 해결방법을 선택하지 못하였다.		

\[문제해결하기\] 5. 가설검증하기			창의성 평가요소	점 수
영역		평가관점	창의성 평가요소	점 수
평가준거		자신이 정한 방법대로 올바르게 실험·조사를 하고 그 과정과 결과를 정확하게 나타내었는가?	재구성력 정교성	
점 수 체 계	상(3)	자신이 정한 방법대로 실험·조사를 하고 그 과정과 결과를 정확하게 나타내었다.		
	중(2)	실험·조사의 과정이 미흡하고 그 과정과 결과를 정확하게 나타내지 못하였다.		
	하(1)	실험·조사를 하지 못하였다.		

\[문제해결하기\] 6. 평가하기			칭의싱 평가요소	짐 수
영역		평가관점	칭의싱 평가요소	짐 수
평가준거		자신이 행한 실험·조사의 결과를 평가·분석하고 개선점을 제시하였는가?	의사 소통력 (반성적 사고)	
점 수 체 계	상(3)	자신이 행한 실험·조사의 결과를 되돌아보면서 잘된 점과 고쳐야 할 점을 정확하게 기술하였다.		
	중(2)	자신이 행한 실험·조사의 결과를 되돌아보면서 잘된 점과 고쳐야 할 점 중 한 가지만 기술하였다.		
	하(1)	결과를 평가·분석하지 못하였다.		

【230 학생용 활동지】

　여름방학을 맞이한 진주는 부모님과 함께 제주도 여행을 갔습니다. 제주공항에 내려보니 말로만 듣던 한라산의 모습이 보였습니다. 평소에 봐왔던 산들의 모습과는 달리 한라산은 납작하고 부드러운 곡선의 형태를 지니고 있었습니다. 부모님께서 비록 지금은 한라산이 화산활동을 하지는 않지만 오래전에는 화산활동을 했다고 하셨습니다. 한라산이 폭발하면서 만들어진 섬이 제주도라고도 말씀하셨습니다. 제주도의 돌은 다른 곳과 달리 색깔이 까맣고 구멍도 많았습니다. 또 부모님께서는 제주도뿐만 아니라 오징어가 많이 잡히는 울릉도도 화산이 폭발하면서 만들어진 화산섬이라고 말씀하셨습니다.

　제주도 여행에서 다녀온 진주는 울릉도도 제주도와 비슷한 모양일까 하는 호기심이 생겼습니다. 그래서 인터넷을 통해 제주도와 울릉도 사진을 찾아보았습니다. 다음은 제주도와 울릉도 사진입니다.

〈제주도 모습〉

〈울릉도 모습〉

1. 위의 제주도와 울릉도 사진을 보고 할 수 있는 질문은 무엇일까요? 두 섬은 어떤 점이 다를까요? 생각나는 대로 가능한 한 많이 써주세요.

2. 위에 적은 것 중 가장 궁금한 점은 무엇인가요? 그 질문을 '나의 해결 문제'로 정하세요. 그리고 그것에 대해 좀 더 자세하고 구체적으로 적어 보세요.

3. <2번>의 문제가 왜 생겼을까 하고 여러 가지로 다양하게 생각해 보세요. 또 이 문제를 해결할 수 있는 방법으로는 어떤 것이 있을지 생각나는 대로 적어 보세요.

4. 내가 생각해낸 해결책 중 가장 마음에 드는 것을 선택하여 문제를 해결하기 위해서는 어떻게 해야 할지 구체적인 계획을 세워 보세요.

5. <4번>에서 정한 해결방법대로 직접 실험·조사를 해 보세요. 그리고 그 과정과 결과를 적어 보세요.

6. 궁금했던 점들이 해결되었나요? 내가 행한 실험·조사에서 잘된 점은 무엇인가요? 또 잘못되어서 고쳐야 할 점은 무엇인가요?

참고문헌

김경자, 김아영, 조석희(1997). 창의적 문제해결능력 신장을 위한 교육과정 개발의 기초 -창의적 문제해결의 개념모형 탐색, 교육과정연구, 15(2), 129-153.

김영채 (1999). 창의적 문제해결: 창의력 이론, 개발과 수업, 교육과학사

김은진과 임채성(2003). 과학과 수행평가를 위한 평가체계의 개발Ⅱ: 과하지식의 적용력 평가체계의 실제. 과학교육연구. 28. 153-162. 부산교육대학교 과학교육연구소

김현정, 최선영, 강호감, 2003, 초등 과학 교과서에서 창의적 문제해결력 분석틀 개발과 적용 -5, 6학년 1학기 교과서를 중심으로-, 초등과학교육, 22(2), 한국초등과학교육학회, 163-172.

박성익, 조석희, 김홍원, 이지현, 윤여홍, 진석언, 한기순(2003). 영재교육학원론. 교육과학사.

조연순, 최경희, 조덕주(1998). 창의적 문제해결력 신장을 위한 중학교 과학 교육과정 연구-현행 교육과정과 수업현장 분석을 중심으로, 한국과학교육학회지, 18(2), pp. 149-160.

최선영, 강호감, 2006, 초등학교 과학영재학급 학생선발을 위한 과학 창의적 문제해결력 검사도구 개발, 초등과학교육, 25(1), 한국초등과학교육학회, 27-38.

구자억, 김홍원, 박성익, 안미숙, 이순주, 조석희(2002). 동서양 주요국가들의 영재교육. 문음사:서울.

김은진 (2000). 과학 교과 수행 평가틀의 개발, 서울대학교 박사학위 논문.

김주훈, 이은미, 최고운, 송상헌 (1996). 과학영재 판별도구 개발 연구(I) -기초연구편-. 서울: 한국교육개발원.

김주훈 (1999). 생물교육에서의 수행평가: 수행평가의 이론과 실제: 과학 교과를 중심

으로, 99년도 한국 생물교육학회 하계학술대회 자료집.

동효관(2002). 과학영재의 특성에 기초한 수업 프로그램이 유전개념변화와 창의력에 미치는 효과. 한국교원대학교 박사학위논문.

동효관, 홍준의, 신영준, 김경호, 이길재 (2002). 과학사를 이용한 과학영재 생물교수학습 모듈 개발. 한국생물교육학회지. 30(4). 363-373.

소금현, 심규철, 이현욱, 장남기 (2000). 중학교 과학영재의 과학관련태도에 관한 연구. 한국과학교육학회지. 20(1).

신지은, 한기순, 정현철, 박병건, 최승언 (2002). 과학 영재 학생과 일반 학생은 창의성에서 어떻게 다른가?-서울대학교 과학영재교육센터 학생들을 중심으로. 한국과학교육학회지. 22(1).158-175.

심규철, 조선희, 장남기 (1999b). 중학교 과학영재들의 생물교과에 대한 흥미연구. 한국생물교육학회지. 27(3).

심규철, 소금현, 이현욱, 장남기(1999c). 중학교 과학 영재와 일반 학생의 과학적 태도에 관한 연구. 한국생물교육학회지. 27(4). 368-375.

심규철, 소금현, 김현섭, 장남기(2001b). 중학교 과학 영재의 과학에 대한 흥미연구2 - 재능영역에 따른 비교-. 한국과학교육학회지. 21(1). 135-148.

전경원 (1999). 한국의 새천년을 위한 영재교육학. 학문사: 서울.

조석희, 김홍원, 서혜애, 정현철, 이혜주, 손민경 (2002). 과학영재의 지속적 발굴·육성·관리를 위한 국가 영재교육체계 정립에 관한 연구. 한국교육개발원.

Braggett, E. J. & Moltzen, R. I. (2000). Programs and practices for identifying and nurturing giftedness and talent in Austrlia and New Zealand, In K.A.Heller, F.J.Monks, R.J.Steinberg & R.F.Subotnik(Eds.) International handbook of giftedness and talented 2nd ed., Elsevier science Ltd. Oxford, UK.

Dunbar, K.(1999). Scientific Creativity. The Encyclopedia of Creativity. Academic Press, vol 1, 1379—1384.

Han, K. S.(2000). Creativity in young children: Implications of problem-finding and the real-world divergent thinking test. The Journal of Korean Education. 28, 121-141.

Han, K. S., & Marvin, C.(2002). Multiple creativities?: investigating domain-sprcific of creativity in young children, Gifted Child Quarterly, 46(2), 98-108.

McCann, M. (2002). Identification on the gifted: a specific focus on students gifted in science and mathematics. In proceeding of international conference on education for the gifted in science. Busan, Korea.

Persson, R. S., Joswig, H. & Balogh, L. (2000). Gifted education in Europe: programs, practices, and current research. In K.A.Heller, F.J.Monks, R.J.Steinberg & R.F.Subotnik(Eds.) International handbook of giftedness and talented 2nd ed., Elsevier science Ltd. Oxford, UK.

Renzulli, J. S. & Reis, S. M.(2000). The schoolwide enrichment model. In K.A.Heller, F.J.Monks, R.J.Steinberg & R.F.Subotnik(Eds.) International handbook of giftedness and talented 2nd ed., Elsevier science Ltd. Oxford, UK.

Renzulli, J. S. (2002). What is this thing called giftedness? and how do we develope it? In proceeding of international conference on education for the gifted in science. Busan, Korea.

Shi, J. & Zha, Z.(2002). Psychological research on and educationa of gifted and talented children in China. In K.A.Heller, F.J.Monks, R.J.Steinberg & R.F.Subotnik(Eds.) International handbook of giftedness and talented 2nd ed., Elsevier science Ltd. Oxford, UK.

Shi, J.(2002). Identifying and educating academically gifted children in China. In proceeding of international conference on education for the gifted in science. Busan, Korea.

· **저자** ·

김은진
·**약   력**·
서울대학교 사범대학 생물교육과 이학사
서울대학교 대학원 과학교육과 생물전공 교육학석사
서울대학교 대학원 과학교육과 생물전공 교육학박사
현재 부산교육대학교 과학교육연구소 학술연구교수

·**주요 논저**·
· Developing of a framework for science performance assessment
· 문제해결과정을 활용한 초등과학 수행평가 도구의 개발과 적용
· 과학수행평가문항의 선정 및 제작을 위한 평가준거의 개발
· 과학문제풀이과정에서 나타난 초등과학 영재들의 사고특성 탐색
· 통합과학교육

외 다수

과학영재와 창의적 문제해결력의 평가

· 초판 인쇄	2007년 5월 31일
· 초판 발행	2007년 5월 31일
· 지 은 이	김은진
· 펴 낸 이	채종준
· 펴 낸 곳	한국학술정보㈜
	경기도 파주시 교하읍 문발리 526-2
	파주출판문화정보산업단지
	전화 031) 908 3181(대표)·팩스 031) 908-3189
	홈페이지 http://www.kstudy.com
	e-mail(출판사업부) publish@kstudy.com
· 등 록	제일산-115호(2000. 6. 19)
· 가 격	42,000원

ISBN   978-89-534-6799-6 93400 (Paper Book)
        978-89-534-6800-9 98400 (e-Book)